液压与气压传动

Hydraulic and Pneumatic Transmission

陈文朴 范 丽 姜映红 编著

上海科学技术出版社

图书在版编目（CIP）数据

液压与气压传动 / 陈文朴, 范丽, 姜映红编著.
上海 : 上海科学技术出版社, 2025. 5. -- ISBN 978-7
-5478-7162-1

Ⅰ. TH137；TH138
中国国家版本馆CIP数据核字第2025LC8795号

液压与气压传动

陈文朴　范　丽　姜映红　编著

上海世纪出版(集团)有限公司
上 海 科 学 技 术 出 版 社　出版、发行
(上海市闵行区号景路159弄A座9F-10F)
邮政编码 201101　www.sstp.cn
常熟高专印刷有限公司印刷
开本 787×1092　1/16　印张 16.5
字数 400千字
2025年5月第1版　2025年5月第1次印刷
ISBN 978-7-5478-7162-1/TH·112
定价：60.00元

本书如有缺页、错装或坏损等严重质量问题，请向印刷厂联系调换

内容提要

本书是一本系统阐述液压与气压传动技术、元件及系统设计的专业教材。全书共十二章，内容涵盖液压与气压传动的理论基础、核心元件、基本回路及工程应用，兼顾理论深度与实践指导性，适合机械工程、自动化及相关领域的学习者与从业者使用。

在内容结构上，本书以流体力学基础为切入点，详细解析流体静力学、动力学特性及流动规律。液压传动部分为核心内容，系统介绍了液压动力元件、执行元件、控制元件及辅助装置的结构与工作原理，并深入探讨压力控制、速度调节、多缸协同等基本回路的设计方法。通过对典型液压系统案例的剖析，强化理论与实践的结合。气压传动部分则从气源处理、执行元件到方向、压力、速度控制回路展开，并专章讲解气动系统设计流程与多缸程序控制策略。

液压传动技术适用于工程机械、冶金设备、船舶重工等高压、大功率场景；而气压传动技术则适用于自动化生产线、包装机械、机器人等轻载高速领域。本书紧密衔接工业实际，通过丰富的习题与设计实例，既可作为高等院校机械类专业的教学用书，也可供工程技术人员参考。

前　言

液压与气压传动作为现代工业自动化的核心动力传输方式，在智能制造、工程机械、航空航天等领域发挥着不可替代的作用。为适应新工科背景下复合型工程技术人才培养需求，融合教学实践与工程经验，作者编写了这本理论与实践深度融合的《液压与气压传动》教材。本书以"理论推导-元件认知-系统构建"为主线，建立流体传动技术的知识体系，助力读者掌握设计、分析与解决复杂工程问题的能力。全书共分十二章。第一至二章阐述液压与气压传动的工作原理、图形符号标准及流体力学基础，通过对比分析两种传动的特性与应用场景，为后续学习奠定理论基础。第三至九章逐层解析液压动力元件、执行元件、控制元件及辅助元件的结构与原理，结合控制液压回路设计，最终落脚于典型液压系统的工程案例分析。第十至十二章从气源装置、执行元件到控制元件，构建气压传动知识框架，重点剖析气压控制回路及安全保护回路的设计逻辑，并通过实例详解气动系统设计流程。

液压与气压传动是机械类专业必修的一门主干课程，也是近机械类专业普遍开设的一门课程。本课程的教学目标可归纳如下：要求学生重点掌握液压传动的基本原理和应用特点，以及液压油的类型、特点和选用；应用流体力学知识进行计算、分析和解决液压传动中较为复杂的问题；掌握液压元件的结构原理、功能用途、型号规格、特性特点，并会选用液压元件和进行相应的计算；熟练识读液压系统图，分析回路组成、工作原理和特点；根据工作要求和执行机构运动情况正确选择液压元件和液压回路，并进行有关计算。

本书适用于机械类及近机械类等专业本科教学，亦可供企业专业技术人员参考。读者学习前需具备工程力学与机械原理基础，建议结合章末习题与设计实例开展项目式学习。

本书由陈文朴、范丽任主编，姜映红任副主编。全书最后由陈文朴修改定稿。唯愿本书能成为帮助读者探索流体传动世界的明灯，为中国智造培养更多"精理论、强实践、善创新"的卓越工程师贡献力量。

由于作者水平有限，书中难免存在疏漏之处，敬请广大读者批评指正。

作者

2025 年 3 月

目 录

第一章　绪论

　　第一节　液压与气压传动的工作原理及组成　_1
　　　　一、液压与气压传动的研究对象　_1
　　　　二、液压与气压传动的工作原理　_2
　　　　三、液压与气压传动的系统组成　_4
　　第二节　液压传动的图形符号　_4
　　第三节　液压与气压传动的优缺点　_6
　　第四节　液压与气压传动的应用与发展　_7
　　习题　_9

第二章　流体力学基础

　　第一节　流体的物理性质　_10
　　　　一、液体的密度　_10
　　　　二、液体的可压缩性　_10
　　　　三、液体的黏性　_11
　　　　四、液压油的类型与选用　_13
　　第二节　流体静力学　_15
　　　　一、液体的静压力　_15
　　　　二、液体静压力的基本方程　_16
　　　　三、压力的表示方法和单位　_16
　　　　四、帕斯卡原理　_17
　　　　五、液体对固体壁面的作用力　_18
　　第三节　流体动力学　_19
　　　　一、基本概念　_19
　　　　二、连续性方程　_22
　　　　三、伯努利方程　_23
　　　　四、动量方程　_24
　　第四节　液体流动的压力损失　_26
　　　　一、沿程压力损失　_26
　　　　二、局部压力损失　_28

　　　　　三、管路中的总压力损失 _29
　　第五节　孔口和缝隙流动 _29
　　　　　一、孔口液压特性 _29
　　　　　二、缝隙液流特性 _31
　　第六节　液压冲击和空穴现象 _33
　　　　　一、液压冲击 _33
　　　　　二、空穴现象 _36
　　习题 _37

第三章　液压动力元件

　　第一节　液压泵概述 _39
　　　　　一、液压泵的工作原理及特点 _39
　　　　　二、液压泵的主要性能参数 _40
　　第二节　齿轮泵 _42
　　　　　一、外啮合齿轮泵 _42
　　　　　二、内啮合齿轮泵和螺杆泵 _45
　　　　　三、齿轮泵主要性能 _47
　　第三节　叶片泵 _47
　　　　　一、单作用叶片泵 _47
　　　　　二、双作用叶片泵 _48
　　　　　三、限压式变量叶片泵 _50
　　　　　四、叶片泵的主要性能 _51
　　第四节　柱塞泵 _51
　　　　　一、径向柱塞泵 _52
　　　　　二、轴向柱塞泵 _53
　　　　　三、柱塞泵的主要性能 _55
　　第五节　液压泵的性能及选用 _55
　　习题 _56

第四章　液压执行元件

　　第一节　液压马达 _58
　　　　　一、液压马达的特点及分类 _58
　　　　　二、液压马达的工作原理 _58
　　　　　三、液压马达的基本参数和性能 _60
　　第二节　液压缸概述 _62
　　　　　一、液压缸的工作原理 _62

　　　　二、液压缸的分类 _62
　　　　三、液压缸的基本参数计算 _64
　　第三节　液压缸的典型结构 _68
　　　　一、液压缸典型结构举例 _68
　　　　二、液压缸的组成 _69
　　第四节　液压缸的设计计算 _73
　　　　一、液压缸设计应注意的问题 _73
　　　　二、液压缸主要尺寸的确定 _73
　　　　三、液压缸强度校核 _75
　　　　四、液压缸稳定性校核 _76
　　　　五、液压缸缓冲计算 _77
　习题 _78

第五章　液压控制元件

　　第一节　概述 _79
　　　　一、阀的功用 _79
　　　　二、阀的分类和基本要求 _79
　　　　三、阀的基本参数 _80
　　第二节　方向控制阀 _81
　　　　一、单向阀 _81
　　　　二、换向阀 _82
　　第三节　压力控制阀 _91
　　　　一、溢流阀 _91
　　　　二、减压阀 _97
　　　　三、顺序阀 _101
　　　　四、压力继电器 _102
　　第四节　流量控制阀 _102
　　　　一、流量控制原理 _102
　　　　二、节流口形式 _103
　　　　三、节流阀 _105
　　第五节　插装阀及叠加阀 _110
　　　　一、插装阀 _110
　　　　二、叠加阀 _114
　　第六节　电液伺服阀 _116
　　　　一、电液伺服阀的结构原理 _116
　　　　二、常用的结构形式 _117
　　　　三、电液伺服阀的特性分析 _119

　　　　四、电液伺服阀的选用 _124
　第七节　电液比例阀 _125
　　　　一、概述 _125
　　　　二、电液比例阀的结构 _125
　第八节　液压阀的连接 _130
　　　　一、管式 _131
　　　　二、板式 _131
　　　　三、集成块式 _131
　　　　四、叠加阀式 _132
　习题 _132

第六章　液压辅助元件

　第一节　过滤器 _135
　　　　一、过滤器的作用 _135
　　　　二、过滤器的性能指标 _135
　　　　三、过滤器的典型结构 _136
　　　　四、过滤器的选用 _137
　　　　五、过滤器的安装 _138
　第二节　蓄能器 _139
　　　　一、蓄能器的类型和结构 _139
　　　　二、蓄能器的容量计算 _140
　　　　三、蓄能器的安装使用 _142
　第三节　油箱 _142
　　　　一、油箱的分类及典型结构 _142
　　　　二、油箱的设计 _143
　第四节　热交换器 _144
　　　　一、冷却器 _144
　　　　二、加热器 _145
　第五节　连接件 _145
　　　　一、油管 _145
　　　　二、管接头 _146
　第六节　密封装置 _147
　　　　一、对密封装置的要求 _148
　　　　二、密封装置的类型和特点 _148
　　　　三、新型密封元件 _150
　习题 _152

第七章　液压基本回路

第一节　压力控制回路 _153
　　一、调压回路 _153
　　二、减压回路 _154
　　三、增加回路 _154
　　四、卸荷回路 _155
　　五、保压回路 _156
　　六、平衡回路 _158
第二节　速度控制回路 _159
　　一、调速回路 _159
　　二、快速运动回路 _169
　　三、速度换接回路 _171
第三节　方向控制回路 _172
　　一、换向回路 _172
　　二、锁紧回路 _174
第四节　多缸控制回路 _174
　　一、顺序动作回路 _174
　　二、同步回路 _176
　　三、多缸快慢互不干扰回路 _178
习题 _178

第八章　典型液压系统

第一节　液压系统图的阅读和分析 _180
　　一、液压系统图的阅读 _180
　　二、液压系统图的分析 _180
第二节　YT4543 型液压动力滑台液压系统 _181
　　一、概述 _181
　　二、YT4543 型动力滑台液压系统的工作原理 _181
　　三、YT4543 型动力滑台液压系统的特点 _183
第三节　YB32—200 型压力机的液压系统 _183
　　一、概述 _183
　　二、液压系统的工作原理 _184
　　三、液压系统的主要特点 _186
第四节　盘式热分散机比例压力和流量复合控制液压系统 _186
　　一、概述 _186

　　　　　　二、工作原理 _186
　　　　　　三、系统特点 _187
　　　习题 _188

第九章　液压系统的设计与计算

　　第一节　液压系统的设计步骤和方法 _189
　　　　　　一、液压系统设计要求 _189
　　　　　　二、工况分析和系统确定 _189
　　　　　　三、确定主要参数 _190
　　　　　　四、液压系统图的拟定 _192
　　第二节　液压系统设计计算实例 _193
　　　　　　一、负载分析与速度分析 _193
　　　　　　二、确定液压缸的主要参数 _194
　　　　　　三、拟定液压系统图 _195
　　　　　　四、液压元件的选择 _196
　　　　　　五、系统油液温升验算 _196
　　习题 _197

第十章　气压传动基础知识及元件

　　第一节　气压传动基础知识 _198
　　　　　　一、空气的物理性质 _198
　　　　　　二、气动系统组成及特点 _200
　　第二节　气源装置及辅助元件 _201
　　　　　　一、压缩空气站 _201
　　　　　　二、空气压缩机 _202
　　　　　　三、气源净化装置 _203
　　　　　　四、辅助元件 _205
　　第三节　气压传动执行元件 _207
　　　　　　一、气缸 _207
　　　　　　二、气动马达 _209
　　第四节　气动控制元件 _210
　　　　　　一、方向控制阀 _210
　　　　　　二、压力控制阀 _215
　　　　　　三、流量控制阀 _217
　　　　　　四、气动逻辑元件 _218
　　习题 _222

第十一章 气压传动基本回路

第一节 方向控制回路 _223
第二节 速度控制回路 _224
第三节 压力控制回路 _226
第四节 安全保护回路 _227
习题 _228

第十二章 气压传动系统的设计

第一节 气压传动系统概述 _229
第二节 多缸单往复行程程序回路设计 _232
第三节 气压传动系统设计的内容和步骤 _239
习题 _241

参考文献 _243

附录 常用液压与气压传动元件图形符号(摘自 GB/T 786.1—2021) _244

第一章 绪 论

相对于机械传动,液压传动是一门新的技术。液压传动起源于1654年帕斯卡提出的静压传动原理;1795年,英国第一台水压机问世;1905年,液压传动装置将工作介质由水改为油后,性能得到很大改善。液压传动的推广应用,得益于19世纪崛起并蓬勃发展的石油工业。最早成功应用液压传动装置的是舰艇上的炮塔转位器。第二次世界大战期间,由于军事工业需要反应快、精度高、功率大的液压传动装置,又进一步推动了液压技术的发展。战后,液压技术迅速转向民用领域,在国民经济的各个行业中逐步得到了推广。20世纪60年代后,随着原子能、空间技术、计算机技术的发展,液压技术也得到了很大发展,并渗透到各个工业领域之中。当前液压技术正朝着高速、高压、大功率、高效率、低噪声、长寿命、高度集成化、复合化、数字化、小型化、轻量化等方向发展;同时,新型液压元件和液压系统的计算机辅助测试(CAT)、计算机直接控制(CDC)、机电一体化技术、计算机仿真和优化设计技术、可靠性技术、基于绿色制造的水介质传动技术以及污染控制方面,也是当前液压技术发展和研究的方向。

我国的液压技术运用开始于1952年,液压元件最初应用于机床和锻压设备,后来应用于工程机械。1964年,我国从国外引进了一些液压元件生产技术,同时自行设计液压产品,经过多年的艰苦努力和发展,特别是在20世纪80年代初期引进美国、日本、德国的先进技术和设备后,我国的液压技术水平登上了一个新的台阶。目前,我国已形成了门类齐全的标准化、系列化和通用化的液压元件系列产品。我国在消化、吸收国外先进液压技术的同时,大力研制、开发国产液压件新产品,加强产品质量可靠性及新技术应用的研究,积极采用新的国际标准,不断调整产品结构;而对一些性能差的液压件产品,采用逐步淘汰的措施。由此可见,随着控制技术和计算机技术的发展,液压传动与控制技术将得到进一步发展,应用范围将更加广泛。

第一节 液压与气压传动的工作原理及组成

一、液压与气压传动的研究对象

液压与气压传动是研究以有压流体(压力油或压缩空气)为能源介质,来实现各种机械的传动和自动控制的学科。液压传动与气压传动实现传动和控制的方法是基本相同的,它们都是利用各种控制元件组成所需要的各种控制回路,再由若干回路有机组合成能完成一定控制功能的传动系统来进行能量的传递、转换与控制。因此,要研究液压与气压传动及其控制技术,就先要了解传动介质的基本物理性能及其静力学、运动学和动力学特性;还要了解组成系统的各类液压与气动元件的结构、工作原理、工作性能及由这些元件所组成的各种控制回路的性能和特点,并在此基础上进行液压与气压传动控制系统的设计。

液压传动所用的工作介质为液压油或其他合成液体,气压传动所用的工作介质为空气。由于这两种流体的性质不同,所以液压传动和气压传动又各有其特点。液压传动传递动力大,运动平稳。但由于液体黏性大,在流动过程中阻力损失大,因而不适合用于远距离传动和控制;而气压传动由于空气的可压缩性大,且工作压力低(通常在1.0 MPa以下),所以传递动力不大,运动也不如液压传动平稳。但空气黏性小,传递过程中阻力小、速度快、反应灵敏,因而气压传动能用于远距离的传动和控制。

二、液压与气压传动的工作原理

液压系统以液体作为工作介质,而气压传动系统以气体作为工作介质。两种工作介质的不同在于液体几乎不可压缩,气体却具有较大的可压缩性。液压与气压传动在基本工作原理、元件的工作机理以及回路的构成等方面是极为相似的。

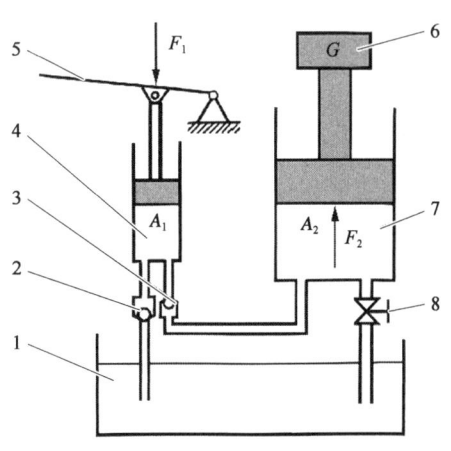

1—油箱;2—吸油阀;3—压油阀;4—小缸;5—手柄;6—负载(重物);7—大缸;8—截止阀(放油螺塞)。

图1-1 液压千斤顶示意图

图1-1所示为液压千斤顶示意图。向上提手柄5使小缸4内的活塞上移,小缸下腔因容积增大而产生真空,油液从油箱1通过吸油阀2被吸入并充满小缸容积;按压手柄使小缸活塞下移,则刚才被吸入的油液通过压油阀3输到大缸7的下腔,油液被压缩,压力立即升高。当油液的压力升高到能克服作用在大活塞上的负载(重物G)所需的压力值时,重物就随手柄的下按而同时上升,此时吸油阀是关闭的。为了使重物能从举高的位置放下,系统中专门设置了截止阀(放油螺塞)8。

图1-1中两根通油箱的管路如通大气,则图1-1变成气动系统的原理图。这种情况下,上下按动手柄5,空气就通过吸油阀2被吸入,经压油阀3输到大缸7的下腔。在这里,因气体有可压缩性,不像液压系统那样,一按手柄重物立即相应上移,而是需按动手柄多次,使进入大缸7下腔中的气体逐渐增多,压力逐渐升高,一直到气体压力达到使重物上升所需的压力值时,重物便开始上升。在重物上升过程中,也不像液压系统那样,压力值基本上维持不变(因是举起重物),因气体可压缩性较大的缘故,气压值会发生波动。图1-1所示的系统不能对重物的上升速度进行调节,也没有防止压力过高的安全措施,但就从这简单的系统,可以得出有关液压与气压传动的一些重要概念。

对于液压系统,设大、小活塞的面积为A_2、A_1,当作用在大活塞上的负载和作用在小活塞上的作用力分别为G和F_2时,依帕斯卡原理,大、小活塞下腔及其连接导管构成的密闭容积内的油液具有相等的压力值,设为p,如忽略活塞运动时的摩擦阻力,则有

$$p=\frac{G}{A_2}=\frac{F_2}{A_2}=\frac{F_1}{A_1} \tag{1-1}$$

$$F_2 = F_1 \frac{A_2}{A_1} \qquad (1-2)$$

式中，F_2 为油液作用在大活塞上的作用力，$F_2 = G$。

式(1-1)说明，系统的压力 p 取决于作用负载的大小。这是液压传动的第一个重要概念。式(1-2)表明，当 $A_2/A_1 \gg 1$ 时，作用在小活塞上一个很小的力 F，便可在大活塞上产生一个很大的力 F_2 以举起负载(重物)。这就是液压千斤顶的原理。

液压传动的两个重要基本概念：压力由负载决定；速度由流量决定。

另外，设大、小活塞移动的速度为 v_2 和 v_1，则在不考虑泄漏情况下稳态工作时，有

$$v_1 A_1 = v_2 A_2 = q \qquad (1-3)$$

$$v_2 = v_1 \frac{A_1}{A_2} = \frac{q}{A_2} \qquad (1-4)$$

式中，q 为流量，定义为单位时间内输出(或输入)的液体体积。

式(1-4)表明，大缸活塞运动的速度，在缸的结构尺寸一定时，取决于输入的流量。这是液压传动的第二个重要概念。

使大活塞上的负载上升所需的功率为

$$P = F_2 v_2 = p A_2 \frac{q}{A_2} = pq \qquad (1-5)$$

式中，p 的单位为 Pa，q 的单位为 m^3/s，则 P 的单位为 W。由此可见，液压系统的压力和流量之积就是功率，称为液压功率。

由这个例子也可清楚地看到，在小缸中，手按动小活塞所产生的机械能变成了排出流体的压力能；而在大缸中，进入大缸的流体压力能通过大活塞转变成为驱动负载所需的机械能。所以，在液压与气动系统中，要发生两次能量的转变，把机械能转变为流体压力能的元件或装置称为泵或能源装置，而把流体压力能转变为机械能的元件称为执行元件。

以实现工作台往复运动的简单机床的液压传动系统(图 1-2)为例进行分析。液压缸 8 固定在床身上，活塞 9 连同活塞杆带动工作台 10 做直线往复运动。电动机带动液压泵 3 旋转，液压泵 3 从油箱 1 经过网式过滤器 2 吸油，油液通过节流阀 4 流至换向阀 6。当手柄 7 处于图 1-2(a)所示位置时，P 与 A、B、T 均不相通，液压缸 8 不通油，所以工作台静止不动。

若将手柄 7 推至图 1-2(b)所示位置，这时油液从 P→A→液压缸 8 左腔；液压缸 8 右腔→B→T，工作台 10 向右移动。

若将手柄 7 推至图 1-2(c)所示位置，这时油液从 P→B→液压缸 8 右腔；液压缸 8 左腔→A→T，工作台 10 向左移动。

由此可见：由于设置了换向阀 6，所以可改变液压油的通路，使液压缸不断换向，从而实现工作台的往复运动。

工作台速度可通过节流阀 4 来调节。节流阀通过改变节流阀开口的大小来调节通过节流阀油液的流量，以控制工作台的速度。

工作台运动时，要克服阻力、切削力和相对运动件表面的摩擦力等，这些阻力由液压泵输

出油液的压力来克服。根据工况不同,液压泵输出油液的压力应该能够调整。另外在一般情况下,液压泵排出的油液往往多于液压缸所需的油液,多余的油液可经溢流阀5流回油箱。图1-2中2为网式过滤器,起滤油作用。

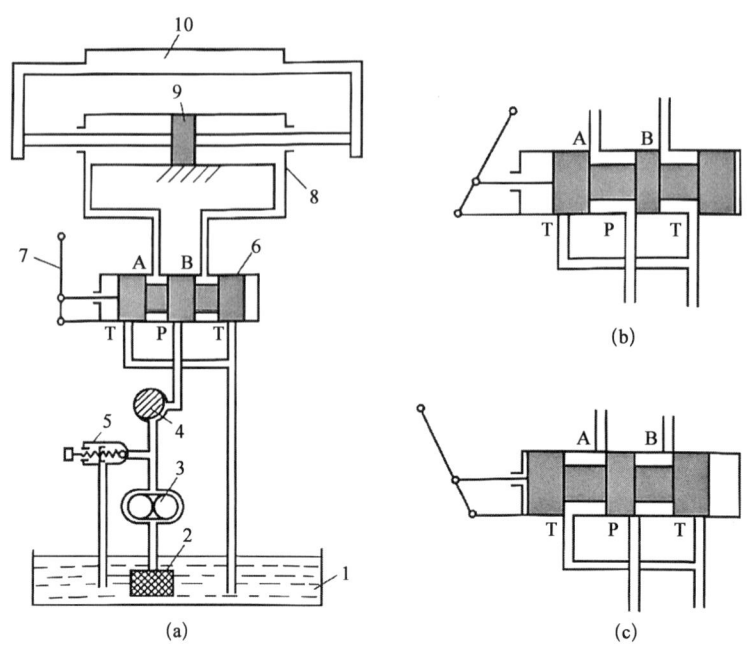

1—油箱;2—网式过滤器;3—液压泵;4—节流阀;5—溢流阀;6—换向阀;7—手柄;8—液压缸;9—活塞;10—工作台。

图1-2 简单机床的液压传动系统

三、液压与气压传动的系统组成

从以上例子可以看出,液压传动系统的组成部分有以下五个方面:

(1) 能源装置 它把机械能转变成油液的压力能。最常见的就是液压泵,它给液压系统提供液压油,使整个系统能够动作起来。

(2) 执行装置 它将油液的压力能转变成机械能,并对外做功,如液压缸、液压马达。

(3) 控制调节装置 它们是控制液压系统中油液的压力、流量和流动方向的装置。如图1-2中的换向阀、节流阀、溢流阀等液压元件都属于这类装置。

(4) 辅助装置 它们是除上述三项以外的其他装置,如图1-2中的网式过滤器、油管等,它们对保证液压系统可靠、稳定、持久地工作有重要作用。

(5) 工作介质 液压油或其他合成液体。

第二节 液压传动的图形符号

图1-2为液压传动系统的半结构原理图。这种原理图直观性强,容易理解,但图形较复

杂,特别是当元件较多时,绘制很不方便。为简化原理图的绘制,系统中各元件可采用图形符号来表示。这些符号只表示元件的职能,不表示元件的结构和参数。GB/T786.1—2021 为液压元件图形符号的国家标准。

为便于看懂用图形符号表示的液压系统图,现将图 1-2 出现的液压元件的图形符号介绍如下(图 1-3):

(1) 液压泵图形符号　由一个圆加上一个实心三角以及圆外的旋转运动方向来表示,三角尖向外,表示油液的方向。图中旋转方向为单向箭头,表示单向旋转;若为双向箭头,则表示双向旋转。图中无斜向穿过圆的箭头为定量泵,有箭头则为变量泵。

(2) 换向阀图形符号　为改变油液的流动方向,换向阀的阀芯位置要变换,它一般可变动 2~3 个位置,而且阀体上的通路数也不同。根据阀芯可变动的位置数和阀体上的通路数,可组成×位×通换向阀。其图形意义为:

1) 换向阀的工作位置用方格表示,有几个方格即表示几位阀。

2) 方格内的箭头符号表示油液的连通情况(有时与油液流动方向一致),"T"表示油液被阀芯闭死的符号。这些符号在一个方格内和方格的交点数,即表示阀的通路数。

3) 方格外的符号为操纵阀的控制符号。控制形式有手动、电动和液动等。

(3) 压力阀图形符号　方格相当于阀芯,方格中的箭头表示油液的通道,两侧的直线代表进出油管。图中的虚线表示控制油路,压力阀就是利用控制油路的液压力与另一侧弹簧力相平衡的原理进行工作的。

(4) 节流阀图形符号　两圆弧所形成的缝隙即为节流孔道,油液通过节流孔使流量减少。图中节流阀的箭头表示节流孔的大小可以改变,称为可调节流阀,也表示通过该阀的流量是可

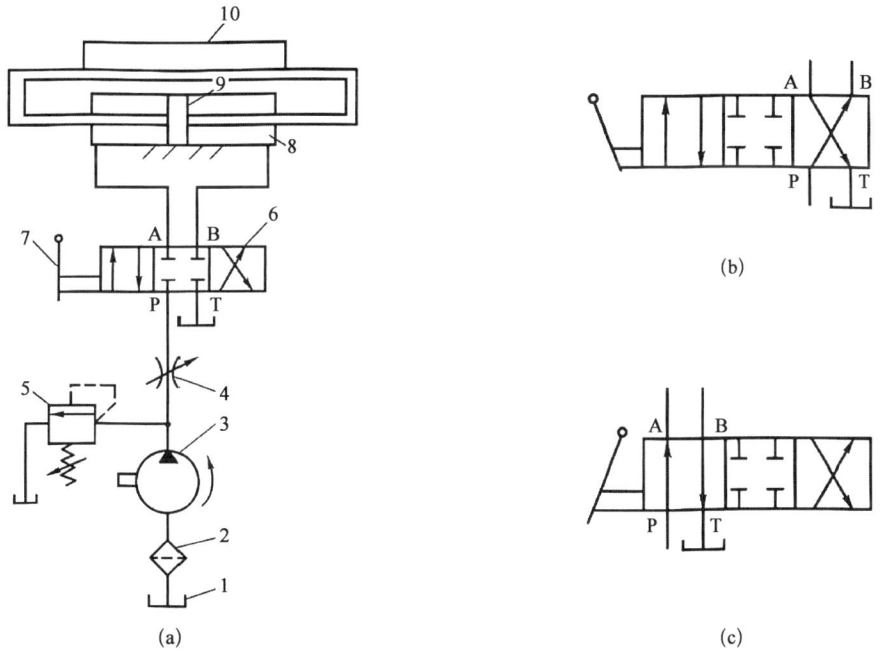

1—油箱;2—过滤器;3—液压泵;4—节流阀;5—溢流阀;6—换向阀;7—手柄;8—液压缸;9—活塞;10—工作台。

图 1-3　简单机床的液压传动系统原理图(用图形符号表示)

以调节的。

液压系统图中规定：液压元件的图形符号应以元件的静止状态或零位来表示。由此，可将图1-2对应画成图1-3所示的用图形符号表示的液压传动系统原理图。

第三节　液压与气压传动的优缺点

液压传动有以下一些优点：

1) 在同等体积下，液压装置能比电气装置产生更大的动力。在同等功率下，液压装置的质量和体积小，即其功率密度大、结构紧凑。液压马达的体积和质量只有同等功率电动机的12%左右。

2) 液压装置工作比较平稳。由于质量和惯性小、反应快，液压装置易于实现快速起动、制动和频繁换向。

3) 液压装置能在大范围内实现无级调速（调速范围可达2 000），还可以在运行过程中进行调速。

4) 液压传动易于对液体压力、流量或流动方向进行调节或控制。当将液压控制和电气控制、电子控制或气动控制结合起来使用时，整个传动装置能实现很复杂的顺序动作，也能方便地实现远程控制和自动化。

5) 液压装置易于实现过载保护。

6) 由于液压元件已实现了标准化、系列化和通用化，液压系统的设计、制造和使用都比较方便。

7) 用液压传动实现直线运动远比用机械传动简单。

液压传动的缺点是：

1) 液压传动在工作过程中常有较多的能量损失（摩擦损失、泄漏损失等），长距离传动时更是如此。

2) 液压传动对油温变化比较敏感，它的工作稳定性很容易受到温度的影响，因此它不宜在很高或很低的温度条件下工作。

3) 为了减少泄漏，液压元件在制造精度上的要求较高，因此它的造价较高，而且对工作介质的污染比较敏感。

4) 液压传动出现故障时不易找出原因。

气压传动具有一些独特的优点，主要有如下几点：

1) 空气可以从大气中获得，同时，用过的空气可直接排放到大气中去，处理方便，万一空气管路有泄漏，除引起部分功率损失外，不致产生不利于工作的严重影响，也不会污染环境。

2) 空气的黏度很小，在管道中的压力损失较小，因此便于集中供气和远距离输送。

3) 压缩空气的工作压力较低（一般为0.3~0.8 MPa），因此，对气动元件的材质要求较低。

4) 气动系统维护简单，管道不易堵塞，也不存在介质变质、补充、更换等问题。

5) 使用安全，没有防爆的问题，并且便于实现过载自动保护。

6) 气动元件采用相应的材料后，能够在恶劣的环境（强振动、强冲击、强腐蚀和强辐射等）

下进行正常工作。

气压传动也存在以下的一些缺点：

1) 气动装置中的信号传递速度较慢,一般限于声速的范围内。因此气动技术不宜用于信号传递速度要求十分高的复杂线路中。

2) 由于空气具有较大的可压缩性,因而运动速度的稳定性较差。

3) 气动系统工作压力较低,结构尺寸又不宜过大,因而气压传动装置的总推力通常不可能很大。

4) 目前气压传动的效率较低。

总的说来,液压与气压传动的优点是主要的,而它们的缺点可以通过技术进步不断得到克服或改善。

第四节 液压与气压传动的应用与发展

现在,液压与气压传动的应用领域非常广泛。但是,工业各部门使用液压与气压传动的出发点是不尽相同的:有的是利用它们在传递动力上的长处,如工程机械、压力机械和航空工业采用液压传动的主要原因是其结构简单、体积和质量小、输出功率大;有的是利用它们在操纵控制上的优点,如机床上采用液压传动是因为其能在工作过程中实现无级变速,易于实现频繁换向,易于实现自动化;在采矿、化工、医卫、食品等行业采用气压传动是取其空气工作介质具有防爆、防火、安全、卫生等特点。

液压传动在各类机械行业中的应用实例见表1-1。

表1-1 液压传动在各类机械行业中的应用实例

行业名称	应　　用
工程机械	挖掘机、装载机、推土机、沥青混凝土摊铺机、压路机、铲运机等
起重运输机械	汽车吊、港口龙门吊、叉车、装卸机械、带式运输机、SPMT平板车、液压无级变速装置等
矿山机械	凿岩机、开掘机、开采机、破碎机、提升机、液压支架等
建筑机械	压桩机、液压千斤顶、平地机、混凝土输送泵车、超大型运输车、千吨级驮运架一体机等
农业机械	联合收割机、拖拉机、农具悬挂系统等
冶金机械	高炉开铁口机、电炉炉顶及电极升降机、轧钢机、压力机等
轻工机械	打包机、注射机、校直机、橡胶硫化机、造纸机等
机床工业	半自动车床、刨床、龙门铣床、磨床、仿形加工机床、组合机床及加工自动线、数控机床及加工中心、机床辅助装置等
汽车工业	自卸式汽车、平板车、高空作业车及汽车中的ABS、转向器、减振器等
航空工业	飞机起落架、机翼、尾翼、廊桥等
智能机械	折臂式小汽车装卸器、数字式体育锻炼机、模拟驾驶舱、机器人等

液压与气动技术在工业中推广应用还是20世纪中叶以后的事,时间不算很长。

由于要使用原油炼制品来作为传动介质,近代液压传动是由19世纪崛起并蓬勃发展的石油工业推动起来的。最早实践成功的液压传动装置是舰艇上的炮塔转位器。第二次世界大战期间,在一些武器上用上了功率大、反应快、动作准的液压传动和控制装置,大大提高了武器的性能,也大大促进了液压技术的发展。战后,液压技术迅速转向民用,并随着各种标准的不断制定和完善,各类标准化、规格化、系列化的元件在机械制造、工程机械、农业机械、汽车制造等行业中推广开来。20世纪60年代后,原子能技术、空间技术、计算机技术、微电子技术等的发展再次将液压技术推向前进,使它在国民经济的各方面都得到了应用。液压传动在某些领域内甚至已占有压倒性的优势。

我国的液压工业开始于20世纪50年代,其产品最初只用于机床和锻压设备,后来才用到拖拉机和工程机械上。自从1964年从国外引进一些液压元件生产技术,并自行设计液压产品以来,我国的液压件已在各种机械设备上得到了广泛的使用。20世纪80年代起更加速了对国外先进液压产品和技术的有计划引进、消化、吸收和国产化工作,以确保我国的液压技术能在产品质量、经济效益、研究开发等各个方面全方位地赶上世界水平。

当前,液压技术在实现高压、高速、大功率、高效率、低噪声、经久耐用、高度集成化等各项要求方面都取得了重大的进展,在完善比例控制、伺服控制、数字控制等技术上也有许多新成就。此外,在液压元件和液压系统的计算机辅助设计、计算机仿真和优化及计算机控制等创新性工作方面,成绩日益显著。

原先气压传动与控制系统一般应用在复杂程度较低和中等的机器上,这是由它的价格因素所决定的。但是一些较为复杂的机器也能应用气压传动与控制系统,这取决于环境条件的因素,诸如在易爆、腐蚀、水冲洗、粉尘、污物等一些环境中,应用气动系统更为合理和安全。

在20世纪60年代末,气动元件得到发展,控制方式有所创新,从而使气动系统在很多工业领域得到了广泛应用。因为气动元件兼有通用性和灵活性的特点,所以它在现代系统的集成化和完整性方面发挥了决定性的作用,气动元件本身也得到了飞跃的发展。但是,一般认为,现代气动技术从开始发展到现在还不足60年时间。

近年来气动技术的应用领域已从机械(机床、汽车、轴承、农机等)、冶金(铸造、锻造、轧钢等)、采矿、交通运输等工业扩展到轻工(纺织、自行车、手表、缝纫机等)、医卫、食品、化工、电子、物流、机器人以及军事等工业部门,它对于实现生产过程的自动控制、改善劳动条件、减轻劳动强度、降低成本、提高产品质量发挥了很大的作用。

计算机和微电子技术的进展,渗透到液压与气动技术中并与之相结合,创造出了很多高可靠性、低成本的微型节能元件,为液压气动技术在工业各部门中的应用开辟了更为广阔的前景。

今天,为了和最新技术的发展保持同步,液压与气动技术必须不断创新,不断地提高和改进元件及系统的性能,以满足日益变化的市场需求。液压与气动技术的持续发展体现在一些比较重要的特征上:

1)提高元件性能,创制新型元件,不断小型化和微型化。

2)高度的组合化、集成化和模块化。

3) 和微电子技术相结合,走向智能化。
4) 研发特殊传动介质,推进工作介质多元化。

习　题

1-1　简述液压和气压传动的工作原理与系统组成。
1-2　简述液压千斤顶的工作过程与工作原理。
1-3　对比液压与气压传动的不同之处,比较两者的优缺点。
1-4　液压与气压传动的图形符号有何特点?
1-5　举例说明,液压和气压传动在工程机械、汽车工业、航空工业上有哪些具体应用?

第二章 流体力学基础

第一节 流体的物理性质

一、液体的密度

单位体积液体的质量称为液体的密度。体积为 V、质量为 m 的液体的密度 ρ 为

$$\rho = \frac{m}{V} \qquad (2-1)$$

矿物油型液压油的密度随温度的上升而有所减小,随压力的提高而稍有增加,但变动值很小,可以认为是常值。我国采用20℃时的密度作为油液的标准密度,以 ρ_{20} 表示。常用液压油和传动液的密度见表 2-1。

表 2-1 常用液压油和传动液的密度　　　　　　　　单位:kg/m³

种　类	ρ_{20}	种　类	ρ_{20}
石油基液压油	850～900	增黏型高水基液	1 003
水包油乳化液	998	水-乙二醇液	1 060
油包水乳化液	932	磷酸酯液	1 150

二、液体的可压缩性

液体受压力作用而使体积减小的性质称为液体的可压缩性。体积为 V 的液体,当压力增大 Δp 时,体积减小 ΔV,则液体在单位压力变化下的体积相对变化量为

$$k = -\frac{1}{\Delta p} \frac{\Delta V}{V} \qquad (2-2)$$

式中,k 为液体的体积压缩系数。

由于压力增大时,液体的体积减小,即 Δp 与 ΔV 的符号始终相反,为保证 k 为正值,在式(2-2)的等号右边加一负号。

k 的倒数称为液体的体积模量,以 K 表示,即

$$K = \frac{1}{k} = -\frac{V\Delta p}{\Delta V} \qquad (2-3)$$

K 表示液体产生单位体积相对变化量所需要的压力增量。在常温下,纯净液压油的体积模量 $K=(1.4\sim2.0)\times10^9$ Pa,数值很大,故一般可认为液压油是不可压缩的。若液压油中混入空气,其抗压缩能力会显著下降,并将严重影响液压系统的工作性能。因此,在考虑液压油的可压缩性时,必须综合考虑液压油本身的可压缩性、混在油中空气的可压缩性,以及盛放液压油的封闭容器(包括管道)的容积变形等因素的影响。这些影响常用等效体积模量 K' 表示,$K'=(0.7\sim1.4)\times10^9$ Pa。

在变动压力下,液压油可压缩性的作用极像一根弹簧,即压力升高,油液体积减小;压力降低,油液体积增大。当作用在封闭液体上的外力发生 ΔF 的变化时,液体承压面积 A 不变,则液柱的长度必有 Δl 的变化(图2-1)。这里,体积变化为 $\Delta V = A\Delta l$,压力变化为 $\Delta p = \Delta F/A$,即

$$K = -\frac{V\Delta F}{A^2 \Delta l}$$

$$K_h = -\frac{\Delta F}{\Delta l} = -\frac{\Delta p A}{\Delta l} = \frac{A^2}{V}K \qquad (2-4)$$

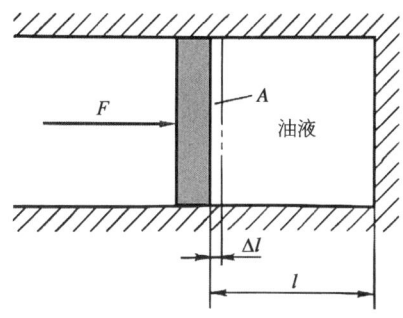

图 2-1 油液弹簧的刚度计算

式中,K_h 为液压弹簧的刚度。

三、液体的黏性

1. 黏性的意义

液体在外力作用下流动时,液体分子间的内聚力会阻碍其分子的相对运动,即具有一定的内摩擦力,这种性质称为液体的黏性。黏性是液体的重要物理性质,也是选择液压油的主要依据。

液体流动时,由于液体和固体壁面间的附着力及液体本身的黏性会使液体各层面间的速度大小不等,如图2-2所示。设两平板间充满液体,下平板固定不动,上平板以速度 u_0 向右平移。由于液体黏性的作用,黏附于下平板表面的液层速度为零,黏附在上平板表面的液层速度为 u_0,而中间各液层的速度则随着上平板与下平板间的距离大小近似呈线性规律变化。

实验证明,液体流动时相邻液层间的内摩擦力 F 与液层接触面积 A 成正比,与液层间的速度梯度 du/dy 成正比,即

$$F_f = \mu A \frac{du}{dy} \qquad (2-5)$$

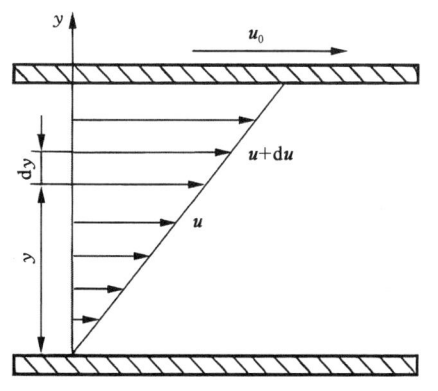

图 2-2 液体的黏性

式中,μ 为比例系数,称为动力黏度。

若以 τ 表示液层间单位面积上的内摩擦力,则

$$\tau = \mu \frac{\mathrm{d}u}{\mathrm{d}y} \tag{2-6}$$

式(2-6)称为牛顿液体内摩擦定律。

2. 黏度

黏性的大小用黏度表示。常用的黏度有三种,即动力黏度、运动黏度和相对黏度。

(1) 动力黏度 μ　动力黏度又称为绝对黏度。根据牛顿液体内摩擦定律有

$$\mu = \frac{\tau}{\mathrm{d}u/\mathrm{d}y}$$

动力黏度的物理意义是:液体在单位速度梯度下流动时,流动液层间单位面积上的内摩擦力。其单位为 $N \cdot s/m^2$ 或 $Pa \cdot s$。

(2) 运动黏度 ν　动力黏度与该液体密度的比值称为运动黏度,用 $\nu(m^2/s)$ 表示,即

$$\nu = \frac{\mu}{\rho} \tag{2-7}$$

运动黏度的单位换算为 $1\ m^2/s = 10^4\ cm^2/s = 10^4\ St(斯) = 10^6\ mm^2/s = 10^6\ cSt(厘斯)$。

液压油牌号常用它在某一温度下的运动黏度平均值来表示,如 32 号液压油,就是指这种液压油在 40℃时运动黏度的平均值为 $32\ mm^2/s(cSt)$。

(3) 相对黏度　相对黏度又称为条件黏度,它是指采用特定的黏度计在规定条件下测量出来的黏度。由于测量条件不同,各国所用的相对黏度也不相同。中国、德国和俄罗斯等一些国家采用恩氏黏度,美国用赛氏黏度,英国则用雷氏黏度。

恩氏黏度用恩氏黏度计测定。即将 200 mL 被测液体装入恩氏黏度计中,在某一温度下,测出液体经容器底部直径为 $\phi 2.8\ mm$ 的小孔流尽所需的时间 t_1,与同体积的蒸馏水在 20℃时流过同一小孔所需的时间 t_2(通常 $t_2 = 52\ s$)的比值,此值便是被测液体在这一温度时的恩氏黏度:

$$°E = \frac{t_1}{t_2} \tag{2-8}$$

恩氏黏度与运动黏度 $\nu(mm^2/s)$ 之间的换算关系式为

$$\nu = 7.31°E - \frac{6.31}{°E} \tag{2-9}$$

(4) 调合油的黏度(指恩氏黏度)　选择合适黏度的液压油,对液压系统的工作性能起着重要的作用。当能得到的液压油的黏度不符合要求时,可把两种不同黏度的液压油按适当的比例混合起来使用,这就是调合油。调合油的黏度可用下列经验公式计算,即

$$°E = \frac{a°E_1 + b°E_2 - c(°E_1 - °E_2)}{100} \tag{2-10}$$

式中,$°E_1$、$°E_2$ 为混合前两种油液的恩氏黏度,取 $°E_1 > °E_2$;$°E$ 为混合后调合油的恩氏黏

度；a、b 为参与调合的两种油液的系数；c 为实验系数,其值见表 2-2。

表 2-2 系数的数值

a	10	20	30	40	50	60	70	80	90
b	90	80	70	60	50	40	30	20	10
c	6.7	13.1	17.9	22.1	25.5	27.9	28.2	25	17

3. 黏度与压力的关系

液体所受的压力增大时,其分子间的距离将减小,内摩擦力增大,黏度也随之增大。对于一般的液压系统,当压力在 20 MPa 以下时,压力对黏度的影响不大,可以忽略不计。但当压力较高或压力变化较大时,黏度的变化则不容忽视。石油型液压油的黏度与压力的关系可表示为

$$\nu_p = \nu_0 (1 + 0.003 p) \tag{2-11}$$

式中 ν_p、ν_0 为油液在压力为 p 时和相对压力为 0 时的运动黏度。

4. 黏度与温度的关系

油液的黏度对温度的变化极为敏感,温度升高,油的黏度显著降低。油的黏度随温度变化的性质称为黏温特性。不同种类的液压油有不同的黏温特性。黏温特性较好的液压油,黏度随温度的变化较小,因而油温变化对液压系统性能的影响较小。液压油的动力黏度与温度的关系可表示为

$$\mu_t = \mu_0 e^{-\lambda(t-t_0)} \approx \mu_0 (1 - \lambda \Delta t) \tag{2-12}$$

式中,μ_0、μ_t 为温度为 t_0、t 时的动力黏度；λ 为系数。

液压油的黏温特性可以用黏度指数 VI 来表示,VI 值越大,表示油液黏度随温度的变化率越小,即黏温特性越好。一般液压油要求 VI 值在 90 以上,精制的液压油及加有添加剂的液压油,其 VI 值可大于 100。

四、液压油的类型与选用

工作介质是液压系统中十分重要的组成部分,如果说液压泵是液压系统的"心脏",那么液压传动工作介质就是液压系统的"血液",它在液压系统中不仅要完成传递能量和信号,润滑液压元件和轴承,减少摩擦和磨损,散热,防止锈蚀,还要传输、分离和沉淀系统中的非可溶性污染物质,以及为元件和系统失效提供和传递诊断信息等一系列重要功能。因此,液压系统能否可靠、有效、安全而经济地运行,与所选用的工作介质的性能密切相关。

不同的工作机械、不同的使用情况对液压传动工作介质的要求有很大的不同。为了很好地传递运动和动力,液压传动工作介质应具备如下性能：

1) 合适的黏度,$\nu_{40} = (15 \sim 68) \times 10^{-6}$ m^2/s,较好的黏温特性。
2) 润滑性能好。
3) 质地纯净,杂质少。

4) 对金属和密封件有良好的相容性。

5) 对热、氧化、水解和剪切都有良好的稳定性。温度低于57℃时,油液的氧化进程缓慢之后,温度每增加10℃,氧化的程度增加一倍,所以控制液压传动工作介质的温度特别重要。

6) 抗泡沫性、抗乳化性、防锈性好,腐蚀性小。

7) 体积膨胀系数小,比热容大。

8) 流动点和凝固点低,闪点(明火能使油面上油蒸气闪燃,但油本身不燃烧时的温度)和燃点高。

9) 对人体无害,成本低。

10) 与产品和环境相容。液压系统不可能完全避免泄漏,泄漏的液压传动工作介质与液压设备所生产的产品应具有良好的相容性,不应对产品造成严重的污染与损坏;另一方面,目前国际上对保护人类生态环境的要求越来越高,在保护环境的立法越来越严格的情况下,也要求液压系统的工作介质与环境相容,泄漏后不会对环境造成污染。

此外对轧钢机、压铸机、挤压机和飞机等液压系统则须突出耐高温、热稳定、不腐蚀、无毒、不挥发、防火等要求。

液压油的品种很多,主要可分为三大类型:石油型、合成型和乳化型。液压油的主要品种及其性质列于表2-3中。

表2-3 液压油的主要品种及其性质

性能	石油型			合成型		乳化型	
	通用液压油	抗磨液压油	低温液压油	磷酸酯液	水-乙二醇液	油包水液	水包油液
密度/(kg·m^{-3})	850~900	1 100~1 500		1 040~1 100	920~940	1 000	
黏度	小~大	小~大	小~大	小~大	小~大	小	小
黏度指数 VI≥	90	95	130	130~180	140~170	130~150	极高
润滑性	优	优	优	优	良	良	可
缓蚀性	优	优	优	良	良	良	可
闪点≥/℃	170~200	170	150~170	难燃	难燃	难燃	不燃
凝点≤/℃	-10	-25	-45~-35	-50~-20	-50	-25	-5

石油型液压油以全损耗系统用油(旧称机械油)为原料,精炼后按需要加入适当添加剂而成。这类液压油润滑性好,但抗燃性差。

目前,我国液压传动采用全损耗系统用油和汽轮机油的情况仍很普遍。全损耗系统用油是一种工业用润滑油,其价格虽较低廉,但精制深度较浅,化学稳定性较差,使用时易生成黏稠胶质,堵塞元件小孔,影响液压系统性能。系统的压力越高,此问题就越严重。因此,只有在低压系统且要求很低时才可应用全损耗系统用油。至于汽轮机油,虽经深度精制并加有抗氧化、抗泡沫等添加剂,其性能优于全损耗系统用油,但这种油的抗磨性和缓蚀性均不如通用液压油。

通用液压油一般是以汽轮机油为基础油再加以多种添加剂配制而成的,其抗氧化性、耐磨性、抗泡沫性、黏温特性均较好,可广泛用于工作温度为 0～40℃的中低压系统,一般机床液压系统最适宜使用这种油。对于高压或中高压系统,可根据其工作条件和特殊要求选用抗磨液压油、低温液压油等专用油类。

石油型液压油有很多优点,其主要缺点是具有可燃性。在一些高温、易燃、易爆的工作场合,为了安全起见,应该在系统中使用抗燃性液体,如磷酸酯、水-乙二醇等合成液,或油包水、水包油等乳化液。

对于液压油的选用,首先应根据液压系统的环境与工作条件选用合适的液压油类型,然后再选择液压油的牌号。

对液压油牌号的选择,主要是对油液黏度等级的选择,这是因为液压油黏度对液压系统的稳定性、可靠性、效率、温升及磨损都有显著影响。在选择黏度时应注意以下几个方面:

(1) 液压系统的工作压力　工作压力较高的液压系统宜选用黏度较大的液压油,以便于密封,减少泄漏;反之,可选用黏度较小的液压油。

(2) 环境温度　环境温度较高时宜选用黏度较大的液压油,因为环境温度高会使油的黏度下降。

(3) 运动速度　当工作部件的运动速度较高时,为减小液流的摩擦损失,宜选用黏度较小的液压油。

在液压系统的所有元件中,以液压泵对液压油的性能最为敏感,因为泵内零件的运动速度最高,承受的压力最大,且承压时间长,温升高。因此,常根据液压泵的类型及其要求来选择液压油的黏度。各类液压泵适用的黏度范围见表 2-4。

表 2-4　各类液压泵适用的黏度范围

液压泵类型		环境温度 5～40℃		环境温度 40～80℃	
		40℃黏度/(mm^2/s)	50℃黏度/(mm^2/s)	40℃黏度/(mm^2/s)	50℃黏度/(mm^2/s)
齿轮泵		30～70	17～40	54～110	58～98
叶片泵	$p \geqslant 7$ MPa	30～50	17～29	43～77	25～44
	$p \geqslant 7$ MPa	54～70	31～40	65～95	35～55
柱塞泵	轴向式	43～77	25～44	70～172	40～98
	径向式	30～128	17～62	65～270	37～154

第二节　流体静力学

一、液体的静压力

作用在液体上的力有两种,即质量力和表面力。单位质量液体受到的质量力称为单位质量力,在数值上就等于加速度。表面力是由与液体相接触的其他物体(如容器或其他液体)作用在液体上的力,这是外力;也可以是一部分液体作用在另一部分液体上的力,这是内力。单位面积上作用的表面力称为应力,它有法向应力和切向应力之分。当液体静止时,液体质点间没有相对运动,不存在摩擦力,所以静止液体的表面力只有法向力。液体内某点处单位面积 ΔA 上所受到的法向力 ΔF,称为压力 p(静压力),即

$$p = \lim_{\Delta A \to 0} \frac{\Delta F}{\Delta A} \tag{2-13}$$

如法向力 F 均匀地作用于面积 A 上,则压力可表示为

$$p = \frac{F}{A} \tag{2-14}$$

由于液体质点间的凝聚力很小,不能受拉,只能受压,所以液体的静压力具有两个重要特性:
1) 液体静压力的方向总是作用面的内法线方向。
2) 静止液体内任一点的液体静压力在各个方向上都相等。

二、液体静压力的基本方程

在图 2-3(a)中,密度为 ρ 的液体在容器内处于静止状态。为求任意深度 h 处的压力 p,可以假想从液面往下选取一个垂直小液柱作为研究对象。设液柱的底面积为 ΔA、高为 h,如图 2-3(b)所示。由于液柱处于平衡状态,于是有

$$p \Delta A = p_0 \Delta A + \rho g h \Delta A$$

因此得

$$p = p_0 + \rho g h \tag{2-15}$$

式(2-15)称为液体静力学基本方程式。由其可知,重力作用下的静止液体,其压力分布有如下特征:

1) 静止液体内任一点处的压力都由两部分组成:一部分是液面上的压力 p_0,另一部分是该点以上液体自重所形成的压力,即 ρg 与该点离液面深度 h 的乘积。当液面只受大气压力 p_a 作用时,液体内任一点处的压力为

$$p = p_a + \rho g h \tag{2-16}$$

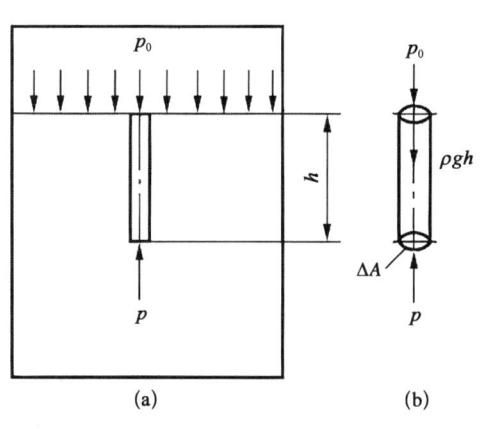

图 2-3 重力作用下的静止液体

2) 静止液体内的压力随液体深度变化呈直线规律分布。
3) 离液面距离相同的各点组成了等压面,此等压面为一水平面。

三、压力的表示方法和单位

根据度量基准的不同,液体压力分为绝对压力和相对压力两种。如式(2-15)表示的压

力 p，其值是以绝对真空为基准来度量的，称为绝对压力；而式中超过大气压的那部分压力 $p-p_a=\rho g h$，其值是以大气压力 p_a 为基准来度量的，称为相对压力。在地球表面，一切受大气笼罩的物体，大气压力的作用都是平衡的。因此，一般压力表在大气中的读数为零，用压力表测得的压力数值显然是相对压力。正因为如此，相对压力又称为表压力。在液压技术中，如不特别指明，压力均指相对压力。

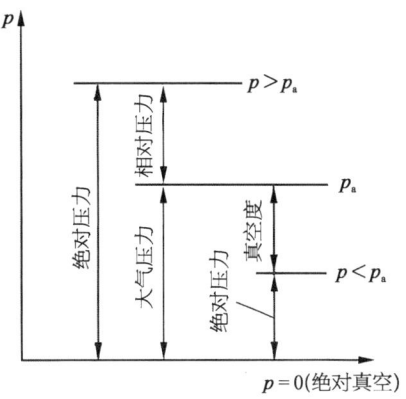

图 2-4 绝对压力、相对压力及真空度

如果液体中某点的绝对压力小于大气压力，这时，比大气压力小的那部分数值称为真空度。由图 2-4 可知，以大气压力为基准计算压力时，基准以上的正值是相对压力，基准以下的负值是真空度。例如，当液体内某点的绝对压力为 0.3×10^5 Pa 时，其相对压力为 $p-p_a=(0.3\times10^5-1\times10^5)\text{Pa}=-0.7\times10^5$ Pa，即该点的真空度为 0.7×10^5 Pa（这里取近似值 $p_a=1\times10^5$ Pa）。

压力的常用单位为 Pa（帕，N/m²）、MPa（兆帕，N/mm²），有时也使用 bar（巴）（bar 为非法定计量单位）。常用压力单位之间的换算关系为 1 MPa=10^6 Pa，1 bar=10^5 Pa。

例 2-1 在图 2-5 中，容器内盛有油液。已知油液的密度 $\rho=900$ kg/m³，活塞上的作用力 $F=1\,000$ N，活塞的面积 $A=1\times10^{-3}$ m²。假设活塞的重量忽略不计，求活塞下方距离 $h=0.5$ m 处的压力。

解：活塞与液体接触面上的压力为

$$p_0=\frac{F}{A}=\frac{1\,000}{1\times10^{-3}}\text{ N/m}^2=10^6\text{ N/m}^2$$

根据式(2-14)，深度为 h 处的液体压力为

$$p=p_0+\rho g h=(10^6+900\times9.8\times0.5)\text{N/m}^2$$
$$=1.004\,4\times10^6\text{ N/m}^2\approx10^6\text{ N/m}^2=10^6\text{ Pa}$$

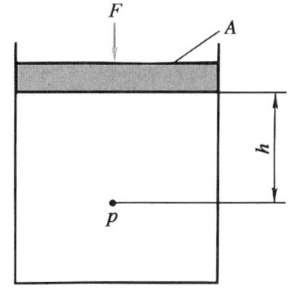

图 2-5 静止液体内的压力

从本例可以看出，液体在受外界压力作用的情况下，由液体自重所形成的那部分压力 $\rho g h$ 相对很小，在液压系统中可以忽略不计，因而可以近似地认为液体内部各处的压力是相等的。以后在分析液压系统的压力时，一般都以此结论为前提。

四、帕斯卡原理

图 2-5 所示密闭容器内的液体，当外力 F 变化引起外加压力 p_0 发生变化时，只要液体仍保持原来的静止状态，则液体内任一点的压力将发生同样大小的变化。也就是说，在密闭容器内，施加于静止液体的压力将等值地传递到液体内各点。这就是帕斯卡原理，或称为静压力传递原理。

在图 2-5 中，活塞上的作用力 F 是外加负载，A 为活塞横截面面积，根据帕斯卡原理，容

器内液体的压力 p 与负载 F 之间总保持着正比关系,即

$$p = \frac{F}{A}$$

可见,液体内的压力是由外加负载作用所形成的,即系统的压力大小取决于负载,这是液压传动中一个非常重要的基本概念。

例 2-2 图 2-6 所示为相互连通的两个液压缸。知大缸内径 $D=100$ mm,小缸内径 $d=20$ mm,大活塞上放置物体的质量为 5 000 kg。问需在小活塞上施加多大的力 F 才能使大活塞顶起重物。

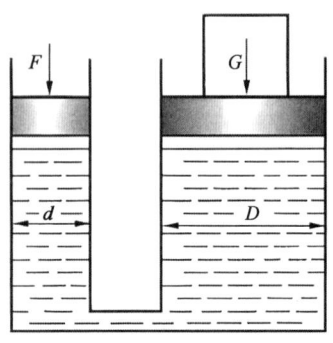

图 2-6 帕斯卡原理应用实例

解:物体的重力为

$$G = mg = 5\,000 \text{ kg} \times 9.8 \text{ m/s}^2 = 49\,000 \text{ N}$$

根据帕斯卡原理,由外力产生的压力在两缸中相等,即

$$\frac{F}{\frac{\pi d^2}{4}} = \frac{G}{\frac{\pi D^2}{4}}$$

故为了顶起重物,应在小活塞上加力为

$$F = \frac{d^2}{D^2} G = \frac{20^2}{100^2} \times 49\,000 \text{ N} = 1\,960 \text{ N}$$

本例说明了液压千斤顶等液压起重机械的工作原理,体现了液压装置的力放大作用。

五、液体对固体壁面的作用力

静止液体和固体壁面相接触时,固体壁面上各点在某一方向上所受静压作用力的总和,便是液体在该方向上作用于固体壁面上的力。在液压传动计算中质量力($\rho g h$)可以忽略,静压力处处相等,所以可认为作用于固体壁面上的压力是均匀分布的。

当固体壁面是一个平面时,如图 2-7(a)所示,则压力 p 作用在活塞(活塞盘径为 D、面积为 A)上的力 F 即为

$$F = pA = \frac{\pi D^2}{4} p$$

当固体壁面是一个曲面时,作用在曲面各点的液体静压力是不平行的,但是静压力的大小是相等的,因而作用在曲面上的总作用力在不同的方向也就不一样,因此必须首先明确要计算的是曲面上哪一个方向的力。

如图 2-7(b)(c)所示的球面和圆锥体面,要求液体静压力 p 沿垂直方向作用在球面和圆锥面上的力 F,就等于压力作用于该部分曲面在垂直方向的投影面积 A 与压力 p 的乘积,其作用点通过投影圆的圆心,其方向向上,即

$$F = pA = p\frac{\pi}{4}d^2$$

式中，d 为承压部分曲面投影圆的直径。

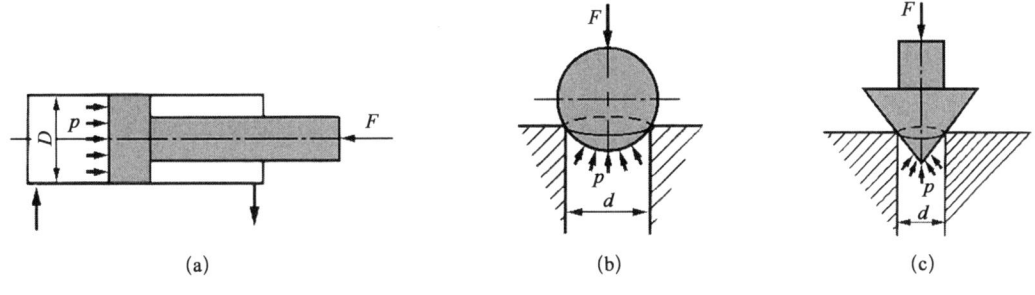

图 2-7 液压力作用在固体壁面上的力

由此可见，曲面上液压作用力在某一方向上的分力等于液体静压力和曲面在该方向的垂直面内投影面积的乘积。

第三节 流体动力学

一、基本概念

1. 理想液体、恒定流动、一维流动

研究液体流动时，必须考虑黏性的影响。但由于这个问题非常复杂，所以在开始分析时可以假设液体没有黏性，然后再考虑黏性的作用，并通过实验验证的方法对理想结论进行补充或修正。这种方法同样可以用来处理液体的可压缩性问题。一般把既无黏性、又不可压缩的假想液体称为理想液体。

液体流动时，若液体中任一点处的压力、速度和密度等参数都不随时间的变化而改变，则这种流动称为恒定流动（或称定常流动、非时变流动）。反之，只要压力、速度或密度中有一个参数随时间变化，就称为非恒定流动（或称非定常流动、时变流动）。

当液体整个地做线形流动时，称为一维流动。当它做平面或空间流动时，称为二维或三维流动。一维流动最为简单。严格意义上的一维流动要求液流截面上各点的速度矢量完全相同，液体的运动参数是一个坐标的函数，这种情况在现实中极为少见。一般常把封闭容器内流动的液体按一维流动分析，再用实验数据对计算结果进行修正。

2. 流线、流管、流束、通流截面

流线是指某一瞬间液流中一条条标志其质点运动状态的曲线，在流线上各点的瞬时液流方向与该点的切线方向重合[图 2-8(a)]。由于液流中每一点在每一瞬间只有一个速度，因而流线既不能相交，也不能转折，它是一条条光滑的曲线。

在流场内作一条封闭曲线，过该曲线的所有流线所构成的管状表面称为流管，流管内所有流线的集合称为流束[图 2-8(b)]。根据流线不能相交的性质，流管内外的流线均不能穿越流管表面。

垂直于流束的截面称为通流截面(或称过流断面)。通流截面上各点的运动速度均与其垂直。因此,通流截面可能是平面,也可能是曲面[图2-8(c)]。通流面积无限小的流束称为微小流束。

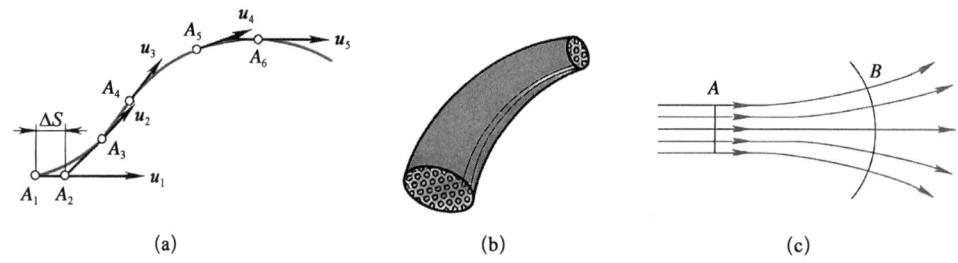

图2-8 流线、流管和流束、通流截面

3. 流量和平均流速

单位时间内流过某一通流截面的液体体积称为体积流量(除特别说明外,本书的流量均指体积流量)。流量以 q 表示,单位为 m^3/s 或 L/min。

当液流通过微小的通流截面 dA 时(图2-9),可以认为液体在该截面上各点的速度 u 是相等的,所以流过该微小截面的流量为

$$dq = u\,dA$$

则流过整个通流截面 A 的流量为

$$q = \int_A u\,dA \tag{2-17}$$

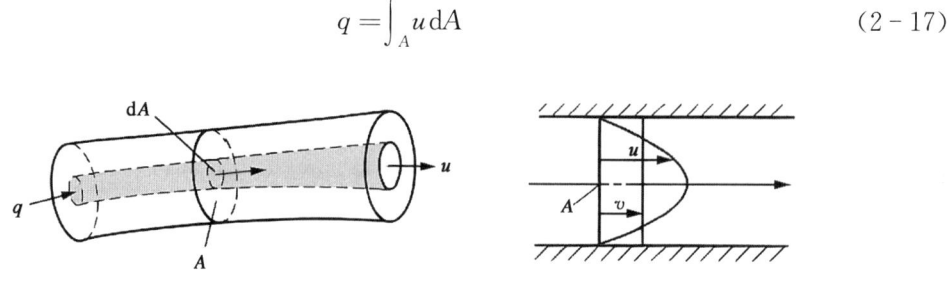

图2-9 流量和平均流速

对于实际液体的流动,由于黏性力的作用,整个通流截面上各点的速度 u 一般是不等的,其分布规律也不为人知(图2-9),故按式(2-17)用积分计算流量是不方便的。因此,提出一个平均流速的概念,即假设通流截面上各点的流速均匀分布,液体以此均布流速 v 流过此通流截面的流量等于以实际流速流过的流量,即

$$q = \int_A u\,dA = vA$$

由此可得出通流截面上的平均流速为

$$v = \frac{q}{A} \tag{2-18}$$

在工程实际中,平均流速 v 才具有应用价值。液压缸工作时,活塞运动的速度就等于缸内

液体的平均流速,因而可以根据式(2-18)建立起活塞运动速度 v 与液压缸有效面积 A 和流量 q 之间的关系。当液压缸有效面积一定时,活塞运动速度取决于输出液压缸的液体流量。

4. 层流、湍流、雷诺数

液体的流动有两种状态,即层流和湍流。这两种流动状态的物理现象可以通过雷诺实验来观察。

雷诺实验装置如图 2-10 所示。水箱 1 由进水管不断供水,并保持水箱水面高度恒定。水杯 5 内盛有有色的水,将开关 6 打开后,有色水即经细导管 2 流入水平玻璃管 3 中。调节阀门 4 的开度,使玻璃管中的液体缓慢流动;这时,有色水在玻璃管 3 中呈一条明显的直线,这条色线和清水不相混杂。这表明管中的液流是分层的,层与层之间互不干扰,液体的这种流动状态称为层流。调节阀门 4,使玻璃管中的液体流速逐渐增大,当流速增大至某一值时,可看到色线开始抖动而呈波纹状,这表明层流状态受到破坏,液流开始紊乱。若使管中流速进一步增大,有色水流便和清水完全混合,色线便完全消失,这表明管道中的液流完全紊乱,这时液体的流动状态称为湍流。如果将阀门 4 逐渐关小,就会看到相反的过程。

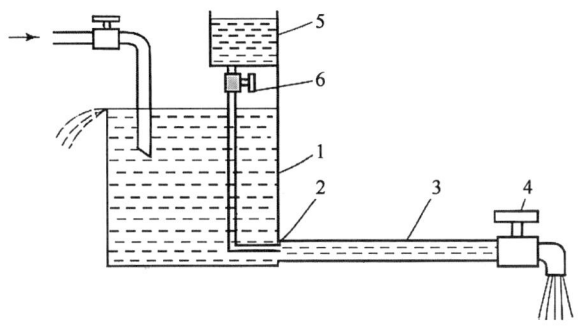

1—水箱;2—细导管;3—水平玻璃管;4—阀门;5—水杯;6—开关。

图 2-10 雷诺实验装置

实验还可证明,液体在圆管中的流动状态不仅与管内的平均流速 v 有关,还和管道内径 d 及液体的运动黏度 ν 有关。实际上,判定液流状态的是上述三个参数所组成的雷诺数 Re,即

$$Re = \frac{vd}{\nu} \tag{2-19}$$

雷诺数为无量纲数,即对通流截面相同的管道来说,若液流的雷诺数相同,则它的流动状态就相同。

液流由层流转变为湍流时的雷诺数和由湍流转变为层流时的雷诺数是不同的,后者的数值较前者小,所以一般都用后者作为判断液流状态的依据,称为临界雷诺数,记作 Re_c。当液流的实际雷诺数 Re 小于临界雷诺数 Re_c 时,为层流;反之,为湍流。常见液流管道的临界雷诺数由实验求得,见表 2-5。

表 2-5 常见液流管道的临界雷诺数

管 道	Re_c	管 道	Re_c
光滑金属圆管	2 320	带环槽的同心环状缝隙	700
橡胶软管	1 600~2 000	带环槽的偏心环状缝隙	400
光滑的同心环状缝隙	1 100	圆柱形滑阀阀口	260
光滑的偏心环状缝隙	1 000	锥阀阀口	20~100

雷诺数的物理意义是：雷诺数是液体的惯性力对黏性力的量纲为1(即无量纲)的比值。当雷诺数较大时，液体的惯性力起主导作用，液体处于湍流状态；当雷诺数较小时，黏性力起主导作用，液体处于层流状态。

对于非圆形截面的管道，Re 的计算公式为

$$Re = \frac{d_H v}{\nu} \tag{2-20}$$

式中，d_H 为通流截面的水力直径，其计算公式为

$$d_H = \frac{4A}{\chi} \tag{2-21}$$

式中，A 为通流截面的面积；χ 为湿周长度，即通流截面上与液体相接触的管壁周长。

水力直径的大小反映了管道通流能力的大小。水力直径大，则意味着液流和管壁的接触周长短，管壁对液流的阻力小，通流能力大。

二、连续性方程

连续性方程是质量守恒定律在流体力学中的一种表达形式。如果液体做定常流动，且不可压缩，那么任取一流管(图2-11)，两端通流截面面积为 A_1、A_2，在流管中取一微小流束，流束两端的截面积分别为 dA_1 和 dA_2，在微小截面上各点的速度可以认为是相等的，且分别为 u_1 和 u_2。根据质量守恒定律，在 dt 时间内流入此微小流束的质量应等于从此微小流束流出的质量，故有

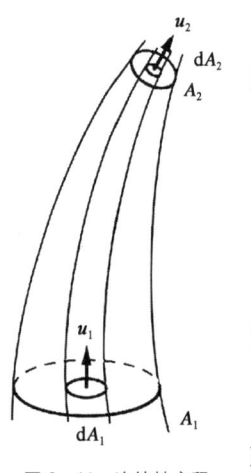

图 2-11 连续性方程推导简图

$$\rho u_1 dA_1 dt = \rho u_2 dA_2 dt$$

即

$$u_1 dA_1 = u_2 dA_2$$

对整个流管，显然是微小流束的集合，由上式积分得

$$\int_{A_1} u_1 dA_1 = \int_{A_2} u_2 dA_2$$

即

$$q_1 = q_2$$

如用平均速度表示，得

$$v_1 A_1 = v_2 A_2 \tag{2-22}$$

由于两通流截面是任意取的，故有

$$q = vA = 常数 \tag{2-23}$$

式(2-23)称为不可压缩液体做定常流动时的连续性方程。它说明通过流管任一通流截

面的流量相等。此外还说明当流量一定时，流速和通流截面面积成反比。

三、伯努利方程

伯努利方程就是能量守恒定律在流动液体中的表现形式。要说明流动液体的能量问题，必须先讲述液流的受力平衡方程，亦即它的运动微分方程。由于问题比较复杂，在讨论时先从理想液体在微元流束中的流动情况着手，然后再扩展到实际液体在流束中的能量问题。

1. 理想液体的运动微分方程

如图2-12所示，在微小流束上，取截面积为 dA、长为 ds 的微元体，现研究理想液体定常流动条件下在重力场中沿流线运动时其力的平衡关系。这一微元体的受力情况如图2-12所示，其中重力为 $\rho g dA ds$，压力作用在两端面上的力为

$$p dA - \left(p + \frac{\partial p}{\partial s} ds\right) dA$$

式中，$\partial p/\partial s$ 为沿流线方向的压力梯度。

设该微元体在定常流动下的加速度为 a，由于定常流动时液体的流速 u 只是流线段长 s 的函数，即 $u=f(s)$，故

$$a = \frac{du}{ds} = \frac{\partial u}{\partial s}\frac{ds}{dt} = u\frac{\partial u}{\partial s}$$

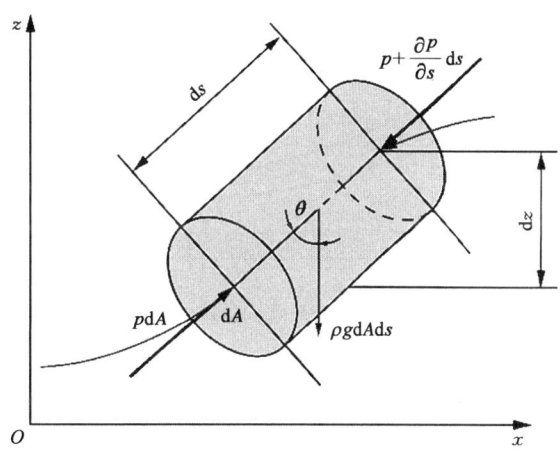

图2-12 流动液体上的作用力

由牛顿运动定律 $\sum F = ma$，可得

$$p dA - \left(p + \frac{\partial p}{\partial s} ds\right) dA - \rho g dA ds \cos\theta = \rho dA ds u \frac{\partial u}{\partial s}$$

因为 $\partial z/\partial s = \cos\theta$，代入上式，化简后可得

$$\frac{1}{\rho}\frac{\partial p}{\partial s} + g\frac{\partial z}{\partial s} + u\frac{\partial u}{\partial s} = 0$$

在定常流动时，p、z、u 均只是流线段长 s 的函数，故可进一步将上式简化为

$$\frac{1}{\rho} dp + g dz + u du = 0 \qquad (2-24)$$

这就是重力场中，理想液体沿流线做定常流动时的运动方程，即欧拉运动方程。它表示了单位质量液体的力平衡方程。

2. 理想液体的伯努利方程

将式(2-24)沿流线积分，便可得到理想液体微小流束的伯努利方程

$$\frac{p}{\rho} + gz + \frac{u^2}{2} = 常数 \qquad (2-25a)$$

或对流线上任意两点且两边同除以 g 可得

$$\frac{p_1}{\rho g}+z_1+\frac{u_1^2}{2g}=\frac{p_2}{\rho g}+z_2+\frac{u_2^2}{2g} \qquad (2-25\text{b})$$

式(2-25)即为理想液体做定常流动的伯努利方程。其中式(2-25a)表明理想液体做定常流动时,沿同一流线对运动微分方程的积分为常数,沿不同的流线积分则为另一常数。这就是能量守恒规律在流体力学中的体现。式(2-25b)表明,理想液体做定常流动时,液流中任意截面处液体的总水头由压力水头($p/\rho g$)、位置水头(z)和速度水头($u^2/2g$)组成,三者之间可互相转化,但总和为一定值。如图 2-13 所示,微小流束在 1、2 截面处的总水头高度为 H。其中 ac、$a'c'$ 表示压力水头和位置水头,称为静水头。bc、$b'c'$ 表示速度水头。

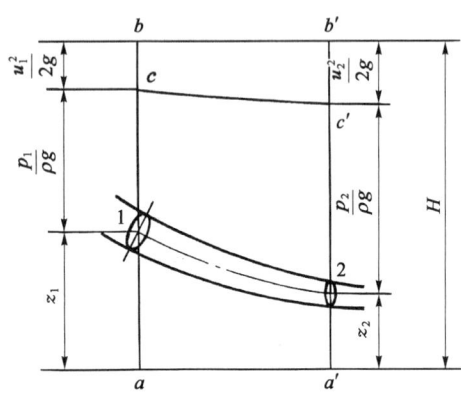

图 2-13 微小流束的水头线

如果流动是在同一水平面内,或者流场中坐标的变化与其他流动参数相比可以忽略不计,式(2-25)就可写成

$$\frac{p_1}{\rho}+\frac{u_1^2}{2}=\frac{p_2}{\rho}+\frac{u_2^2}{2} \qquad (2-26)$$

该式表明,沿流线压力越低,速度越高。

四、动量方程

液体作用在固体壁面上的力,用动量定理来求解比较方便。动量定理指出:作用在物体上的力的大小等于物体在力作用方向上的动量的变化率,即

$$\sum F=\frac{\text{d}(mv)}{\text{d}t} \qquad (2-27)$$

把动量定理应用到流动液体上时,须从流管中任意取出图 2-14 所示的被通流截面 $A-A$ 和 $B-B$ 所限制的液体体积,称为控制体积,$A-A$ 截面和 $B-B$ 截面称为控制表面。此控制体积经 $\text{d}t$ 时间后流至新的位置 $A'-A'$、$B'-B'$,在此控制体积内的微小流束中,取一流线段长为 $\text{d}s$、截面积为 $\text{d}A$、流速为 u 的微元,则这一段微元的动量为

$$\rho\text{d}A\text{d}su=\rho\text{d}q\text{d}s$$

控制体内微小流速的动量为

$$\text{d}M=\int_{s_1}^{s_2}\rho\text{d}q\text{d}s=\rho\text{d}q(s_2-s_1)$$

整个控制体积液体的动量为

$$M=\int\text{d}M=\int_q\rho(s_2-s_1)\text{d}q \qquad (2-28)$$

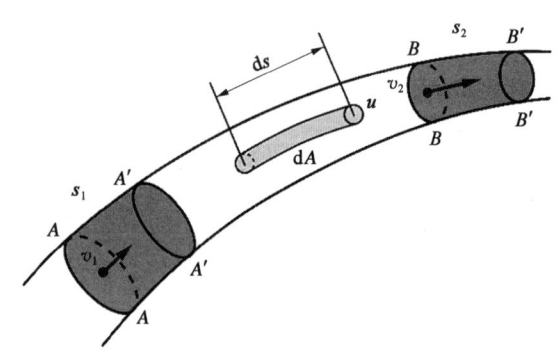

图 2-14 液流动量方程推导简图

式中，s_1、s_2 分别为 A-A 和 B-B 截面处的坐标。由动量定理可得

$$\sum F = \frac{\mathrm{d}M}{\mathrm{d}t} = \frac{\mathrm{d}}{\mathrm{d}t}\int_q \rho \mathrm{d}q(s_2 - s_1) = \rho(s_2 - s_1)\frac{\mathrm{d}q}{\mathrm{d}t} + \int_q \rho(u_2 - u_1)\mathrm{d}q$$

$$= \rho(s_2 - s_1)\frac{\mathrm{d}q}{\mathrm{d}t} + \int_q \rho u_2 \mathrm{d}q - \int_q \rho u_1 \mathrm{d}q$$

在工程实际应用中，往往用平均流速 v 代替实际流速 u，其误差用一动量修正系数 β 予以修正，故上式可改写为

$$\sum F = \rho(s_2 - s_1)\frac{\mathrm{d}q}{\mathrm{d}t} + \rho q \beta_2 v_2 - \rho q \beta_1 v_1 \tag{2-29}$$

式(2-29)即为流动液体的动量方程。方程左边 $\sum F$ 为作用于控制体积内液体上的所有外力的总和，而等式右边第一项表示液体流量变化所引起的力，称为瞬态力；第二、三项表示流出控制表面和流入控制表面时的动量变化率，称为稳态力。如果控制体中的液体在所研究的方向上不受其他外力，只有液体与固体壁面的相互作用力，则该二力的作用力与反作用力大小相等，方向相反。液体作用在固体壁面的作用力分别称为瞬态液动力和稳态液动力。

定常流动时，$\mathrm{d}q/\mathrm{d}t = 0$，故式(2-29)中只有稳态液动力，即

$$\sum F = \rho q \beta_2 v_2 - \rho q \beta_1 v_1 \tag{2-30}$$

式(2-29)、式(2-30)均为矢量表达式，在应用时可根据问题的具体要求向指定方向投影，列出该指定方向的动量方程，从而可求出作用力在该方向上的分量，然后加以合成。动量修正系数 β 为液体流过某截面 A 的实际动量与以平均流速流过截面的动量之比，即

$$\beta = \frac{\rho \int_A u \mathrm{d}q}{\rho q v} = \frac{\int_A u^2 \mathrm{d}A}{qv} = \frac{\int_A (v \pm \Delta u)^2 \mathrm{d}A}{qv} = \frac{\int_A (v^2 \pm 2v\Delta u + \Delta u^2)\mathrm{d}A}{qv} = 1 + \frac{\int_A \Delta u^2 \mathrm{d}A}{qv}$$

$$\tag{2-31}$$

所以 $\beta > 1$。当液流流速较大且分布较均（湍流）时，$\beta = 1$；当液流流速较低且分布不均匀（层流）时，$\beta = 1.33$。

例 2-3 计算图 2-15 所示液体对弯管的作用力。

解：如图 2-15 所示，取截面 1-1 和 2-2 间的液体为控制体积，首先分析作用在该控制体积上的外力。

在控制表面上液体所受到的总压力为：$F_1 = p_1 A$，$F_2 = p_2 A$。设弯管对控制体积的作用力 F' 方向如图 2-15 所示，它在 x、y 方向上的分力分别为 F'_x 和 F'_y，列出在 x 方向和 y 方向的动量方程，有

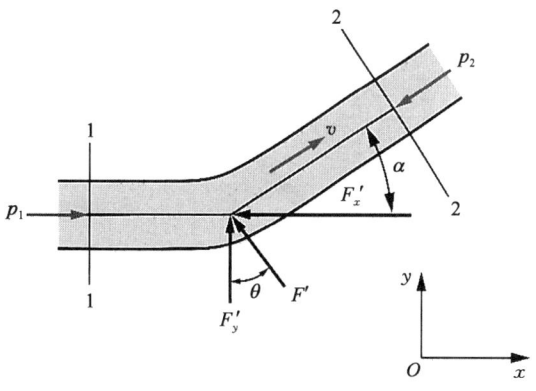

图 2-15 液体对弯管的作用

x 方向 $F_1 - F'_x - F_2\cos\alpha = \rho q v\cos\alpha - \rho q v$

故 $F'_x = F_1 - F_2\cos\alpha + \rho q v(1 - \cos\alpha)$

y 方向 $F'_y = \rho q v\sin\alpha + F_2\sin\alpha$

即 $F' = \sqrt{F'^2_x + F'^2_y}$，$\theta = \arctan\dfrac{F'_x}{F'_y}$

液体对弯管的作用力为 $F = -F'$，方向与 F' 相反。

例 2-4 求图 2-16 中滑阀阀芯所受的轴向稳态液动力。

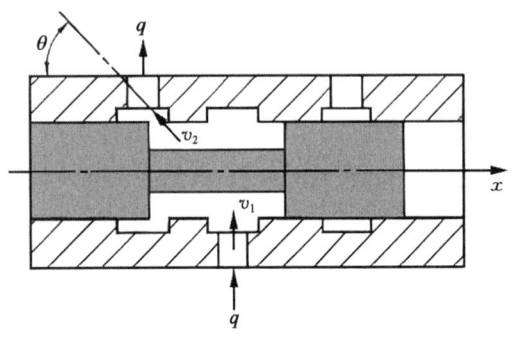

解：取进、出油口之间的液体为研究体积，并根据式（2-30）计算 x 方向的液动力，即

$$F'_x = \rho q [\beta_1 v_1 \cos 90° - (-\beta_2 v_2 \cos\theta)]$$
$$= \rho q \beta_2 v_2 \cos\theta$$

取 $\beta_2 = 1$，得液动力 $F'_x = \rho q v_2 \cos\theta$。

当液流反方向通过该阀时，同理可得到相同的结果。因所得的 F'_x 皆为正值，说明在上述两种情况下的 F'_x 方向都向右。可见，作用在滑阀阀芯上的稳态液动力总是使阀门趋于关闭。

图 2-16 滑阀上的稳态液动力

第四节 液体流动的压力损失

一、沿程压力损失

液体在直管中流动时的压力损失称为沿程压力损失。它除与管道的长度、内径和液体的流速、黏度等有关外，还与液体的流动状态有关。液体在圆管中的层流流动是液压传动中最常见的现象，在设计和使用液压系统时就希望管道中的液流保持这种状态。

（一）层流时的压力损失

当液体在等直径直管中做层流流动时其沿程压力损失可以进行理论计算求得。

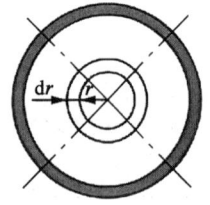 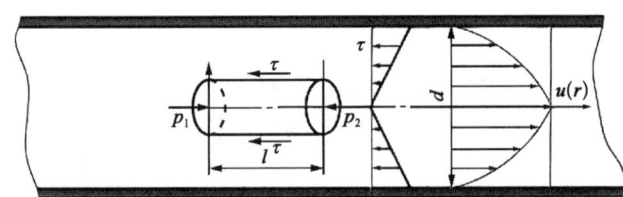

图 2-17 圆管中的层流

1. 液流在通流截面上的速度分布规律

如图 2-17 所示，液体在一直径为 d 的圆管中自左向右做层流流动。在管流中取一轴线与管道轴线重合的微小圆柱体，微小圆柱体长为 l，半径为 r，作用在小圆柱体两端的压力分

别为 p_1 和 p_2，圆柱表面作用有切应力 τ，在轴线方向上的受力平衡方程为

$$(p_1 - p_2)\pi r^2 - 2\pi r l \tau = 0$$

由牛顿内摩擦定律可知

$$\tau = -\mu \frac{\mathrm{d}u}{\mathrm{d}r}$$

式中，负号表示流速 u 随 r 的增加而降低，将此式代入上式积分可得

$$u = -\frac{p_1 - p_2}{4\mu l}r^2 + C$$

由边界条件：当 $r = d/2$ 时，$u = 0$，可求得积分常数 C，即

$$C = \frac{(p_1 - p_2)d^2}{16\mu l}$$

代入上式可得

$$u = \frac{(p_1 - p_2)}{4\mu l}\left(\frac{d^2}{4} - r^2\right) \tag{2-32}$$

从式中可看出，液体做层流运动时，在通流截面上的速度分布规律呈旋转抛物体状，且当 $r = 0$ 处（即管中心）流速最大，其值为

$$u_{\max} = \frac{(p_1 - p_2)d^2}{16\mu l} \tag{2-33}$$

2. 圆管中的流量

通过整个通流截面的流量可通过对式(1-37)积分求得，即

$$q = \int_A u \mathrm{d}A = \int_0^{d/2} \frac{(p_1 - p_2)}{4\mu l}\left(\frac{d^2}{4} - r^2\right)2\pi r \mathrm{d}r = \frac{\pi d^4}{128\mu l}\Delta p \tag{2-34}$$

式中，d 为管道的内径(m)；l 为管道的长度(m)；μ 为在管道中流动的液体的动力黏度 (N·s/m^2)；Δp 为管道 l 长度上的压力降(压力损失)(N/m^2)，$\Delta p = p_1 - p_2$；q 为通过管道的流量(m^3/s)。

因此，圆管通流截面上的平均流速为

$$v = \frac{q}{A} = \frac{\dfrac{\pi d^4}{128\mu l}\Delta p}{\dfrac{\pi d^2}{4}} = \frac{d^2}{32\mu l}\Delta p \tag{2-35}$$

比较式(2-33)和式(2-35)可见，液体在圆管中做层流流动时，其中心处的最大流速正好等于其平均流速的两倍，即 $u_{\max} = 2v$。

3. 沿程压力损失

由式(2-35)可得其沿程压力损失为

$$\Delta p_\mathrm{f} = \frac{128\mu l}{\pi d^4} q$$

因为 $q = v\pi d^2/4$,$\mu = \rho\nu$,$Re = dv/\nu$,代入并整理得

$$\Delta p_\mathrm{f} = \frac{64}{Re} \frac{l}{d} \rho g \frac{v^2}{2g} = \lambda \frac{l}{d} \rho g \frac{v^2}{2g} \tag{2-36}$$

式中,λ 称为沿程阻力系数,λ 的理论值为 $64/Re$,水在做层流流动时的实际阻力系数和理论值是很接近的。液压油在金属圆管中做层流流动时,常取 $\lambda = 75/Re$,在橡胶管中 $\lambda = 80/Re$。

(二) 湍流时的压力损失

湍流流动现象是很复杂的,完全用理论方法加以研究至今未获得令人满意的成果,故仍用试验的方法加以研究,再辅以理论解释,因而湍流状态下液体流动的压力损失仍用式(1-41)来计算,式中的 λ 值不仅与雷诺数 Re 有关,还与管壁表面粗糙度 Δ 有关,具体的 λ 值见表 2-6。

表 2-6 圆管湍流时的 λ 值

雷诺数 Re		λ 值计算公式
$Re < 22\left(\dfrac{d}{\Delta}\right)^{\frac{8}{7}}$	$3\,000 < Re < 10^5$	$\lambda = 0.316\,4/Re^{0.25}$
	$10^5 \leqslant Re \leqslant 10^8$	$\lambda = 0.308/(0.842 - \lg Re)^2$
$22\left(\dfrac{d}{\Delta}\right)^{\frac{8}{7}} < Re < 597\left(\dfrac{d}{\Delta}\right)^{\frac{9}{8}}$		$\lambda = \left[1.14 - 2\lg\left(\dfrac{\Delta}{d} + \dfrac{21.25}{Re^{0.9}}\right)\right]^{-2}$
$Re > 597\left(\dfrac{d}{\Delta}\right)^{\frac{9}{8}}$		$\lambda = 0.11\left(\dfrac{\Delta}{d}\right)^{0.25}$

注:钢管的 $\Delta = 0.004$ mm,铜管的 $\Delta = 0.001\,5 \sim 0.01$ mm,橡胶软管的 $\Delta = 0.03$ mm。

二、局部压力损失

液体流经管道的弯头、管接头、突变截面以及阀口、滤网等局部装置时,液流会产生旋涡,并出现强烈的扰动现象,由此而造成的压力损失称为局部压力损失。当液体流过上述各种局部装置时,流动状况极为复杂,影响因素较多,局部压力损失值不易从理论上进行分析计算,因此,局部压力损失的阻力系数,一般要通过实验来确定。局部压力损失的计算公式为

$$\Delta p_\zeta = \zeta \frac{\rho v^2}{2} \tag{2-37}$$

式中,ζ 为局部阻力系数。各种局部装置结构的 ζ 值可查阅有关手册。

液体流过各种阀类的局部压力损失也可以用式(2-37)来计算。但因阀内通道结构复杂，按此公式计算比较困难，故阀类元件局部压力损失 Δp_v 的实际计算公式为

$$\Delta p_v = \Delta p_n \left(\frac{q}{q_n}\right)^2 \quad (2-38)$$

式中，q_n 为阀的额定流量；Δp_n 为阀在额定流量 q_n 下的压力损失(可从阀的产品样本或设计手册中查出)；q 为通过阀的实际流量。

三、管路中的总压力损失

管路系统中的总压力损失等于所有直管中的沿程压力损失和局部压力损失之和，即

$$\sum \Delta p = \sum \lambda \frac{l}{d} \frac{\rho v^2}{2} + \sum \zeta \frac{\rho v^2}{2} \quad (2-39)$$

必须指出，应用式(2-39)计算总压力损失时，只有在两相邻局部损失之间的距离大于直径 10～20 倍时才成立，否则液流受前一个局部阻力的干扰还没稳定下来，就经历下一个局部阻力，它所受的扰动将更为严重，因而会使式(2-39)算出的压力损失值比实际数值小得多。

考虑存在压力损失，一般液压系统中液压泵的工作压力 p_p 应比执行元件的工作压 p_1 高 $\sum \Delta p$，即

$$p_p = p_1 + \sum \Delta p$$

所以管路系统的压力效率为

$$\eta_p = \frac{p_1}{p_p} = \frac{p_p - \sum \Delta p}{p_p} = 1 - \frac{\sum \Delta p}{p_p} \quad (2-40)$$

第五节 孔口和缝隙流动

液压传动中常利用液体流经阀的小孔或缝隙来控制流量和压力，以达到调速和调压的目的。液压元件的泄漏也属于缝隙流动。因而研究小孔或缝隙的流量计算，了解其影响因素，对于合理设计液压系统，正确分析液压元件和系统的工作性能，是很有必要的。

一、孔口液压特性

小孔可分为三种：当小孔的长径比 $l/d \leqslant 0.5$ 时，为薄壁孔；当 $l/d > 4$ 时，为细长孔；当 $0.5 < l/d \leqslant 4$ 时，为短孔。

先研究薄壁孔的流量计算。图 2-18 所示为进口一侧做成薄刃式的典型薄壁孔口。由于惯性作用，液流通过小孔时要发生收缩现象，在靠近孔口的后方出现收缩最大的通流截面。对

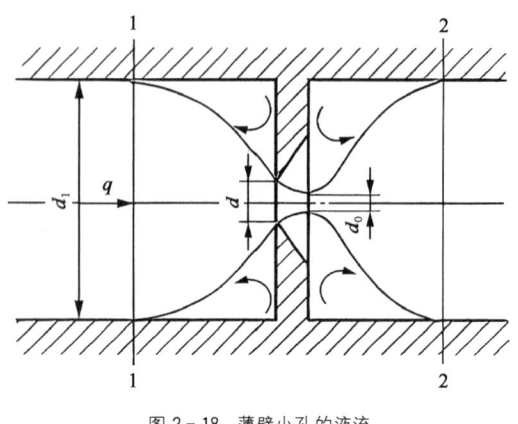

图 2-18 薄壁小孔的液流

于薄壁圆孔,当孔前通道直径与小孔直径之比 $d_1/d \geqslant 7$ 时,流束的收缩作用不受孔前通道内壁的影响,这时的收缩称为完全收缩;反之,当 $d_1/d < 7$ 时,孔前通道对液流进入小孔起导向作用,这时的收缩称为不完全收缩。

现对孔前通流截面 1-1 和孔后通流截面 2-2 之间的液体伯努利方程,有

$$\frac{p_1}{\rho}+\frac{\alpha_1 v_1^2}{2}+h_1 g=\frac{p_2}{\rho}+\frac{\alpha_2 v_2^2}{2}+h_2 g+h_w g$$

式中,h_w 为局部能量头损失,它包括两部分,即截面突然减小时的局部压力头损失 h_{w1} 和截面突然增大时的局部压力头损失 h_{w2}。

$$h_{w1}=\zeta\frac{v_e^2}{2g},\quad h_{w2}=\left(1-\frac{A_e}{A_2}\right)\frac{v_e^2}{2g}$$

由于 $A_e \leqslant A_2$,所以

$$h_w=h_{w1}+h_{w2}=\zeta\frac{v_e^2}{2g}+\left(1-\frac{A_e}{A_2}\right)\frac{v_e^2}{2g}=(\zeta+1)\frac{v_e^2}{2g}$$

将上式代入伯努利方程,并注意到由于 $A_1=A_2$,故 $v_1=v_2$,$\alpha_1=\alpha_2$;且 $h_1=h_2$,得

$$v_e=\frac{1}{\sqrt{1+\zeta}}\sqrt{\frac{2}{\rho}(p_1-p_2)}=C_v\sqrt{\frac{2}{\rho}\Delta p}$$

式中,Δp 为小孔前后的压差,$\Delta p=p_1-p_2$;C_v 为小孔速度系数,$C_v=\frac{1}{\sqrt{1+\zeta}}$。

由此可得通过薄壁小孔的流量公式为

$$q=A_e v_e=C_v C_c A_T\sqrt{\frac{2}{\rho}\Delta p}=C_q A_T\sqrt{\frac{2}{\rho}\Delta p} \tag{2-41}$$

式中,C_q 为流量系数,$C_q=C_v C_c$;C_c 为收缩系数,$C_c=A_e/A_T=d_e^2/d^2$;A_e 为收缩断面的面积;A_T 为小孔通流截面的面积,$A_T=\pi d^2/4$。

C_c、C_v、C_q 的数值可由实验确定。当液流完全收缩(管道直径与小孔直径之比 $d_1/d \geqslant 7$)时,$C_c=0.61\sim 0.63$,$C_v=0.97\sim 0.98$,这时 $C_q=0.6\sim 0.62$;当液流不完全收缩(管道直径与小孔直径之比 $d_1/d < 7$)时,$C_q=0.7\sim 0.8$。

薄壁孔由于流程很短,流量对油温的变化不敏感,因而流量稳定,宜作为节流孔用。流经短孔的流量可用薄壁孔的流量公式计算,但流量系数 C_q 不同,一般取 $C_q=0.82$。短孔比薄壁孔容易制造,适合于作固定节流器用。

流经细长孔的液流,由于黏性而流动不畅,故多为层流。其流量计算可以应用前面推出的圆管层流流量公式[式(2-34)],即 $q=\pi d^4\Delta p/(128\mu l)$。细长孔的流量和油液的黏度有关,

当油温变化时,油液黏度发生变化,因而流量也随之发生变化。这一点和薄壁小孔特性大不相同。纵观各小孔流量公式,可以归纳出一个通用公式

$$q = KA_T \Delta p^m \tag{2-42}$$

式中,A_T、Δp 为小孔通流截面的面积和两端压差;K 由孔的形状、尺寸和液体性质决定的系数,对于细长孔,$K=d^2/(32\mu l)$,对于薄壁孔和短孔,$K=C_q\sqrt{2/\rho}$;m 为由孔的长径比决定的指数,对于薄壁孔,$m=0.5$,对于细长孔,$m=1$。

通用公式(2-42)常用来分析小孔的流量压力特性。

二、缝隙液流特性

液压装置的各零件之间,特别是有相对运动的各零件之间,一般都存在缝隙(或称间隙)。油液流过缝隙就会产生泄漏,即缝隙流量。由于缝隙通道狭窄,液流受壁面的影响较大,故缝隙液流的流态均为层流。

缝隙流动有两种状况:一种是由缝隙两端的压差造成的流动,称为压差流动;另一种是形成缝隙的两壁面做相对运动所造成的流动,称为剪切流动。这两种流动经常会同时存在。

(一) 液体流过平行平板缝隙的流量

平行平板缝隙可以由固定的两平行平板形成,也可由相对运动的两平行平板形成。

1. 液体流过固定平行平板缝隙的流量

图 2-19 所示为固定平行平板缝隙液流。设缝隙厚度为 δ,宽度为 b,长度为 l,两端的压力为 p_1 和 p_2。从缝隙中取出一微小的平行六面体(其体积为 $b\mathrm{d}x\mathrm{d}y$),其左右两端所受的压力为 p 和 $p+\mathrm{d}p$,上下两侧面所受的摩擦力为 $\tau+\mathrm{d}\tau$ 和 τ,则受力平衡方程为

$$pb\mathrm{d}y + (\tau+\mathrm{d}\tau)b\mathrm{d}x = (p+\mathrm{d}p)b\mathrm{d}y + \tau b\mathrm{d}x$$

整理后得

$$\frac{\mathrm{d}\tau}{\mathrm{d}y} = \frac{\mathrm{d}p}{\mathrm{d}x}$$

由于 $\tau = \mu\dfrac{\mathrm{d}u}{\mathrm{d}y}$,则上式可转化为

$$\frac{\mathrm{d}^2 u}{\mathrm{d}y^2} = \frac{1}{\mu}\frac{\mathrm{d}p}{\mathrm{d}x}$$

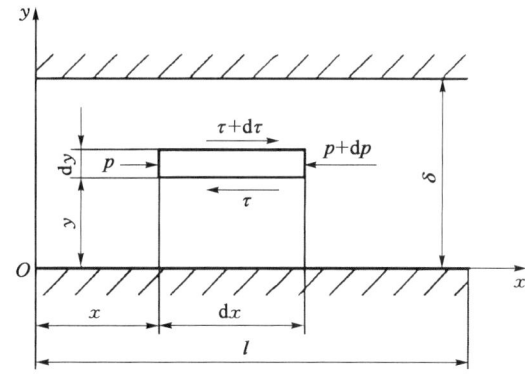

图 2-19 固定平行平板缝隙液流

将上式对 y 进行两次积分得

$$u = \frac{1}{2\mu}\frac{\mathrm{d}p}{\mathrm{d}x}y^2 + C_1 y + C_2 \tag{2-43}$$

式中,C_1、C_2 为积分常数。将边界条件 $y=0$、$u=0$ 和 $y=\delta$、$u=0$ 分别代入式(2-43)得

$$C_1 = -\frac{\delta}{2\mu}\frac{\mathrm{d}p}{\mathrm{d}x},\ C_2 = 0$$

此外,在缝隙液流中,压力 p 沿 x 方向的变化率 $\mathrm{d}p/\mathrm{d}x$ 为常数,有

$$\frac{\mathrm{d}p}{\mathrm{d}x}=\frac{p_2-p_1}{l}=-\frac{p_1-p_2}{l}=-\frac{\Delta p}{l}$$

将上述关系代入式(2-43)便有

$$u=\frac{\Delta p}{2\mu l}(\delta-y)y \tag{2-44}$$

由此得液体在固定平行平板缝隙中做压差流动时的流量为

$$q=\int_0^\delta ub\mathrm{d}y=b\int_0^\delta \frac{\Delta p}{2\mu l}(\delta-y)y\mathrm{d}y=\frac{b\delta^3}{12\mu l}\Delta p \tag{2-45}$$

从式(2-45)可以看出,在压差作用下,流过固定平行平板缝隙的流量与缝隙厚度 δ 的三次方成正比,这说明液压元件内缝隙的大小对其泄漏量的影响是很大的。

2. 液体流过相对运动的平行平板缝隙的流量

由图 2-2 知,当一平板固定,另一平板以速度 u_0 做相对运动时,由于液体存在黏性,紧贴于动平板上的油液以速度 u_0 运动,紧贴于固定平板上的油液则保持静止,中间各层液体的流速呈线性分布,即液体做剪切流动。因为液体的平均流速 $v=u_0/2$,故由于平板相对运动而使液体流过缝隙的流量为

$$q'=vA=\frac{1}{2}u_0 b\delta \tag{2-46}$$

式(2-46)所求值为液体在平行平板缝隙中做剪切流动时的流量。

在一般情况下,相对运动的平行平板缝隙中既有压差流动,又有剪切流动。因此,流过相对运动的平行平板缝隙的流量为压差流量和剪切流量的代数和,即

$$q=\frac{b\delta^3}{12\mu l}\Delta p \pm \frac{1}{2}u_0 b\delta \tag{2-47}$$

式中,u_0 为平行平板间的相对运动速度。当长平板相对于短平板移动的方向和压差方向相同时取"+"号,方向相反时取"-"号。

(二)液体流过圆环缝隙的流量

在液压元件中,如液压缸的活塞和缸孔之间、液压阀的阀芯和阀孔之间,都存在圆环缝隙。圆环缝隙有同心和偏心两种情况,它们的流量公式有所不同。

1. 流过同心圆环缝隙的流量

图 2-20 所示为同心圆环缝隙的流动。圆柱体直径为 d,缝隙厚度为 δ,缝隙长度为 l。如果将圆环缝沿圆周方向展开,就相当于一个平行平板缝隙。因此,只要用 πd 替代式(2-47)中的 b,就可得到内外表面之间有相对运动的同心圆环缝隙的流量公式,即

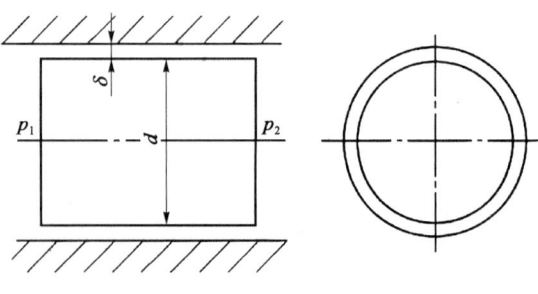

图 2-20 同心圆环缝隙流量

$$q = \frac{\pi d \delta^3}{12\mu l}\Delta p \pm \frac{1}{2}\pi d \delta u_0 \qquad (2-48)$$

当相对运动速度 $u_0 = 0$ 时,即为内外表面之间无相对运动的同心圆环缝隙流量公式,即

$$q = \frac{\pi d \delta^3}{12\mu l}\Delta p \qquad (2-49)$$

2. 流过偏心圆环缝隙的流量

若圆环的内外圆不同心,偏心距为 e(图 2-21),则形成偏心圆环缝隙。其流量公式为

$$q = \frac{\pi d \delta^3 \Delta p}{12\mu l}(1 + 1.5\varepsilon^2) \pm \frac{1}{2}\pi d \delta u_0 \qquad (2-50)$$

式中,δ 为内外圆同心时的缝隙厚度;ε 为相对偏心率,即偏心距 e 和同心圆环缝隙厚度 δ 的比值,$\varepsilon = e/\delta$。

由式(2-50)可以看出,当 $\varepsilon = 0$ 时,它就是同心圆环缝隙的流量公式;当 $\varepsilon = 1$ 时,即在最大偏心情况下,其压差流量为同心圆环缝隙压差流量的 2.5 倍。可见在液压元件中,为了减少圆环缝隙的泄漏,应使相互配合的零件尽量处于同心状态。

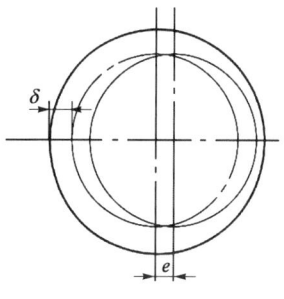

图 2-21 偏心圆环缝隙流量

第六节 液压冲击和空穴现象

一、液压冲击

在液压系统中,由于某种原因,液体压力在一瞬间会突然升高,产生很高的压力峰值,这种现象称为液压冲击。液压冲击的压力峰值往往比正常工作压力高好几倍,且常伴有巨大的振动和噪声,使液压系统产生温升,有时会使一些液压元件或管件损坏,并使某些液压元件(如压力继电器、液压控制阀等)产生误动作,导致设备损坏,因此,搞清液压冲击的本质,估算出它的压力峰值并研究抑制措施,是十分必要的。

1. 液压冲击产生的原因

如图 2-22 所示,有一较大的容腔(如液压缸或蓄能器)和在另一端装有阀门的管道相连,容腔的体积较大,认为其中的压力 p 是恒定的,阀门开启时,管道内的液体以流速 v 流过,当不考虑管中的压力损失时,压力均等于 p。

当阀门 K 瞬间关闭时,管道中便产生液压冲击,其过程见表 2-7。液压冲击的实质主要是管道中的液体因突然停止运动而导致动能向压力能的瞬时转变。

另外,液压系统中运动着的工作部件突然制动或换向时,由工作部件的动能将引起液压执行元件的回油腔和管路内的油液产生液压激振,导致液压冲击。

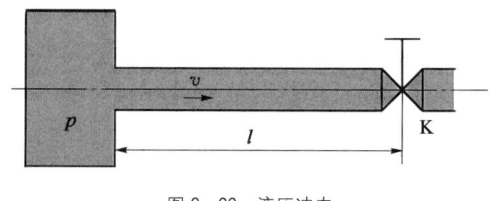

图 2-22 液压冲击

表 2-7 液压冲击过程

时 间	过 程
$t = 0$	阀门瞬间闭死
$t = 0 \to \dfrac{l}{c}$	管中液体自阀门开始向容腔方向依次停下,动能变为压力能,认为有一高压波以波速 c 由阀门向容腔推进
$t = \dfrac{l}{c}$	整个管内液体 $v=0$,处在冲击压力作用下,容腔和管道交界面处压力不平衡,管道中的压力大于容腔中的压力
$t = \dfrac{l}{c} \to 2\dfrac{l}{c}$	由交界面开始,管中液体依次向容腔方向松动,以流速 v 向左运动,压力依次恢复正常压力 p,认为有一正常压力波由容腔向阀门推进
$t = 2\dfrac{l}{c}$	管中液体恢复正常压力 p,但以流速 v 向左运动,液体有脱离阀门的趋势
$t = 2\dfrac{l}{c} \to 3\dfrac{l}{c}$	从阀门开始管中液体依次停下,压力也依次下降为低压,认为有一低压波由阀门向容腔推进
$t = 3\dfrac{l}{c}$	整个管中液体 $v=0$,处在低压作用下,容腔和管道的交界面处压力又不平衡,容腔中的压力大于管道中的压力
$t = 3\dfrac{l}{c} \to 4\dfrac{l}{c}$	由容腔开始,液体依次向阀门方向流动,恢复正常压力 p 和正常流速 v,认为一正常压力波由容腔向阀门推进
$t = 4\dfrac{l}{c}$	管中液体以流速 v 向右运动,压力为正常压力 p,和液压冲击未发生前情况一样,如此结束液压冲击的一个循环
$t > 4\dfrac{l}{c}$	以后的过程周而复始地继续下去。但由于液体有黏性,液体和管道有弹性,所以在液压冲击过程中要消耗能量,实际上,液压冲击时管道中的压力变化是一个围绕正常压力 p 逐渐衰减的振荡过程

液压系统中某些元件的动作不够灵敏,也会产生液压冲击。如系统压力突然升高,但溢流阀反应迟钝,不能迅速打开时,便产生压力超调,也即压力冲击。

2. 液体突然停止运动时产生的液压冲击

在图 2-22 中,设管道的截面积为 A,长度为 l,管道中液流的流速为 v,密度为 ρ。当管道的末端突然关闭时,液体立即停止运动。根据能量转化和守恒定律,液体的动能 $\rho Al v^2 /2$。转化为液体的弹性能 $Al \Delta p^2 / (2K')$,即

$$\frac{1}{2}\rho Al v^2 = \frac{1}{2}\frac{Al}{K'}\Delta p^2$$

所以

$$\Delta p = \rho \sqrt{\frac{K'}{\rho}} v = \rho c v \qquad (2-51)$$

式中,Δp 为液压冲击时压力的升高值(N/m^2);K' 为液体的等效体积模量(N/m^2);c 为冲击波在管中的传播速度(m/s),$c = \sqrt{K'/\rho}$。

由式(2-51)可知,对于一定的某种油液和管道材质来说,ρ 和 c 均为定值,因此唯一能减小 Δp 的办法是加大管道的通流截面以降低 v 值。一般若将 v 限制在 4.5 m/s 以内,Δp 一般

不会超过 5.0 MPa,这一压力峰值在一般液压传动系统中可以认为是安全的。

液压冲击波在管中的传播速度 c 可按下式计算

$$c=\sqrt{\frac{K'}{\rho}}=\frac{\sqrt{K/\rho}}{\sqrt{1+\frac{d}{\delta}\frac{K}{E}}} \qquad (2-52)$$

式中,K 为液压油的体积模量(N/m^2);d 为管道内径(m);δ 为管道壁厚(m);E 为管道材料的弹性模量(N/m^2)。

冲击波在管道中的液压油内的传播速度 c 一般为 890~1 270 m/s。

式(2-51)仅适用于管道瞬间关死的情况,亦即阀门的关闭时间 t 小于压力波来回一次所需的时间 t_c(临界关闭时间)的情况,即

$$t < t_c (t_c = 2l/c) \qquad (2-53)$$

凡满足式(2-53)的称为完全冲击,否则便是非完全冲击。非完全冲击时引起的压力峰值比完全冲击时低,可按下式计算

$$\Delta p = \rho c v \frac{t_c}{t} \qquad (2-54)$$

如果阀门不是关死,而是部分关闭,使液流流速从 v 降低到 v',即冲击前后的稳态流速变化值为 $\Delta v = v - v'$,这种情况下只要在式(2-51)和式(2-54)中以 Δv 代替 v,便可求得相应条件下的压力升高值 Δp。

知道了 Δp,便可求得出现冲击后管道中的最大压力 p_{max}

$$p_{max} = p + \Delta p \qquad (2-55)$$

式中,p 为正常工作压力(N/m^2)。

例 2-5 已知某管道的内径为 $d = 200$ mm,壁厚 $\delta = 10$ mm,液体在管中初始流速 $v = 2$ m/s,压力 $p = 2.0$ MPa,液体的体积模量 $K = 2.0 \times 10^3$ MPa,管壁材料的弹性模量 $E = 2.0 \times 10^5$ MPa。当阀突然关闭时,试求最大压力升高值 Δp。

解:先计算冲击波传播速度 c。设液体的密度 $\rho = 900$ kg/m³,由式(2-52)可得

$$c = \frac{\sqrt{\frac{K}{\rho}}}{\sqrt{1+\frac{d}{\delta}\frac{K}{E}}} = \frac{\sqrt{\frac{2 \times 10^9}{900}}}{\sqrt{1+\frac{200 \times 2 \times 10^9}{10 \times 2 \times 10^{11}}}} \text{ m/s} = 1\ 360.8 \text{ m/s}$$

所以

$$\Delta p = \rho c v = 900 \times 1\ 360.8 \times 2 \text{ N/m}^2 = 24.5 \times 10^5 \text{ Pa}$$

3. 运动部件制动时产生的液压冲击

设总质量为 $\sum M$ 的运动部件在制动时的减速时间为 Δt,速度的减小值为 Δv,则根据动

量定理可近似地求得系统中的冲击压力 Δp，因

$$\Delta p A \Delta t = \sum M \Delta v$$

所以

$$\Delta p = \frac{\sum M \Delta v}{A \Delta t} \tag{2-56}$$

式中，A 为液压缸的有效工作面积(m^2)。

上式计算所得的结果，因忽略了阻尼、泄漏等因素，是近似值，但在估算时偏于安全考虑。

二、空穴现象

在流动的液体中，因某点处的压力低于空气分离压而产生气泡的现象，称为空穴现象。空穴现象使液压装置产生噪声和振动，使金属表面受到腐蚀。为了了解空穴现象产生的机理，先介绍一下液压油的空气分离压和饱和蒸气压。

（一）油液的空气分离压和饱和蒸气压

油液中都溶解有一定量的空气，一般溶解 5%～6%（体积分数）的空气，油液能溶解的空气量与绝对压力成正比，在大气压下正常溶解于油液中的空气，当压力低于大气压时，就成为过饱和状态。在一定的温度下，如压力降低到某一值时，过饱和的空气将从油液中分离出来形成气泡，这一压力值称为该温度下的空气分离压。含有气泡的液压油的体积弹性模量将减小，所含的气泡越多，液压油的体积弹性模量将越低。

当液压油在某温度下的压力低于某一数值时，油液本身迅速汽化，产生大量蒸气气泡，这时的压力称为液压油在该温度下的饱和蒸气压。一般来说，液压油的饱和蒸气压相当小，比空气分离压小得多，因此，要使液压油不产生大量气泡，它的压力最低不得低于液压油所在温度下的空气分离压。

（二）节流口处的空穴现象

当液流流经如图 2-23 所示的节流口的喉部位置时，根据伯努利方程，该处的压力要降低。如压力低于液压油工作温度下的空气分离压，溶解在油液中的空气将迅速地大量分离出来，变成气泡。这些气泡随着液流流到下游压力较高的部位处时，会因承受不了高压而破灭，产生局部的液压冲击，发出噪声并引起振动，当附着在金属表面上的气泡破灭时，它所产生的局部高温和高压会使金属剥落，使表面粗糙，或出现海绵状的小洞穴，节流口下游部位常可发现这种腐蚀的痕迹，这种现象称为气蚀。

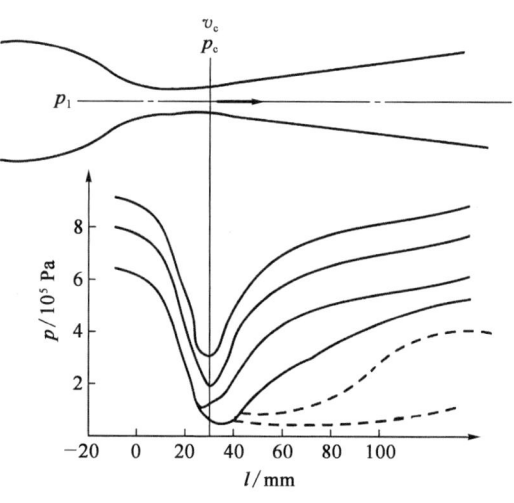

图 2-23 节流口处的空穴现象

在液压元件中,只要某点处的压力低于液压油所在温度的空气分离压,就会产生空穴现象。如液压泵中,当液压泵吸油管直径太小,吸油管阻力太大,滤网堵塞,或液压泵转速过高,因而使其吸油腔的压力低于液压油工作温度下的空气分离压时,液压泵便产生空穴现象,使液压泵吸油不足,流量下降,噪声激增,输出流量和压力剧烈波动,系统无法稳定地工作,严重时使泵的机件腐蚀,出现气蚀现象。

习 题

2-1 什么是压力?压力有哪几种表示方法?液压系统的工作压力与外界负载有什么关系?

2-2 解释如下概念:恒定流动、非恒定流动、通流截面、流量、平均流速。

2-3 伯努利方程的物理意义是什么?该方程的理论式和实际式有什么区别?

2-4 管路中的压力损失有哪几种?其值与哪些因素有关?

2-5 由能量液流的连续性方程可知,通过某截面的流量与压力无关;而通过小孔的流量与压差有关,这是为什么?

2-6 液压冲击的现象是什么?液压冲击是怎样产生的?减小液压冲击的措施有哪些?

2-7 图 2-24 所示为一黏度计,若 $D=100$ mm,$d=98$ mm,$l=200$ mm,外筒转速 $n=8$ r/s 时,测得转矩 $T=70$ N·cm,试求其油液的动力黏度。

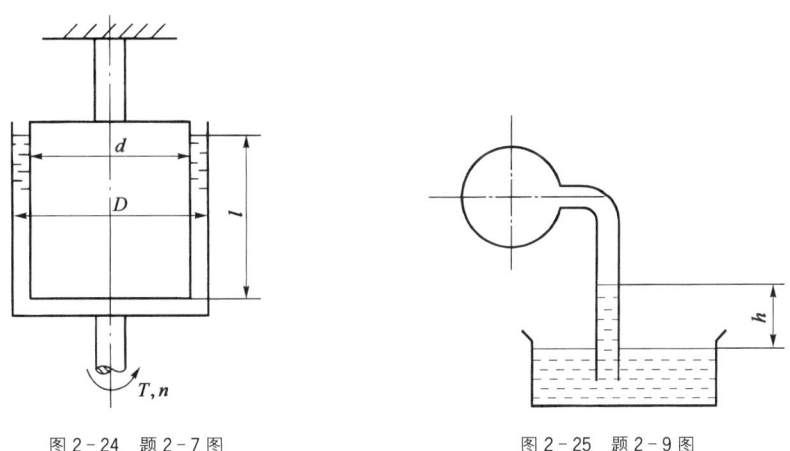

图 2-24 题 2-7 图   图 2-25 题 2-9 图

2-8 用恩氏黏度计测得某液压油($\rho=850$ kg/m³)200 mL 流过的时间为 $t_1=153$ s,20℃时 200 mL 的蒸馏水流过的时间为 $t_2=51$ s,求该液压油的恩氏黏度 °E、运动黏度 ν 和动力黏度 μ 各为多少?

2-9 如图 2-25 所示,具有一定真空度的容器用一根管子倒置于液面与大气相通的水槽中,液体在管中上升的高度 $h=1$ m,设液体的密度为 $\rho=1\,000$ kg/m³,试求容器内的真空度。

2-10 图 2-26 所示容器 A 中的液体的密度 $\rho_A=900 \text{ kg/m}^3$，B 中液体的密度为 $\rho_B=1\,200 \text{ kg/m}^3$，$z_A=200 \text{ mm}$，$z_B=180 \text{ mm}$，$h=60 \text{ mm}$，U 形管中的测压介质为汞，试求 A、B 之间的压力差。

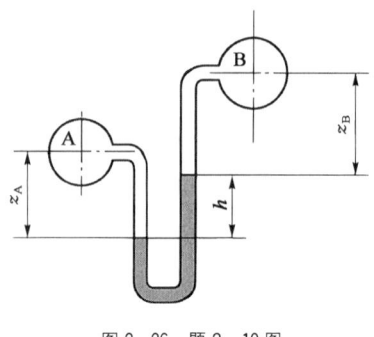

图 2-26 题 2-10 图

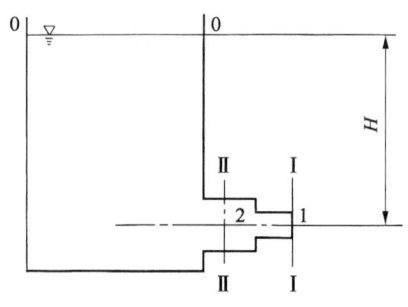

图 2-27 题 2-11 图

2-11 如图 2-27 所示，已知水深 $H=10 \text{ m}$，截面 $A_1=0.02 \text{ m}^2$，截面 $A_2=0.04 \text{ m}^2$，求孔口的出流流量及点 2 处的表压力（取 $\alpha=1$，$\rho=1\,000 \text{ kg/m}^3$，不计损失）。

2-12 如图 2-28 所示，一抽吸设备水平放置，其出口和大气相通，细管处截面积 $A_1=3.2\times10^{-4} \text{ m}^2$，出口处管道截面积 $A_2=4A_1$，$h=1 \text{ m}$，求开始抽吸时，水平管中所需通过的流量 q（液体为理想液体，不计损失）。

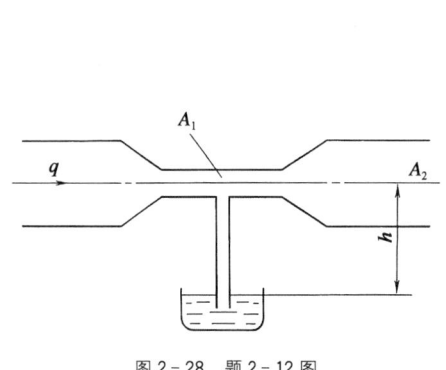

图 2-28 题 2-12 图

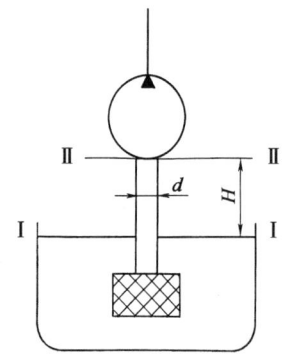

图 2-29 题 2-13 图

2-13 如图 2-29 所示，有一液压泵，其流量为 $q=32 \text{ L/min}$，吸油管直径 20 mm，液压泵吸油口距离液面高 500 mm。考虑粗滤网的压力降为 0.01 MPa，油液的运动黏度为 $20\times10^{-6} \text{ m}^2/\text{s}$，油液的密度为 900 kg/m^3，问泵的吸油腔处的真空度为多少？

2-14 运动黏度 $\nu=40\times10^{-6} \text{ m}^2/\text{s}$ 的油液通过水平管道，油液密度 $\rho=900 \text{ kg/m}^3$，管道内径 $d=10 \text{ mm}$，$l=5 \text{ m}$，进口压力 $p_1=4.0 \text{ MPa}$，问流速为 3 m/s 时，出口压力 p_1 为多少？

2-15 有一薄壁节流小孔，通过的流量为 $q=25 \text{ L/min}$，压力损失为 0.3 Mpa，试求节流孔的通流面积。设流量系数 $C_d=0.61$，油液的密度 900 kg/m³。

第三章 液压动力元件

第一节 液压泵概述

一、液压泵的工作原理及特点

1. 液压泵的工作原理

液压泵都是依靠密封容积变化的原理来进行工作的,故一般称为容积式液压泵。图3-1所示是一单柱塞液压泵的工作原理图,柱塞2装在缸体3中形成一个密封容积 a,柱塞2在弹簧4的作用下始终压紧在偏心轮1上。原动机驱动偏心轮1旋转使柱塞2做往复运动,使密封容积 a 的大小发生周期性的交替变化。当 a 由小变大时就形成部分真空,使油箱中油液在大气压作用下,经吸油管顶开单向阀6进入油腔 a 而实现吸油;反之,当 a 由大变小时,a 腔中吸满的油液将顶开单向阀5流入系统而实现压油。这样液压泵就将原动机输入的机械能转换成液体的压力能,原动机驱动偏心轮不断旋转,液压泵就不断地吸油和压油。

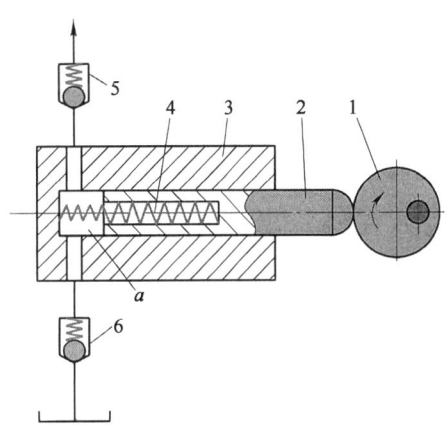

1—偏心轮;2—柱塞;3—缸体;4—弹簧;5、6—单向阀。
图3-1 液压泵的工作原理图

2. 液压泵的特点

单柱塞液压泵具有一切容积式液压泵的基本特点:

1) 具有若干个密封且又可以周期性变化的空间。液压泵的输出流量与此空间的容积变化量和单位时间内的变化次数成正比,与其他因素无关。这是容积式液压泵的一个重要特性。

2) 油箱内液体的绝对压力必须恒等于或大于大气压力。这是容积式液压泵能够吸入油液的外部条件。因此,为保证液压泵正常吸油,油箱必须与大气相通,或采用密闭的充压油箱。

3) 具有相应的配流机构。配流机构将吸液腔和排液腔隔开,保证液压泵有规律地连续吸排液体。液压泵的结构原理不同,其配流机构也不相同。图3-1所示的单柱塞泵的配油机构就是单向阀5、6。

容积式液压泵中的油腔处于吸油时称为吸油腔,处于压油时称为压油腔。吸油腔的压力取决于吸油高度和吸油管路的阻力。吸油高度过高或吸油管路阻力太大,会使吸油腔真空度过高而影响液压泵的自吸性能,压油腔的压力则取决于外负载和排油管路的压力损失,从理论上讲排油压力与液压泵的流量无关。

容积式液压泵排油的理论流量取决于液压泵的有关几何尺寸和转速,而与排油压力无关,但排油压力要影响泵的内泄漏和油液的压缩量,从而影响泵的实际输出流量,所以液压泵的实际输出流量随排油压力的升高而降低。

液压泵按其在单位时间内所能输出的油液的体积是否可调节而分为定量泵和变量泵两类;按结构形式可分为齿轮式液压泵、叶片式液压泵和柱塞式液压泵三大类。

二、液压泵的主要性能参数

1. 压力

(1) 工作压力　液压泵实际工作时的输出压力称为工作压力。工作压力取决于外负载的大小和排油管路上的压力损失,而与液压泵的流量无关。

(2) 额定压力　液压泵在正常工作条件下,按试验标准规定连续运转的最高压力称为液压泵的额定压力。

(3) 最高允许压力　在超过额定压力的条件下,根据试验标准规定,允许液压泵短暂运行的最高压力值,称为液压泵的最高允许压力。

2. 排量和流量

(1) 排量 V　液压泵每转一周,由其密封容积几何尺寸变化计算而得的排出液体的体积称为液压泵的排量。排量可以调节的液压泵称为变量泵,排量不可以调节的液压泵则称为定量泵。

(2) 理论流量 q_t　理论流量是指在不考虑液压泵泄漏流量的条件下,在单位时间内所排出的液体体积。显然,如果液压泵的排量为 V,其主轴转速为 n,则该液压泵的理论流量 q_t 为

$$q_t = Vn \tag{3-1}$$

式中,V 为液压泵的排量(m^3/r);n 为主轴转速(r/s)。

(3) 实际流量 q　液压泵在某一具体工况下,单位时间内所排出的液体体积称为实际流量,它等于理论流量 q_t 减去泄漏和压缩损失后的流量 q_l,即

$$q = q_t - q_l \tag{3-2}$$

(4) 额定流量 q_n　液压泵在正常工作条件下,按试验标准规定(如在额定压力和额定转速下)必须保证的流量。

3. 功率和效率

(1) 液压泵的功率损失　液压泵的功率损失有容积损失和机械损失两部分。

1) 容积损失　容积损失是指液压泵在流量上的损失,液压泵的实际输出流量总是小于其理论流量,其主要原因是液压泵内部高低压腔之间油液的泄漏、压缩及在吸油过程中由于吸油阻力太大、油液黏度大及液压泵转速高等原因而导致油液不能全部充满密封工作腔。液压泵的容积损失用容积效率来表示,它等于液压泵的实际输出流量 q 与其理论流量 q_t 之比,即

$$\eta_v = \frac{q}{q_t} = \frac{q_t - q_l}{q_t} = 1 - \frac{q_l}{q_t} \tag{3-3}$$

因此液压泵的实际输出流量 q 为

$$q = q_t \eta_v = V n \eta_v \tag{3-4}$$

液压泵的容积效率随着液压泵工作压力的增大而减小，且随液压泵的结构类型不同而异。

2) 机械损失　机械损失是指液压泵在转矩上的损失。液压泵的实际输入转矩 T 总是大于理论上所需要的转矩 T_t，其主要原因是由于液压泵泵体内相对运动部件之间因机械摩擦而引起的摩擦转矩损失及液体的黏性而引起的摩擦损失。液压泵的机械损失用机械效率表示，它等于液压泵的理论转矩 T_t 与实际输入转矩 T 之比，设转矩损失为 T_l，则液压泵的机械效率为

$$\eta_m = \frac{T_t}{T} = \frac{1}{1 + \dfrac{T_l}{T_t}} \tag{3-5}$$

(2) 液压泵的功率

1) 输入功率 P_i　液压泵的输入功率 P_i 是指作用在液压泵主轴上的机械功率，当输入转矩为 T_i、角速度为 ω 时，有

$$P_i = T_i \omega \tag{3-6}$$

2) 输出功率 P　液压泵的输出功率是指液压泵在工作过程中的实际吸、压油口间的压差 Δp 和输出流量 q 的乘积，即

$$P = \Delta p q \tag{3-7}$$

式中，Δp 为液压泵吸、压油口之间的压力差（N/m^2）；q 为液压泵的输出流量（m^3/s）；P 为液压泵的输出功率（W）。

在工程实际中，若液压泵吸、压油口的压力差 Δp 的计量单位用 MPa 表示，输出流量 q 的单位用 L/min 表示，则液压泵的输出功率 P 可表示为

$$P = \frac{\Delta p q}{60} \tag{3-8}$$

式中，P 为输出功率（kW）。

在实际的计算中，若油箱通大气，液压泵吸、压油口的压力差 Δp 往往用液压泵出口压力 p 代替。

(3) 液压泵的总效率　液压泵的总效率是指液压泵的实际输出功率与其输入功率的比值，即

$$\eta = \frac{P}{P_i} = \frac{\Delta p q}{T_i \omega} = \frac{\Delta p q_t \eta_v}{\dfrac{T_t \omega}{\eta_m}} = \eta_v \eta_m \tag{3-9}$$

由式(2-9)可知，液压泵的总效率等于其容积效率与机械效率的乘积，所以液压泵的输入功率也可写成

$$P_i = \frac{\Delta p q}{\eta} \qquad (3-10)$$

图 3-2(a)所示为液压泵的功率流程图。液压泵的各个参数和压力之间的关系如图 3-2(b)所示。

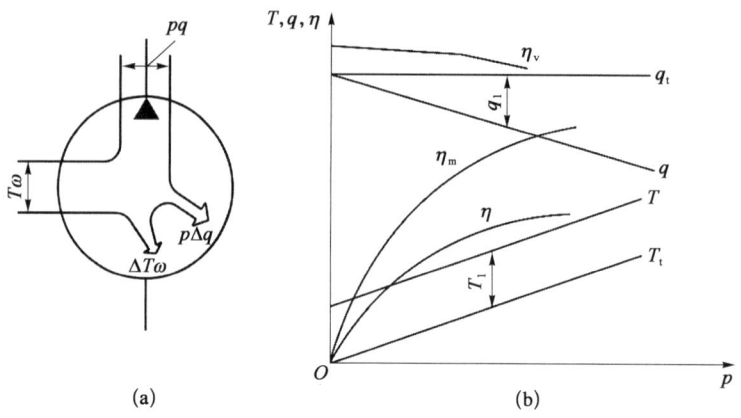

图 3-2 液压泵的功率流程图及特性曲线

第二节 齿 轮 泵

一、外啮合齿轮泵

齿轮泵是液压系统中广泛采用的一种液压泵,它一般做成定量泵,按结构不同,齿轮泵分为外啮合齿轮泵和内啮合齿轮泵,而以外啮合齿轮泵应用最广。

(一) 外啮合齿轮泵的工作原理

图 3-3 所示为外啮合齿轮泵的工作原理,它由装在壳体内的一对齿轮所组成,齿轮两侧有端盖(图中未示出),壳体、端盖和齿轮的各个齿间槽组成了许多密封工作腔。当齿轮按图示方向旋转时,右侧吸油腔由于相互啮合的轮齿逐渐脱开,密封工作容积逐渐增大,形成部分真空,因此油箱中的油液在外界大气压力的作用下,经吸油管进入吸油腔,将齿间槽充满,并随着齿轮旋转,把油液带到左侧压油腔内。在压油区一侧,由于轮齿在这里逐渐进入啮合,密封工作腔容积不断减小,油液便被挤出去,从压油腔输送到压力管路中去。在齿轮泵的工作过程中,只要两齿轮的旋转方向不变,其吸、排油腔的位置也就确定不变。这里啮合点处的齿面接触线分隔高、低压两腔并起着配油作用,因此在

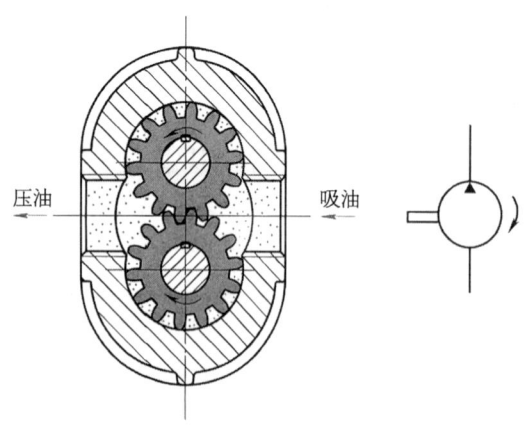

图 3-3 外啮合齿轮泵的工作原理

齿轮泵中不需要设置专门的配流机构,这是它和其他类型容积式液压泵的不同之处。

(二) 外啮合齿轮泵的排量和流量计算

外啮合齿轮泵排量的精确计算应依啮合原理来进行,近似计算时可认为排量等于它的两个齿轮的齿间槽容积之总和,假设齿间槽的容积等于轮齿的体积,则齿轮泵的排量可以近似地等于其中一个齿轮的所有轮齿体积与齿间槽容积之和。即以齿顶圆为外圆、直径为 $(z-2)m$ 的圆为内圆的圆环为底,以齿宽为高所形成的环形筒的体积,当齿轮的模数为 m、齿宽为 B、齿数为 z 时,排量为

$$V = \frac{\pi}{4}\{[(z+2)m]^2 - [(z-2)m]^2\}B = 2\pi m^2 zB \tag{3-11}$$

实际上齿间槽的容积比轮齿的体积稍大些,经大量试验验证,通常取

$$V = 6.66zm^2 B \tag{3-12}$$

因此,当驱动齿轮泵的原动机转速为 n 时,外啮合齿轮泵的理论流量和实际输出流量分别为

$$q_t = 6.66zm^2 Bn \tag{3-13}$$

$$q = 6.66zm^2 Bn\eta_v \tag{3-14}$$

式中,η_v 为外啮合齿轮泵的容积效率。

以上计算的是外啮合齿轮泵的平均流量,实际上随着啮合点位置的不断改变,吸、排油腔的每一瞬时的容积变化率是不均匀的,因此齿轮泵的瞬时流量是脉动的,设 q_{max}、q_{min} 表示最大、最小瞬时流量,则流量脉动率 σ 可用下式表示

$$\sigma = \frac{q_{max} - q_{min}}{q} \times 100\% \tag{3-15}$$

理论研究表明,外啮合齿轮泵齿数越少,脉动率 σ 就越大,其值最高可达 20% 以上,内啮合齿轮泵的流量脉动率要小得多。

(三) 外啮合齿轮泵的结构特点和优缺点

外啮合齿轮泵的泄漏、困油和径向液压力不平衡是影响齿轮泵性能指标和寿命的三大问题。各种不同齿轮泵的结构特点之所以不同,都是因为采用了不同结构措施来解决这三大问题。

1. 泄漏

齿轮泵存在着三个可能产生泄漏的部位:齿轮端面和端盖间,齿轮外圆和壳体内孔间,以及两个齿轮的齿面啮合处。其中对泄漏影响最大的是齿轮端面和端盖间的轴向间隙,通过轴向间隙的泄漏量可占总泄漏量的 75%～80%,因为这里泄漏途径短,泄漏面积大。轴向间隙过大,泄漏量多,会使容积效率降低;但间隙过小,齿轮端面和端盖之间的机械摩擦损失增加,会使泵的机械效率降低。因此设计和制造时必须严格控制泵的轴向间隙。

2. 困油

根据齿轮啮合原理,齿轮泵要平稳工作,齿轮啮合的重合度 ε 必须大于1(通常 ε=1.05～1.3),也就是说要求在一对轮齿即将脱开啮合前,后面的一对轮齿就要开始啮合。就在两对

轮齿同时啮合的这一小段时间内,留在齿间的油液困在两对轮齿和前后泵盖所形成的一个密闭空间中,如图3-4(a)所示,当齿轮继续旋转时,这个空间的容积逐渐减小,直到两个啮合点A、B处于节点两侧的对称位置时,如图3-4(b)所示,这时封闭容积减至最小。由于油液的可压缩性很小,当封闭空间的容积减小时,被困的油液受挤压,压力急剧上升,油液从零件接合面的缝隙中被强行挤出,使齿轮和轴承受到很大的径向力;当齿轮继续旋转,这个封闭容积又逐渐增大到图3-4(c)所示的最大位置,容积增大时又会造成局部真空,使油液中溶解的气体分离,产生气穴现象,这些都将使齿轮泵产生强烈的噪声,这就是齿轮泵的困油现象。

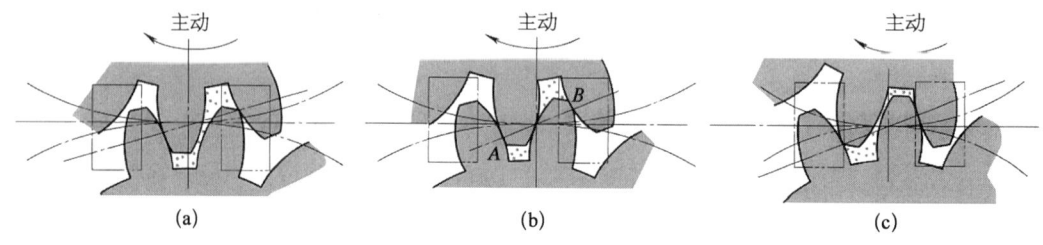

图3-4 困油现象

消除困油的方法,通常是在齿轮泵的两侧端盖上铣两条卸荷槽(如图3-5中双点画线所示),当封闭容积减小时,使其与压油腔相通[图3-4(a)];而当封闭容积增大时,使其与吸油腔相通[图3-4(c)]。一般的齿轮泵两卸荷槽是非对称开设的,往往向吸油腔偏移,但无论怎样,两槽间的距离必须保证在任何时候都不能使吸油腔和压油腔相互串通。对于分度圆压力角 $\alpha=20°$、模数为 m 的标准渐开线齿轮,$a=2.78\,m$,当卸荷槽为非对称时,在压油腔一侧必须保证 $b=0.8\,m$,另一方面为保证卸荷槽畅通,要求槽宽 $c>2.5\,m$,槽深 $h\geqslant 0.8\,m$,如图3-5所示。

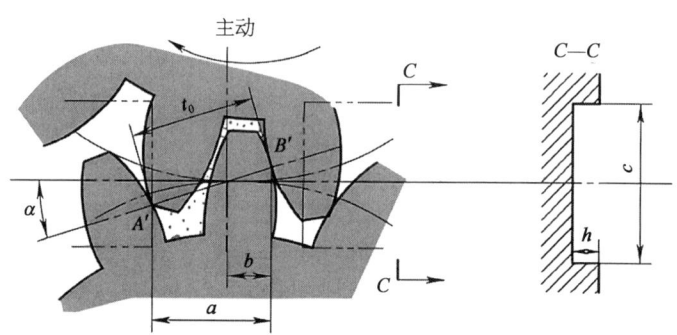

图3-5 非对称卸荷槽尺寸

3. 径向不平衡力

在齿轮泵中,作用在齿轮外圆上的压力是不相等的,在压油腔和吸油腔处齿轮外圆和齿廓表面承受着工作压力和吸油腔压力,在齿轮和壳体内孔的径向间隙中,可以认为压力由压油腔压力逐渐分级下降到吸油腔压力,这些液体压力综合作用的结果,相当于给齿轮一个径向的作用力(即不平衡力)使齿轮和轴承受载。工作压力越大,径向不平衡力也越大。径向不平衡力很大时能使轴弯曲,齿顶与壳体产生接触,同时加速轴承的磨损,降低轴承的寿命。为了减小径向不平衡力的影响,有的泵上采取了缩小压油口的办法,使压力油仅作用在一个齿到两个齿的范围内,同时适当大径向间隙,使齿轮在压力作用下,齿顶不能和壳体相接触。

4. 优缺点

外啮合齿轮泵的优点是结构简单，尺寸和质量小，制造方便，价格低廉，工作可靠，自吸能力强（容许的吸油真空度大），对油液污染不敏感，维护容易。它的缺点是一些机件承受不平衡径向力，磨损严重，泄漏大，工作压力的提高受到限制。此外，它的流量脉动大，因而压力脉动和噪声都比较大。

（四）提高外啮合齿轮泵压力的措施

要提高齿轮泵的压力，必须要减少端面的泄漏，一般采用齿轮端面间隙自动补偿的办法。图 3-6 所示为齿轮泵端面间隙的自动补偿原理。利用特制的通道把泵内压油腔的压力油引导到浮动轴套的外侧，产生液压作用力，使轴套压向齿轮端面，这个力必须大于齿轮端面作用在轴套内侧的作用力，才能保证在各种压力下，轴套始终自动贴紧齿轮端面，减少泵内通过端面的泄漏，达到提高压力的目的。

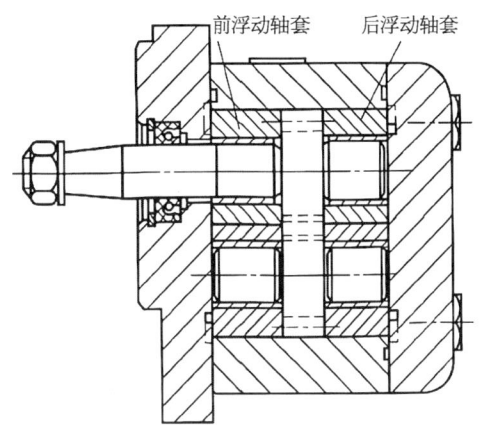

图 3-6　齿轮泵端面间隙的自动补偿原理

（五）齿轮泵的主要性能

（1）压力　齿轮泵一般用于低压（<2.5 MPa）大流量的系统。具有良好补偿措施的中小排量的齿轮泵的最高工作压力可达 25 MPa 以上，大排量的齿轮泵的许用压力也可达 16~20 MPa。

（2）排量　工程上使用的齿轮泵的排量范围为 0.05~800 mL/r，常用的是 2.5~250 mL/r。

（3）转速　微型齿轮泵的最高转速可达 20 000 r/min 以上，常用的为 1 000~3 000 r/min，必须注意的是，其工作转速不能小于 300~500 r/min。

（4）效率　低压齿轮泵的效率 η_P 较低（一般小于 0.6），带补偿措施的齿轮泵的效率 η_P 可达到 0.8~0.9。

（5）寿命　低压齿轮泵的寿命为 3 000~5 000 h，高压外啮合齿轮泵在额定压力下的寿命一般只有几百小时，高压内啮合齿轮泵的寿命可达 2 000~3 000 h。

二、内啮合齿轮泵和螺杆泵

1. 螺杆泵

螺杆泵实质上是一种外啮合的摆线齿轮泵，泵内的螺杆可以有两个，也可以有三个。图 3-7 所示为三螺杆泵的工作原理。三个相互啮合的双头螺杆装在壳体内，主动螺杆 2 为凸螺杆，从动螺杆 1 和 3 是凹螺杆。三个螺杆的外圆与壳体的对应弧面保持着良好的配合。在横截面内，它们的齿廓由几对摆线共轭曲线组成。螺杆的啮合线把主动螺杆和从动螺杆的螺旋槽分割成多个相互隔离的密封工作腔。随着螺杆的旋转，这些密封工作腔一个接一个地在左端形成，不断地从左向右移动（主动螺杆每转一周，每个密封工作腔移动一个螺旋导程），并在右端消失。密封工作腔形成时，它的容积逐渐增大，进行吸油；密封工作腔消失时容积逐渐缩小，将油压出。螺杆泵的螺杆直径越大，螺旋槽越深，排量就越大；螺杆越长，吸油口和压油口之间的密封层次越多，密封就越好，泵的额定压力就越高。

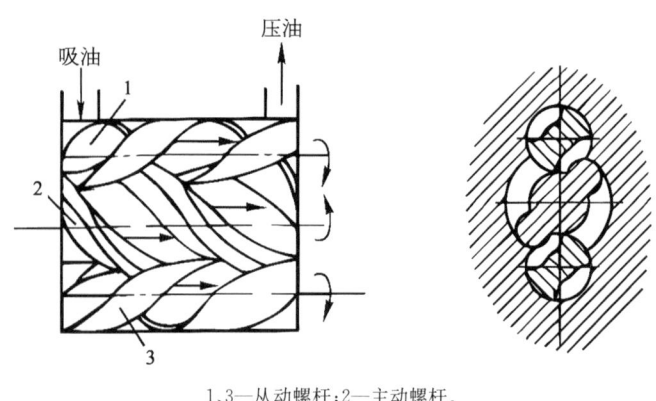

1、3—从动螺杆；2—主动螺杆。

图 3-7 三螺杆泵的工作原理

螺杆泵结构简单、紧凑，体积和质量小，运转平稳，输油均匀，噪声小，容许采用高转速，容积效率较高(达 90%～95%)，对油液的污染不敏感，因此它在一些精密机床的液压系统中得到了应用。螺杆泵的主要缺点是螺杆形状复杂，加工较困难，不易保证精度。

2. 内啮合齿轮泵

内啮合齿轮泵有渐开线齿轮泵和摆线齿轮泵(又名转子泵)两种，如图 3-8 所示，它们的工作原理和主要特点与外啮合齿轮泵完全相同。在渐开线齿形的内啮合齿轮泵中，小齿轮和内齿轮之间要装一块月牙形的隔板，以便把吸油腔和压油腔隔开[图 3-8(a)]。在摆线齿形的内啮合齿轮泵中，小齿轮和内齿轮只相差一个齿，因而不需设置隔板[图 3-8(b)]。内啮合齿轮泵中的小齿轮为主动轮。

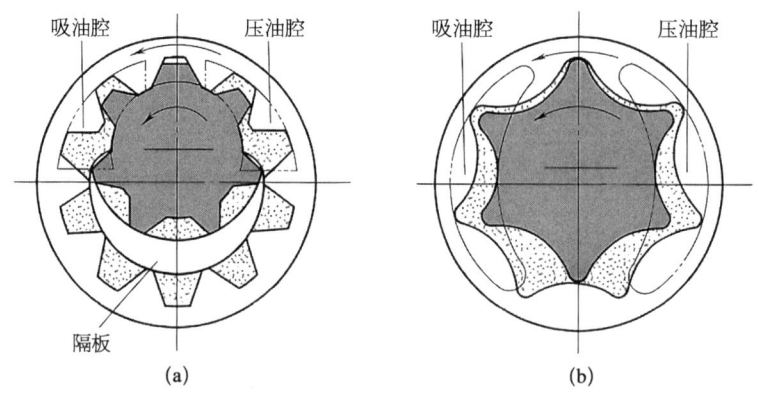

图 3-8 内啮合齿轮泵

内啮合齿轮泵结构紧凑，尺寸和质量小，由于齿轮转向相同，相对滑动速度小，磨损小，使用寿命长，流量脉动远小于外啮合齿轮泵，因而压力脉动和噪声都较小；内啮合齿轮泵容许使用高转速(高转速下的离心力能使油液更好地充入密封工作腔)，可获得较高的容积效率。摆线内啮合齿轮泵排量大，结构更简单，而且由于齿轮啮合的重合度大，传动平稳，吸油条件更为良好。

内啮合齿轮泵的缺点是齿形复杂，加工精度要求高，需要专门的制造设备，造价较贵，随着工业技术的发展，它的应用将会越来越广泛。

三、齿轮泵主要性能

(1) 压力　具有良好的轴向和径向补偿措施的中、小排量的齿轮泵的最高工作压力目前均超过了 25 MPa,最高达 32 MPa 以上。大排量齿轮泵的许用压力也可达 16～20 MPa。

(2) 排量　液压工程用的齿轮泵的排量范围很宽,为 0.05～800 mL/r,但常用的为 2.5～250 mL/r。

(3) 转速　微型齿轮泵的最高转速可达 20 000 r/min 以上,常用的为 1 000～3 000 r/min。必须指出,齿轮泵的工作转速也有下限,一般为 300～500 r/min。

(4) 寿命　低压齿轮泵的寿命为 3 000～5 000 h,高压外齿轮泵在额定压力下的寿命一般却只有几百小时,高压内齿轮泵的寿命可达 2 000～3 000 h。

第三节　叶 片 泵

叶片液压泵有单作用式(变量泵)和双作用式(定量泵)两大类,在机床、工程机械、船舶、压铸及冶金设备中得到广泛应用。它具有输出流量均匀、运转平稳、噪声小的优点。叶片泵对油液的清洁度要求较高。

一、单作用叶片泵

图 3-9 所示为单作用叶片泵的工作原理。单作用叶片泵由转子 1、定子 2、叶片 3、配油盘和端盖等主要零件组成。定子的内表面是圆柱形孔,定子和转子中心不重合,相距一偏心距 e。叶片可以在转子槽内灵活滑动(当转子转动时,叶片由离心力或液压力作用使其顶部和定子内表面产生可靠接触)。配油盘上各有一个腰形的吸油窗口和压油窗口。由定子、转子、两相邻叶片和配油盘组成密封工作腔。当转子按逆时针方向转动时,右半周的叶片向外伸出,密封工作腔容积逐渐增大,形成局部真空,于是通过吸油口和配油盘上的吸油窗口将油吸入。在左半周的叶片向转子里缩进,密封工作腔容积逐渐缩小,工作腔内的油液经配油盘压油窗口和泵的压油口输到系统中去。泵的转子每旋转一周,叶片在槽中往复滑动一次,密封工作腔容积增大和缩小各一次,完成一次吸油和压油,故称单作用泵。由图 3-10 可看出,转子转一转,每个工作腔容积变化 $\Delta V = V_1 - V_2$。于是叶片泵每转输出的油液体积为 ΔVz,z 为叶片数。由此可得单作用叶片泵的排量近似为

$$V = 2be\pi D \tag{3-16}$$

式中,b 为转子宽度;e 为转子和定子间的偏心距;D 为定子内圆直径。

这种泵的转子上受有单方向的液压不平衡作用力,轴承负载较大。通过变量机构来改变定子和转子间的偏心距 e,就可改变泵的排量,使其成为一种变量泵。为了使叶片在离心力作用下可靠地压紧在定子内圆表面上,采用特殊沟槽使压油一侧的叶片底部和压油腔相通,吸油

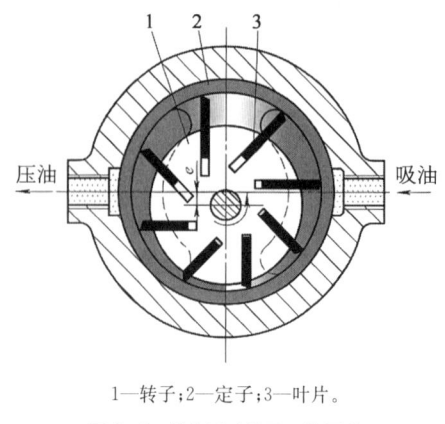

1—转子;2—定子;3—叶片。

图 3-9 单作用叶片泵工作原理

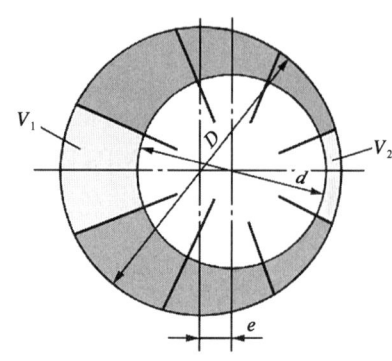

图 3-10 单作用叶片泵排量计算

一侧的叶片底部和吸油腔相通。

单作用叶片泵的流量是有脉动的。但是泵内叶片数越多,流量脉动率越小。此外,奇数叶片泵的脉动率比偶数叶片泵的脉动率小,一般取 13 或 15 片叶片。叶片泵流量脉动和噪声小,广泛应用于中、低压液压系统中。

二、双作用叶片泵

图 3-11 所示为双作用叶片泵的工作原理。它的作用原理和单作用叶片泵相似,不同之处只在于定子内表面是由两段长半径圆弧、两段短半径圆弧和四段过渡曲线组成的,且定子和转子是同心的。当转子顺时针方向旋转时,密封工作腔容积在左上角和右下角处逐渐增大,为吸油区;在左下角和右上角处逐渐减小,为压油区。在吸油区和压油区之间有一段封油区将它们隔开。这种泵的转子每转一转,完成两次吸油和压油,所以称双作用叶片泵。由于泵的吸油区和压油区对称布置,因此,转子所受径向力是平衡的,故又称平衡式液压泵。

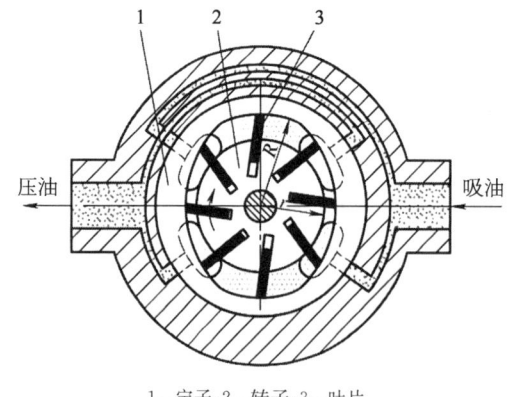

1—定子;2—转子;3—叶片。

图 3-11 双作用叶片泵的工作原理

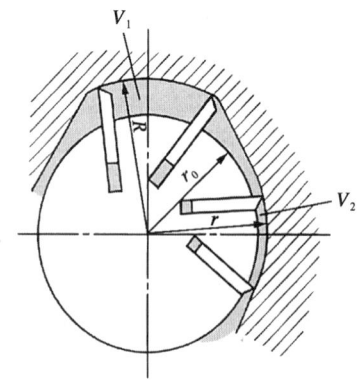

图 3-12 双作用叶片泵排量计算

根据图 3-12 所示,可计算出双作用叶片泵的排量。V_1 为吸油后封油区内的油液体积,V_2 为压油后封油区内的油液体积,泵轴转一转完成两次吸油和压油,考虑到叶片厚度 s 对吸油和压油时油液体积的影响,因此泵的排量为

$$V = 2(V_1 - V_2)z = 2b\left[\pi(R^2 - r^2) - \frac{R-r}{\cos\theta}sz\right] \tag{3-17}$$

式中，R、r 为叶片泵定子内表面圆弧部分长、短半径；z 为叶片数；b 为叶片宽度；θ 为叶片倾角。

单作用叶片泵的叶片数为奇数；双作用叶片泵的叶片数为偶数，且常取 4 的倍数。双作用叶片泵也存在流量脉动，但比其他形式的泵要小得多，且在叶片数为 4 的倍数时最小，一般都取 12 或 16 片。

双作用叶片泵的定子曲线直接影响泵的性能，如流量均匀性、噪声、磨损等。过渡曲线应保证叶片贴紧在定子内表面上，且叶片在转子槽中径向运动时速度和加速度的变化均匀，使叶片对定子内表面的冲击尽可能小。等加速-等减速曲线、高次曲线和余弦曲线等是目前应用较广泛的几种曲线。

一般双作用叶片泵为了保证叶片和定子内表面紧密接触，叶片底部都通压力油腔。但当叶片处在吸油腔时，叶片底部作用着压油腔的压力，顶部作用着吸油腔的压力，这一压差使叶片以很大的力压向定子内表面，加速了定子内表面的磨损，影响泵的寿命和额定压力的提高。所以对高压叶片泵常采用以下措施来改善叶片受力状况：图 3-13(a)所示为子母叶片的结构，母叶片 3 和子叶片 4 之间的油室 f 始终经槽 e、d、a 和压力油相通，而母叶片的底腔 g 则经转子 1 上的孔 b 和所在油腔相通。这样，叶片处在吸油腔时，母叶片只在油室 f 的高压油作用下压向定子内表面，使作用力不致太高。图 3-13(b)所示为阶梯叶片结构。阶梯叶片和阶

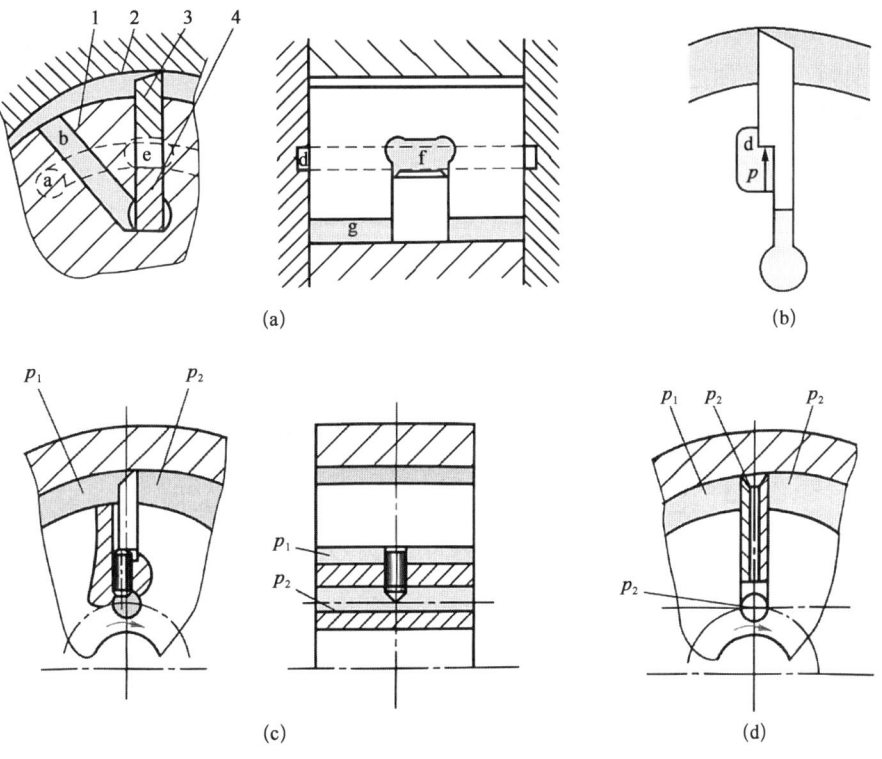

1—转子；2—定子；3—母叶片；4—子叶片。

图 3-13 几种改善叶片受力状况的结构

梯叶片槽之间的油室 d 始终和压力油相通,而叶片的底部油室 c 和所在工作腔相通,这样,叶片处在吸油腔时,叶片只有在 d 室的高压油作用下压向定子内表面,从而减小了叶片和定子内表面的作用力。图 3-13(c)所示为柱销叶片结构。在缩短了的叶片底部专设一个柱销,使叶片外伸的力主要来自作用在这一柱销底部的压力油。适当设计该柱销的作用面积,即可控制叶片在吸油区受到的外推力。图 3-13(d)所示为双叶片结构。在一个叶片槽内装有两个可以互相滑动的叶片,每个叶片的内侧均制成倒角。这样,在两叶片相叠的内侧就形成了沟槽,使叶片顶部和底部始终作用着相等的油压。合理设计叶片的承压面积,既可保证叶片与定子紧密接触,又不致使接触应力过大。此结构的不足之处是削弱了叶片强度,加剧了叶片在槽中的磨损,因此仅适用于较大规格的泵。

三、限压式变量叶片泵

限压式变量叶片泵是一种输出流量随工作压力变化而变化的泵。当工作压力大到泵所产生的流量全部用于补偿泄漏时,泵的输出流量为零,不管外负载再怎样加大,泵的输出压力不会再升高,所以这种泵被称为限压式变量叶片泵。限压式变量叶片泵可分为外反馈式和内反馈式两种。图 3-14 所示为外反馈限压式变量叶片泵的工作原理。它能根据外负载(泵的工作压力)的大小自动调节泵的排量。图中液压泵的转子 7 中心 O_1 固定不动,定子 3 可左右移动。定子左侧有一弹簧 2,右侧是一反馈柱塞 5,它的油腔与泵的压油腔相通。设弹簧刚度为 k_s,反馈柱塞面积为 A_x,若忽略泵在滑块滚针支承 4 处的摩擦力 F_f,则泵的定子受弹簧力 $F_s = k_s x_0$ 和反馈柱塞液压力的作用。当泵的转子按逆时针方向旋转时,转子上部为压油腔,下部为吸油腔。压力油把定子向上压在滑块滚针支承上。当反馈柱塞的液压力 F(等于 pA_x)小于弹簧力 F_s 时,定子处于最右边,偏心距最大,即 $e = e_{max}$,泵的输出流量最大。若泵的输出压力因工作负载增大而增高,使 $F > F_s$,柱塞把定子向左推移 x 距离,则偏心距减小到 $e = e_{max} - x$,流量随之减小。泵的工作压力越高,定子与转子间的偏心距越小,泵的输出流量也越小。

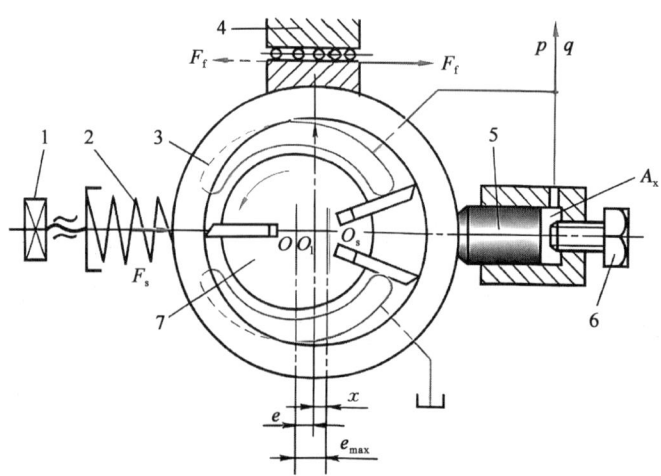

1—弹簧预紧力调节螺钉;2—弹簧;3—定子;4—滑块滚针支承;5—反馈柱塞;
6—流量调节螺钉;7—转子。

图 3-14 外反馈限压式变量叶片泵的工作原理

该泵的压力-流量特性曲线如图 3-15 所示。图中 AB 段是泵的不变量段,这时由于 $F_s > F$,e_{max} 是常数,如同定量泵特性一样,压力增高时,泄漏量增加,实际输出流量略有减小。图中 BC 段是泵的变量段,在该区段内,泵的实际输出流量随着工作压力增高而减小。图中 B 点称为曲线的拐点,对应的工作压力 $p_c = k_s x_0 / A_X$,其值由弹簧预压缩量 x_0 确定。C 点对应变量泵最大输出压力 p_{max},相当于实际输出流量为零时的压力。

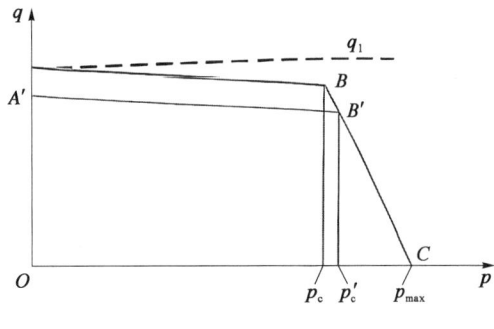

图 3-15 压力-流量特性曲线

通过调节弹簧预压缩量 x_0,便可改变 p_c 和 p_{max} 的值,BC 段曲线左右平移。

调节图 3-14 中的流量调节螺钉 6,可改变 e_{max},从而改变泵的最大流量,AB 段曲线上下平移,p_c 值稍有变化。

如果更换刚度不同的弹簧,则可改变 BC 段的斜率。弹簧越"软",BC 段越陡,反之,弹簧越"硬",BC 段越平坦。使用限压式变量叶片泵有利于节能和简化液压系统。

四、叶片泵的主要性能

(1) 压力 中低压叶片泵的工作压力一般为 6.3 MPa,双作用叶片泵的最高工作压力现已达 28~30 MPa,变量叶片泵的压力一般不超过 17.5 MPa。

(2) 排量 叶片泵的排量范围为 0.5~4 200 mL/r,常用的为 2.5~300 mL/r,其中变量叶片泵为 6~120 mL/r。

(3) 转速 小排量双作用叶片泵的最高转速达 8 000~10 000 r/min,一般排量的泵只有 1 500~2 000 r/min,常用变量叶片泵最高转速约 3 000 r/min,但其同时有最低速限制(一般为 600~900 r/min)。

(4) 效率 双作用叶片泵在额定工况下的容积效率可达 93%~95%。

(5) 寿命 高压叶片泵的使用寿命可达 5 000 h 以上。

第四节 柱 塞 泵

柱塞泵是靠柱塞在缸体中做往复运动造成密封容积的变化来实现吸油与压油的液压泵。与齿轮泵和叶片泵相比,柱塞泵有许多优点:构成密封容积的零件为圆柱形的柱塞和缸体孔,加工方便,可得到较高的配合精度,密封性能好,在高压下工作仍有较高的容积效率;只需改变柱塞的工作行程就能改变流量,易于实现变量;柱塞泵主要零件均受压应力,材料强度性能可得以充分利用。由于柱塞泵压力高,结构紧凑,效率高,流量调节方便,故在需要高压、大流量、大功率的系统中和流量需要调节的场合,如龙门刨床、拉床、液压机、工程机械、矿山冶金机械、船舶上得到了广泛的应用。

柱塞泵按柱塞的排列和运动方向不同,可分为径向柱塞泵和轴向柱塞泵两大类。

一、径向柱塞泵

(一) 径向柱塞泵的工作原理

径向柱塞泵的工作原理如图 3-16 所示,柱塞 1 径向排列安装在缸体 2 中,缸体由原动机带动连同柱塞 1 一起旋转,所以缸体 2 一般称为转子,柱塞 1 在离心力(或低压油)的作用下抵紧定子 4 内壁,当转子按图示顺时针方向回转时,由于定子和转子之间有偏心距 e,柱塞绕经上半周时向外伸出,柱塞底部的容积逐渐增大,形成部分真空,因此便经过衬套 3(衬套 3 是压紧在转子内,并和转子一起回转)上的油孔从配油轴 5 的吸油口 b 吸油;当柱塞转到下半周时,定子内壁将柱塞向里推,柱塞底部的容积逐渐减小,向配油轴的压油口 c 压油;当转子回转一周时,每个柱塞底部的密封容积完成一次吸压油,转子连续运转,即完成吸压油工作。配油轴固定不动,油液从配油轴上半部的两个孔 a 流入;从下半部两个孔 d 压出,为了进行配油,配油轴 5 在和衬套 3 接触的一段加工出上下两个缺口,形成吸油口 b 和压油口 c,留下的部分形成封油区,封油区的宽度应能封住衬套上的吸压油孔,以防吸油口和压油口相连通,但尺寸也不能大得太多,以免产生困油现象。

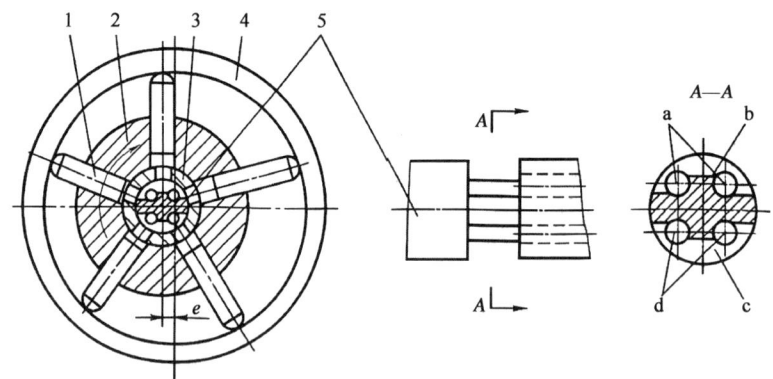

1—柱塞;2—缸体;3—衬套;4—定子;5—配油轴。

图 3-16 径向柱塞泵的工作原理

径向柱塞泵的流量因偏心距 e 的大小而不同,若偏心距 e 做成可调的(一般是使定子做水平移动以调节偏心量),就成为变量泵,如偏心距的方向改变后,进油口和压油口也随之互相变换,这就是双向变量泵。

由于径向柱塞泵径向尺寸大,结构较复杂,自吸能力差,且配油轴受到径向不平衡液压力的作用,易于磨损,从而限制了其转速和压力的提高。

(二) 径向柱塞泵的排量和流量计算

当转子和定子之间的偏心距为 e 时,柱塞在缸体孔中的行程为 $2e$,设柱塞个数为 z,直径为 d 时,泵的排量为

$$V = \frac{\pi}{4}d^2(2e)z \tag{3-18}$$

设泵的转速为 n,容积效率为 η_v,则泵的实际输出流量为

$$q = \frac{\pi}{4}d^2(2e)zn\eta_v = \frac{\pi d^2}{2}ezn\eta_v \tag{3-19}$$

由于径向柱塞泵中的柱塞在缸体中移动速度是变化的,因此泵的输出流量是有脉动的,当柱塞较多且为奇数时,流量脉动也较小。

二、轴向柱塞泵

(一) 轴向柱塞泵的工作原理

轴向柱塞泵是将多个柱塞轴向配置在一个共同缸体的圆周上,并使柱塞中心线和缸体中心线平行的一种泵,轴向柱塞泵有直轴式(斜盘式)和斜轴式(摆缸式)两种形式。图 3-17(a) 所示为直轴式轴向柱塞泵的工作原理,这种泵主要由缸体 4、配油盘 5、柱塞 3 和斜盘 2 组成。柱塞沿圆周均匀分布在缸体内。斜盘与缸体轴线倾斜一定角度,柱塞靠机械装置或低压油作用下压紧在斜盘上(图中为弹簧),配油盘 5 和斜盘 2 固定不转,当原动机通过传动轴使缸体转动时,由于斜盘的作用,迫使柱塞在缸体内做往复运动,并通过配油盘的配油窗口进行吸油和压油。如图 3-17(a) 中所示回转方向,当缸体转角在 $\pi \sim 2\pi$ 范围内,柱塞向外伸出,柱塞底部的密封工作容积增大,通过配油盘的吸油窗口吸油;在 $0 \sim \pi$ 范围内,柱塞被斜盘推入缸体,使密封容积减小,通过配油盘的压油窗口压油。缸体每转一周,每个柱塞各完成吸、压油一次,如改变斜盘倾角 γ,就能改变柱塞行程的长度,即改变液压泵的排量,改变斜盘倾角方向,就能改变吸油和压油的方向,即成为双向变量泵。

图 3-17(b)所示为斜轴式轴向柱塞泵的工作原理。缸体轴线相对传动轴轴线成一倾斜角 γ,传动轴端部用万向铰链、连杆与缸体中的每个柱塞相连接,当传动轴转动时,通过万向铰链、连杆使柱塞和缸体一起转动,并迫使柱塞在缸体中做往复运动,借助配油盘进行吸油和压油。这类泵的优点是变量范围大,泵的强度较高,但和上述直轴式相比,其结构较复杂,外形尺寸和质量均较大。

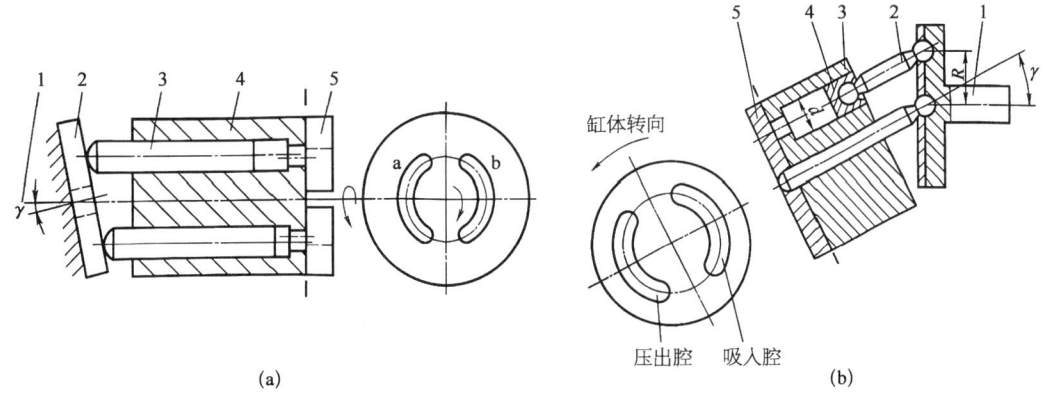

1—传动轴;2—斜盘、连杆;3—柱塞;4—缸体;5—配流盘。

图 3-17 轴向柱塞泵的工作原理

轴向柱塞泵的结构紧凑,径向尺寸小,惯性小,容积效率高,目前最高压力可达 40.0 MPa,甚至更高,一般用于工程机械、压力机等高压系统中,但其轴向尺寸较大,轴向作用力也较大,结构比较复杂。

(二) 轴向柱塞泵的排量和流量计算

如图 3-17 所示,柱塞直径为 d,柱塞分布圆直径为 D,斜盘倾角为 γ 时,柱塞的行程 $s = D\tan\gamma$,所以当柱塞数为 z 时,轴向柱塞泵的排量为

$$V = \frac{\pi}{4}d^2 D\tan\gamma z \tag{3-20}$$

设泵的转速为 n,容积效率为 η_v,则泵的实际输出流量为

$$q = \frac{\pi}{4}d^2 D\tan\gamma z n \eta_v \tag{3-21}$$

实际上,由于柱塞在缸体孔中的运动不是恒速的,因而输出流量是有脉动的,当柱塞数为奇数时,脉动较小,且柱塞数多脉动也较小,因而一般常用的柱塞泵的柱塞个数为 7、9 或 11。

(三) 轴向柱塞泵的结构特点

图 3-18 所示为一种直轴式轴向柱塞泵的结构。图中 11 为斜盘、7 为柱塞、3 为缸体、4 为配油盘、6 为传动轴。这里柱塞的球状头部装在滑履 9 内,以缸体为支撑的弹簧 2 通过钢球推压回程盘 10,回程盘和柱塞滑履一同转动。在排液过程中借助斜盘 11 推动柱塞做轴向运动;在吸油时依靠回程盘、钢球和弹簧组成的回程装置将滑履紧紧压在斜盘表面上滑动,弹簧 2 一般称为回程弹簧,这样的泵具有自吸能力。在滑履与斜盘相接触的部分有一油室,它通过柱塞中间的小孔与缸体中的工作腔相连,压力油进入油室后在滑履与斜盘的接触面间形成了一层油膜,起着静压支承的作用,使滑履作用在斜盘上的力大大减小;因而磨损也减小。传动

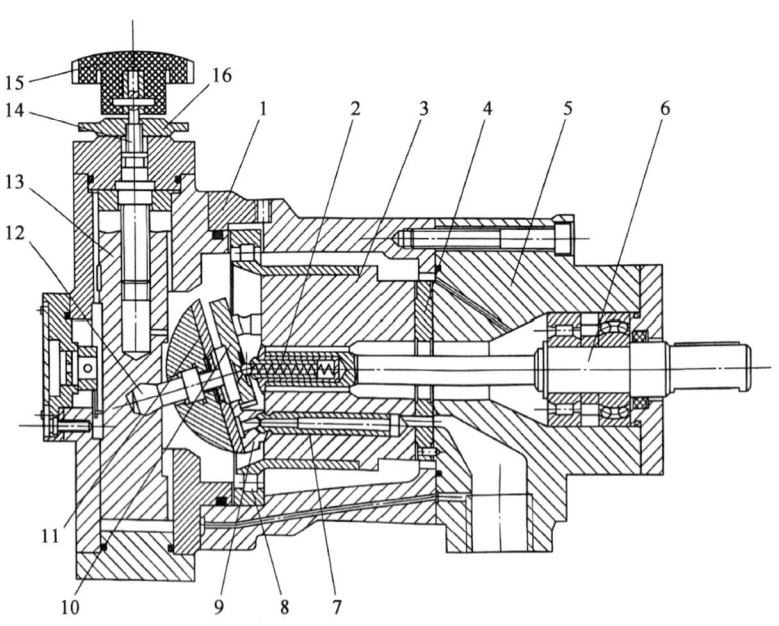

1—泵体;2—弹簧;3—缸体;4—配油盘;5—前泵体;6—传动轴;7—柱塞;8—轴承;9—滑履;10—回程盘;11—斜盘;12—轴销;13—变量活塞;14—丝杠;15—手轮;16—螺母。

图 3-18 直轴式轴向柱塞泵的结构

轴 6 通过左边的花键带动缸体 3 旋转,由于滑履 9 贴紧在斜盘表面上,柱塞在随缸体旋转的同时在缸体中做往复运动。缸体中柱塞底部的密封工作容积是通过配油盘 4 与泵的进出口相通的。随着传动轴的转动,液压泵就连续地吸油和排油。

三、柱塞泵的主要性能

(1) 压力　柱塞泵主要应用在高压(16～32 MPa)的场合,广泛应用的轴向柱塞泵的额定压力可达 40～48 MPa,某些专用柱塞泵的最高压力可达 160 MPa。

(2) 排量　柱塞泵的排量范围分布较广,最小的可达到 0.1 mL/r,最大的超过 3 000 mL/r。

(3) 转速　柱塞泵的许用转速较高,小排量的可超过 10 000 r/min,中等排量(10～200 mL/r)的转速范围为 3 000～5 000 r/min,大规格的柱塞泵在有辅助泵供油的情况下也可达到 2 000 r/min 以上。但大中规格的阀式配油的柱塞泵的转速都比较低。

(4) 效率　柱塞泵具有较高的容积效率和机械效率,其总效率可达到 0.9 以上。

(5) 寿命　柱塞泵在额定工况下有较长的使用寿命,最高可达 10 000～12 000 h。

第五节　液压泵的性能及选用

在国民经济的各个领域中,液压泵的应用范围很广,但可以归纳为两大类:一类统称为固定设备用液压装置,如各类机床、液压机、注塑机、轧钢机等;另一类统称为移动设备用液压装置,如起重机、汽车、飞机等。这两类液压装置对液压泵的选用有较大的差异,它们的区别见表 3-1。

表 3-1　两类不同液压泵的主要区别

固定设备用	移动设备用
原动机多为电动机,驱动转速较稳定,且多为 1 450 r/min 左右	原动机多为内燃机,驱动转速变化范围较大,一般为 500～4 000 r/min
多采用中压范围,压力为 7～21 MPa,个别可达 25 MPa	多采用中、高压范围,压力为 14～35 MPa,个别高达 40 MPa
环境温度较稳定,液压装置工作温度为 50～70℃	环境温度变化大,液压装置工作温度为 -20～110℃
工作环境较清洁	工作环境较脏,尘埃多
因在室内工作,要求噪声低,应不超过 80 dB	因在室外工作,噪声可较大,允许达 90 dB
空间布置尺寸较宽裕,利于维修、保养	空间布置尺寸紧凑,不利于维修、保养

在了解固定设备和移动设备这两种液压装置的主要区别的基础上,在选用前述各类液压泵时最主要的是应满足使用要求,其次要考虑价格、维修保养等因素。比较前述各类液压泵的性能,有利于在实际工作中的选用。表 3-2 中列出了各类液压泵的性能及应用场合。

表 3-2 各类液压泵的性能及应用

性能参数		齿轮泵		叶片泵		螺杆泵	柱塞泵			
		内啮合		外啮合			轴向		径向	
		渐开线式	摆线式		单作用	双作用		斜盘式	斜轴式	轴配流式	阀流盘式
压力范围/MPa	低压型	2.5	1.6	2.5	≤6.3	6.3	2.5	≤40	≤40	35	≤70
	中、高压型	≤30	16	≤30	21	≤32	10				
排量范围/(mL/r)		0.3~300	2.5~150	0.3~650	1~320	0.5~480	1~9 200	0.2~560	0.2~3 600	16~2 500	≤4 200
转速范围/(r/min)		300~4 000	1 000~4 500	3 000~7 000	500~2 000	500~4 000	1 000~18 000	600~6 000		700~4 000	≤1 800
容积效率/%		≤96	80~90	70~95	58~92	80~94	70~95	88~93		80~90	90~95
总效率/%		≤90	65~80	63~87	54~81	65~82	70~85	81~88		81~83	83~86
流量脉动		小	小	大	中	小	很小	中		中	
功率质量比/(kW/kg)		大	中	中	小	中	小	大	中~大	小	大
噪声		小	大	较大	小	很小		大			
对油液污染敏感性		不敏感			敏感		不敏感	敏感			
流量调节		不能			能		不能	能			
自吸能力		好			中		好	差			
价格		较低	低	最低	中	中低		高			
应用场合		机床、农业机械、工程机械、航空、船舶、一般机械			机床、注塑机、工程机械、液压机、飞机等		精密机床及机械、食品化工机械、石油机械、纺织机械等	工程机械、运输机械、锻压机械、船舶和飞机、机床和液压机			

习 题

3-1 解释容积式液压泵的工作原理。

3-2 压泵的种类有哪些?其中哪些可以用作变量泵?

3-3 分析齿轮泵产生泄漏的途径,泄漏量最大的是哪一途径?

3-4 分析单作用叶片泵产生流量脉动的主要原因,是否与双作用叶片泵产生流量脉动的原因相同?

3-5 液压泵的输出压力为 5 MPa,排量为 10 mL/r,机械效率为 0.95,容积效率为 0.9,当转速为 1 200 r/min 时,泵的输出功率和驱动泵的电动机的功率各为多少?

3-6 液压泵转速为 950 r/min,排量 $V=168$ L/r,在额定压力 29.5 MPa 和同样转速下,测得的实际流量为 150 L/min,额定工况下的总功率为 0.87,试求:

1) 泵的理论流量 q_t;
2) 泵的容积效率 η_v;
3) 泵的机械效率 η_m;
4) 泵在额定工况下,所需电机驱动功率 P_t;
5) 驱动泵的转矩 T_i。

第四章 液压执行元件

第一节 液压马达

一、液压马达的特点及分类

从能量转换的观点来看，液压泵与液压马达是可逆工作的液压元件，向任何一种液压泵输入工作液体，都可使其变成液压马达工况；反之，当液压马达的主轴由外力矩驱动旋转时，也可变为液压泵工况。因为它们具有同样的基本结构要素——密闭而又可以周期变化的容积和相应的配油机构。

但是，由于液压马达和液压泵的工作条件不同，对它们的性能要求也不一样，所以同类型的液压马达和液压泵之间，仍存在许多差别。首先液压马达应能够正、反转，因而要求其内部结构对称；液压马达的转速范围需要足够大，特别是对它的最低稳定转速有一定的要求，因此，它通常都采用滚动轴承或静压滑动轴承；其次液压马达由于在输入压力油条件下工作，因而不必具备自吸能力，但需要一定的初始密封性，才能提供必要的起动转矩。由于存在着这些差别，使得液压马达和液压泵在结构上比较相似，但不能可逆工作。

液压马达按其结构类型来分可以分为齿轮式、叶片式、柱塞式和其他形式，也可以按液压马达的额定转速分为高速和低速两大类。额定转速高于 500 r/min 的属于高速液压马达，额定转速低于 500 r/min 的属于低速液压马达。高速液压马达的基本形式有齿轮式、螺杆式、叶片式和轴向柱塞式等。它们的主要特点是转速较高，转动惯量小，便于起动和制动，调节（调速及换向）灵敏度高。通常高速液压马达输出转矩不大（仅几十到几百 N·m），所以又称为高速小转矩液压马达。低速液压马达的基本形式是径向柱塞式，此外在轴向柱塞式、叶片式和齿轮式中也有低速的结构形式。低速液压马达的主要特点是排量大、体积大、转速低（有时可达每分钟几转甚至零点几转），因此可直接与工作机构连接，不需要减速装置，使传动机构大为简化。通常低速液压马达输出转矩较大（可达几千到几万 N·m），所以又称为低速大转矩液压马达。

二、液压马达的工作原理

常用液压马达的结构与同类型的液压泵很相似。下面以叶片式和径向柱塞式液压马达为例对其工作原理做简单介绍。

1. 叶片式液压马达

图 4-1 所示为叶片式液压马达的工作原理及其图形符号。当压力油通入压油腔后,在叶片 1、3(或 5、7)上,一面作用有压力油,另一面为低压油。由于叶片 3 伸出的面积大于叶片 1 伸出的面积,因此作用于叶片 3 上的总液压力大于作用于叶片 1 上的总液压力,于是压力差使叶片带动转子做逆时针方向旋转。作用于其他叶片如 5、7 上的液压力,其作用原理同上。叶片 2、6 两面同时受压力油作用,受力平衡对转子不产生作用转矩。叶片式液压马达的输出转矩与液压马达的排量和液压马达进出油口之间的压力差有关,其转速由输入液压马达的流量大小来决定。

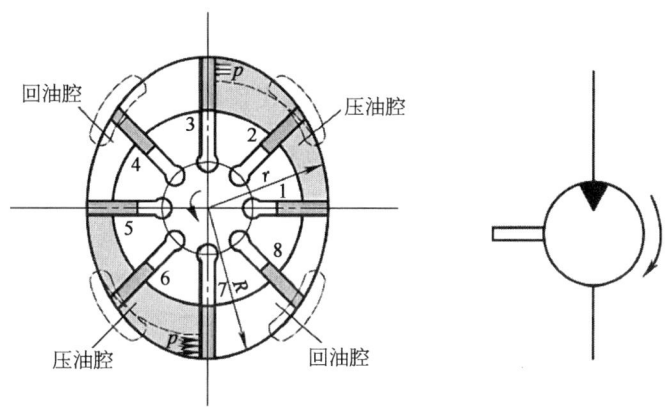

图 4-1 叶片式液压马达的工作原理及其图形符号

由于液压马达一般都要求能正反转,所以叶片式液压马达的叶片要径向放置。为了使叶片根部始终通有压力油,在回、压油腔通入叶片根部的通路上应设置单向阀。为了确保叶片式液压马达在压力油通入后能正常起动,必须使叶片顶部和定子内表面紧密接触,以保证良好的密封,因此在叶片根部应设置预紧弹簧。

叶片式液压马达体积小,转动惯量小,动作灵敏,可适用于换向频率较高的场合;但其泄漏量较大,低速工作时不稳定。因此叶片式液压马达一般用于转速高、转矩小和动作要求灵敏的场合。

2. 径向柱塞式液压马达

图 4-2 所示为径向柱塞式液压马达的工作原理。当压力油经固定的配油轴 4 的窗口进入缸体 3 内柱塞 1 的底部时,柱塞向外伸出,紧紧顶住定子 2 的内壁。由于定子与缸体存在一个偏心距 e。在柱塞与定子接触处,定子对柱塞的反作用力为 F_N。力 F_N 可分解为 F_F 和 F_T 两个分力。当作用在柱塞底部的油液压力为 p,柱塞直径为 d,力 F_F 与 F_T 之间的夹角为 φ 时,它们分别为

$$F_F = p\frac{\pi}{4}d^2$$

$$F_T = F_F \tan\varphi$$

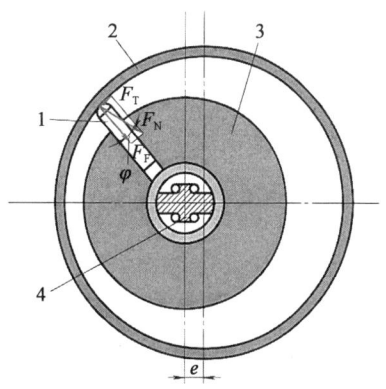

1—柱塞;2—定子;3—缸体;4—配油轴。

图 4-2 柱塞马达的工作原理

力 F_T 对缸体产生转矩，使缸体旋转，缸体再通过端面连接的传动轴向外输出转矩和转速。以上分析的是一个柱塞产生转矩的情况。由于在压油区作用有好几个柱塞，在这些柱塞上所产生的转矩都使缸体旋转，并输出转矩。径向柱塞液压马达多用于低速大转矩的情况下。

三、液压马达的基本参数和性能

1. 压力

(1) 工作压力 Δp 工作压力是指液压马达在实际工作时入口压力与出口压力的差值。一般在马达出口直接与油箱相通的情况下，可以认为马达的入口压力就是马达的工作压力。

(2) 额定压力 额定压力是指液压马达在正常工作状态下，按实验标准连续使用中允许达到的最高压力。

2. 排量

液压马达的排量是指马达在没有泄漏的情况下，每旋转一周所需输入的油液的体积。它是通过液压马达工作容积的几何尺寸变化计算得出的。

3. 流量

液压马达的流量分为理论流量和实际流量：

(1) 理论流量是指液压马达在没有泄漏的情况下，单位时间内其密封容积变化所需输入的油液的体积。可见，它等于液压马达的排量和转速的乘积。

(2) 实际流量是指液压马达在单位时间内实际输入的油液的体积。

由于存在着油液的泄漏，马达的实际流量大于理论流量。

4. 功率

(1) 输入功率 液压马达的输入功率（单位为 W）就是驱动马达运动的液压功率，它等于液压马达的输入压力乘以输入流量，即

$$P_i = \Delta p q \tag{4-1}$$

(2) 输出功率 液压马达的输出功率（单位为 W）就是马达带动外负载所需的机械功率，它等于液压马达的输出转矩乘以角速度。

$$P_o = T\omega \tag{4-2}$$

5. 转矩和转速

对于液压马达的参数计算，常常是要计算液压马达能够驱动的负载及输出的转速，由前面计算可推出，液压马达的输出转矩为

$$T = \frac{\Delta p V}{2\pi} \eta_{mm} \tag{4-3}$$

液压马达的输出转速为

$$n = \frac{q \eta_{mv}}{V} \tag{4-4}$$

6. 低速稳定性

当液压马达工作转速过低时,往往保持不了均匀的速度,进入时动时停的不稳定状态,这就是所谓的爬行现象。若要求高速液压马达不超过 10 r/min、低速大转矩液压马达不超过 3 r/min 的速度工作,则并不是所有的液压马达都能满足要求的。

产生爬行现象的原因和其低速摩擦阻力特性有关。通常的阻力是随速度增大而增大的,而在静止和低速区域工作的马达内部的摩擦阻力,当工作速度增大时非但不增大,反而减小,形成了所谓"负特性"的阻力。另一方面,液压马达和负载是由液压油被压缩后压力升高而被推动的,因此可用图 4-3(a)所示的物理模型表示低速区域液压马达的工作过程:以匀速 v_0 推弹簧的一端(相当于高压下不可压缩的工作介质)使质量为 m 的物体(相当于马达和负载质量、转动惯量)克服"负特性"的摩擦阻力运动。当质量 m 静止或速度很低时阻力大,弹簧不断压缩,增加推力。只有等到弹簧压缩到其推力大于静摩擦力时才开始运动。但是一旦物体开始运动,阻力突然减小,物体突然加速运动,其结果又使弹簧的压缩量减小,推力减小,物体依靠惯性前移一段路程后就停止下来,直到弹簧的移动又使弹簧压缩,推力增加,物体再一次跃动为止,形成图 4-3(b)所示的时动时停的状态。对液压马达来说,这就是爬行现象。

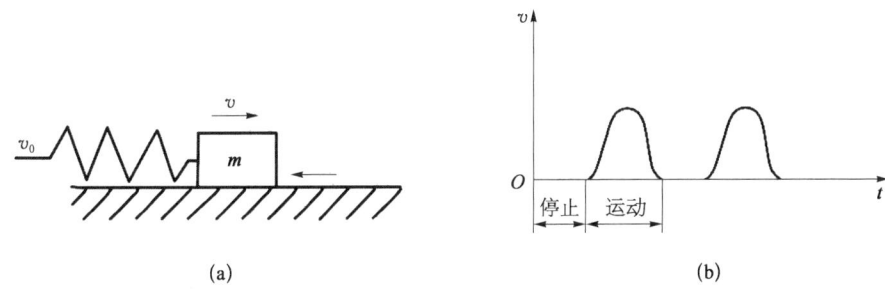

图 4-3 液压马达爬行的物理模型

另外,液压马达排量本身及泄漏量也在随转子转动的相位角变化做周期性波动,这也会造成马达转速的波动。当马达在低速运转时,被转动惯性所掩盖的转速波动清楚地表现出来,形成爬行现象。

一般来说,低速大转矩液压马达的低速稳定性要比高速马达为好。低速大转矩马达的排量大,因而尺寸大,即便是在低转速下工作,摩擦副的滑动速度也不致过低,加之马达排量大,泄漏的影响相对变小,马达本身的转动惯量大,所以容易得到较好的低速稳定性。

7. 调速范围

当负载从低速到高速在很宽的范围内工作时,也要求液压马达能在较大的调速范围下工作,否则就需要有能换挡的变速机构,使传动机构复杂化。液压马达的调速范围以允许的最大转速和最低稳定转速之比表示,即

$$i = \frac{n_{\max}}{n_{\min}} \tag{4-5}$$

显然,调速范围宽的液压马达应当既有好的高速性能,又有好的低速稳定性。

第二节 液压缸概述

一、液压缸的工作原理

液压缸的工作原理如图 4-4 所示。液压缸由缸筒、活塞、活塞杆、端盖、活塞杆密封件等主要部件组成。其他类型的活塞式液压缸的主要零件与图 4-4 所示结构类似。

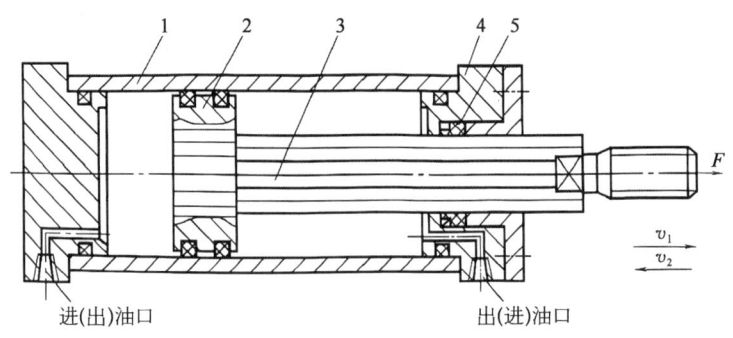

1—缸筒；2—活塞；3—活塞杆；4—端盖；5—密封件。

图 4-4 液压缸的工作原理

若缸筒固定，左腔连续地输入液压油，当油的压力足以克服活塞杆上的所有负载时，活塞以速度 v_1 连续向右运动，活塞杆对外界做功。反之，向右腔输入液压油时，活塞以速度 v_2 向左运动，活塞杆也对外界做功。这样，就完成了一个往复运动。这种液压缸称为缸筒固定缸。

若活塞杆固定，左腔连续地输入液压油时，则缸筒向左运动；当往右腔连续地通入液压油时，则缸筒右移。这种液压缸称为活塞杆固定缸。

本章所涉及的液压缸，除特别指明外，均以缸筒固定、活塞杆运动的液压缸为例。由此可知，输入液压缸的油必须具有压力 p 和流量 q。压力用来克服负载，流量用来形成一定的运动速度。输入液压缸的压力和流量就是给缸输入液压能，活塞作用于负载的力和运动速度就是液压缸输出的机械能。因此，缸输入的压力 p、流量 q，以及输出的作用力 F 和速度 v 是液压缸的主要性能参数。

二、液压缸的分类

为了满足各种主机的不同用途，液压缸有多种类型。

(1) 按供油方向分类 液压缸可分为单作用缸和双作用缸。单作用缸只向缸的一侧输入高压油，而靠其他外力使活塞反向回程。双作用缸则分别向缸的两侧输入液压油，活塞的正反向运动均靠液压力完成。

(2) 按结构形式分类 液压缸可分为活塞缸、柱塞缸、摆动缸和伸缩式套筒缸。

(3) 按活塞杆的形式分类 液压缸又可分为单活塞杆缸和双活塞杆缸。

(4) 按缸的特殊用途分类 液压缸可分为串联缸、增压缸、增速缸、步进缸等。此类缸都不是一个单纯的缸筒,而是和其他缸筒、构件组合而成的,所以从结构的观点看,这类缸又称为组合缸。

缸的分类见表4-1。

表4-1 缸的分类

缸型	名称		原理图	符号	说明
液压缸	单作用缸	活塞缸			活塞仅单向运动,由外力使活塞反向运动
		柱塞缸			
		伸缩式套筒缸			有多个互相联动的活塞组成的缸,其行程可改变,由外力使活塞返回
	双作用缸	单活塞杆 活塞缸			活塞双向运动,活塞在行程终了时不减速
		不可调缓冲式缸			活塞在行程终了时减速制动,减速值不变
		可调缓冲式缸			活塞在行程终了时减速制动,但减速值可调
		差动缸			活塞两端的面积差较大,使缸往复的作用力和速度差较大,对系统的工作特性有明显的作用
		双活塞杆 等行程等速缸			活塞左右移动速度和行程均相等
		双向缸			两个活塞同时向相反方向运动
		伸缩式套筒缸			有多个互相联动活塞组成的缸,其行程可变,活塞可双向运动
	组合缸	弹簧复位缸			活塞单向作用,由弹簧使活塞复位
		串联缸			当缸的直径受限制,而长度不受限制时,用以得到大的推力
		增压缸			由两个不同的压力室A和B组成,利用力平衡原理,目的是提高B室中液体的压力
		多位缸			活塞有三个位置

缸型	名称	原理图	符号	说明
液压缸 组合缸	步进缸			将若干活塞按行程依次排列,根据需要打开不同的进油口,以实现不同距离的移动
	增速缸			利用不同油口供油,可以得到快速或慢速伸出

三、液压缸的基本参数计算

(一) 活塞式液压缸

1. 双杆式活塞缸

双杆式活塞缸是活塞两端都有一根直径相等的活塞杆伸出。根据安装方式不同又可以分为缸筒固定式和活塞杆固定式两种。图 4-5(a)所示为缸筒固定式双杆活塞缸。它的进、出油口布置在缸筒两端,活塞通过活塞杆带动工作台移动,当活塞的有效行程为 l 时,整个工作台的运动范围为 $3l$,所以工作台占地面积大,一般适用于小型机床。当工作台行程要求较长时,可采用图 4-5(b)所示的活塞杆固定的形式,这时,缸体与工作台相连,活塞杆通过支架固定在机床上,动力由缸体传出。这种安装形式中,工作台的移动范围只等于液压缸有效行程 l 的两倍($2l$),因此占地面积小。进、出油口可以设置在固定不动的空心活塞杆的两端,使油液从活塞杆中进出,也可设置在缸体的两端,但必须使用软管连接。

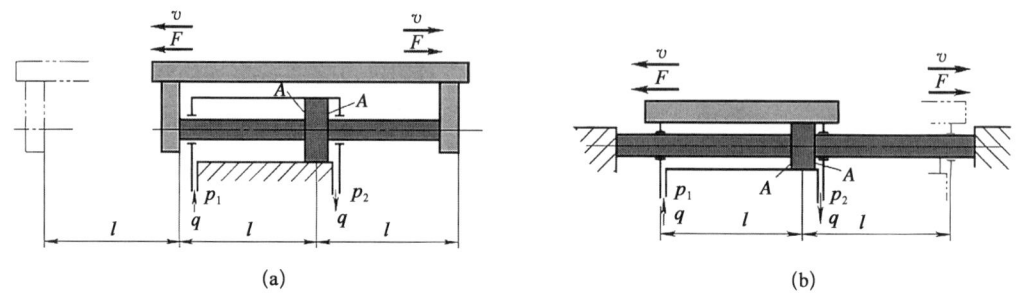

图 4-5 双杆式活塞缸

由于双杆活塞缸两端的活塞杆直径通常是相等的,因此它左、右两腔的有效面积也相等。当分别向左、右腔输入相同压力和相同流量的油液时,液压缸左、右两个方向的推力和速度相等。当活塞的直径为 D,活塞杆的直径为 d,液压缸进、出油腔的压力为 p_1 和 p_2,输入流量为 q 时,双杆活塞缸的推力 F 和速度 v 为

$$F = A(p_1 - p_2) = \frac{\pi}{4}(D^2 - d^2)(p_1 - p_2) \tag{4-6}$$

$$v = \frac{q}{A} = \frac{4q}{\pi(D^2 - d^2)} \tag{4-7}$$

式中，A 为活塞的有效工作面积。

双杆活塞缸在工作时，设计成一个活塞杆是受拉的，而另一个活塞杆不受力，因此这种液压缸的活塞杆可以做得细些。

2. 单杆式活塞缸

如图 4-6 所示，活塞只有一端带活塞杆。单杆液压缸也有缸体固定和活塞杆固定两种形式，但它们的工作台移动范围都是活塞有效行程的两倍。

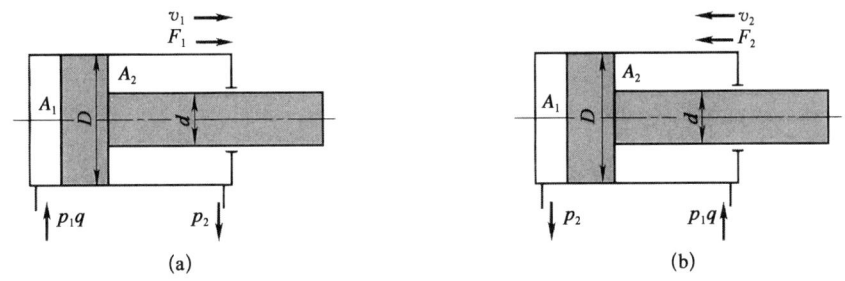

图 4-6　单杆式活塞缸

单杆活塞缸由于活塞两端有效面积不等，如果以相同流量的压力油分别进入液压缸的左、右腔，活塞移动的速度与进油腔的有效面积成反比，即油液进入无杆腔时有效面积大，速度慢，进入有杆腔时有效面积小，速度快；而活塞上产生的推力则与进油腔的有效面积成正比。

如图 4-6(a)所示，当输入液压缸的油液流量为 q，液压缸进出油口压力分别为 p_1 和 p_2 时，其活塞上所产生的推力 F_1 和速度 v_1 分别为

$$F_1 = A_1 p_1 - A_2 p_2 = \frac{\pi}{4}[(p_1-p_2)D^2 + p_2 d^2] \tag{4-8}$$

$$v_1 = \frac{q}{A_1} = \frac{4q}{\pi D^2} \tag{4-9}$$

当油液从图 4-6(b)所示的右腔（有杆腔）输入时，其活塞上所产生的推力 F_2 和速度 v_2 分别为

$$F_2 = A_2 p_1 - A_1 p_2 = \frac{\pi}{4}[(p_1-p_2)D^2 - p_1 d^2] \tag{4-10}$$

$$v_2 = \frac{q}{A_2} = \frac{4q}{\pi(D^2-d^2)} \tag{4-11}$$

由式(4-8)～式(4-11)可知，由于 $A_1 > A_2$，所以 $F_1 > F_2$，$v_1 < v_2$。若把两个方向上的输出速度 v_1 和 v_2 的比值称为速度比，记作 λ_v，则 $\lambda_v = v_2/v_1 = 1/[1-(d/D)^2]$。因此，活塞杆直径越小，$\lambda_v$ 越接近于1，活塞两个方向的速度差值也就越小；如果活塞杆较粗，活塞两个方向运动的速度差值就较大。在已知 D 和 λ_v 的情况下，也就可以较方便地确定 d。

如果向单杆活塞缸的左右两腔同时通压力油，如图 4-7 所示，即所谓的差动连接。做差动连接的单杆活塞式液压缸称为差动液压缸。开始工作时差动缸左右两腔的油液压力相同，

但是由于左腔(无杆腔)的有效面积大于右腔(有杆腔)的有效面积,故活塞向右运动,同时使右腔中排出的油液(流量为q')也进入左腔,加大了流入左腔的流量$(q+q')$,从而也加快了活塞移动的速度。实际上活塞在运动时,由于差动缸两腔间的管路中有压力损失,所以右腔中油液的压力稍大于左腔油液压力。而这个差值一般都较小可以忽略不计,则差动缸活塞推力F_3和运动速度v_3分别为

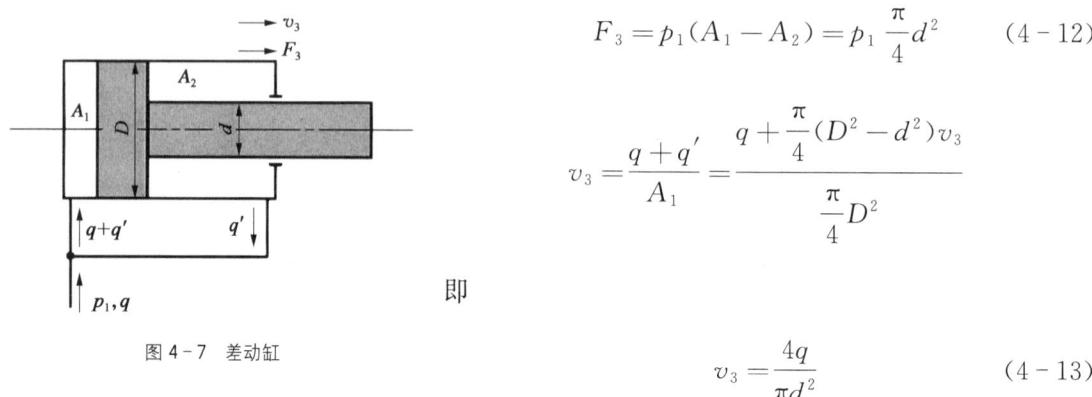

$$F_3 = p_1(A_1 - A_2) = p_1 \frac{\pi}{4}d^2 \quad (4-12)$$

$$v_3 = \frac{q+q'}{A_1} = \frac{q + \frac{\pi}{4}(D^2-d^2)v_3}{\frac{\pi}{4}D^2}$$

即

$$v_3 = \frac{4q}{\pi d^2} \quad (4-13)$$

图 4-7 差动缸

由式(4-12)和式(4-13)可知,差动连接时液压缸的推力比非差动连接时小,速度比非差动连接时大,正好利用这一点,可在不加大油源流量的情况下得到较快的运动速度,这种连接方式被广泛应用于组合机床的液压动力滑台和其他机械设备的快速运动中。

如果要求快速运动和快速退回速度相等,即使$v_2 = v_3$,则由式(3-12)和式(3-14)可得$D = \sqrt{2}d$。

(二) 柱塞缸

柱塞缸是一种单作用液压缸,其工作原理如图 4-8(a)所示,柱塞与工作部件连接,缸筒固定在机体上。当压力油进入缸筒时,推动柱塞带动运动部件向右运动,但反向退回时必须靠其他外力或自重驱动。柱塞缸通常成对反向布置使用,如图 4-8(b)所示。当柱塞的直径为d,输入液压油的流量为q,压力为p时,其柱塞上所产生的推力F和速度v分别为

$$F = pA = p\frac{\pi}{4}d^2 \quad (4-14)$$

$$v = \frac{q}{A} = \frac{4q}{\pi d^2} \quad (4-15)$$

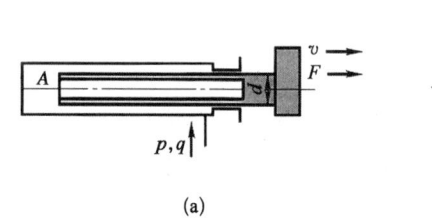
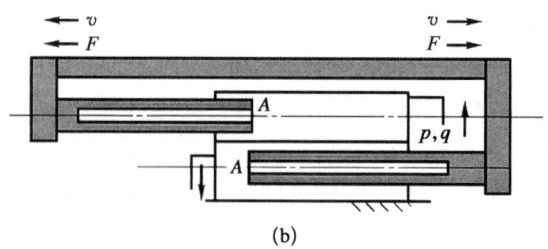

图 4-8 柱塞缸

柱塞式液压缸的主要特点是柱塞与缸筒无配合要求,缸筒内孔不需精加工,甚至可以不加工,运动时由缸盖上的导向套来导向,所以它特别适用在行程较长的场合。

(三) 摆动缸

摆动式液压缸也称摆动液压马达。当它通入压力油时,它的主轴能输出小于 360°的摆动运动,常用于夹具夹紧装置、送料装置、转位装置及需要周期性进给的系统中。图 4-9(a)所示为单叶片式摆动缸,它的摆动角度较大,可达 300°。当摆动缸进、出油口压力分别为 p_1 和 p_2,输入流量为 q 时,它的输出转矩 T 和角速度 ω 分别为

$$T = b\int_{R_1}^{R_2}(p_1-p_2)rdr = \frac{b}{2}(R_2^2-R_1^2)(p_1-p_2) \quad (4-16)$$

$$\omega = 2\pi n = \frac{2q}{b(R_2^2-R_1^2)} \quad (4-17)$$

式中,b 为叶片的宽度;R_1、R_2 为叶片底部、顶部的回转半径。

图 4-9(b)所示为双叶片式摆动缸,它的摆动角度较小,可达 150°,它的输出转矩是单叶片式的两倍,而角速度则是单叶片式的一半。

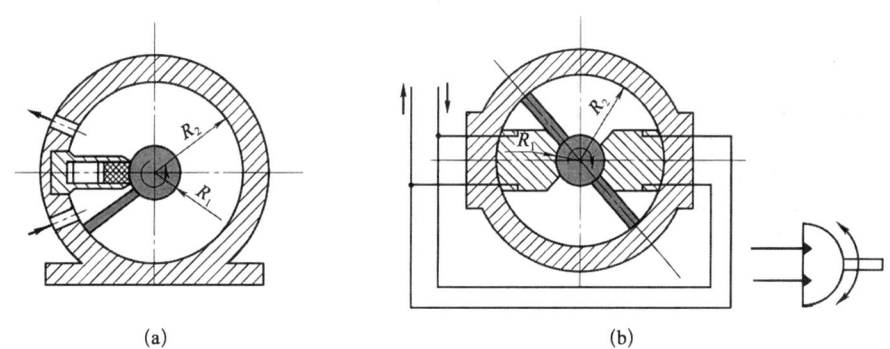

图 4-9 摆动缸及其图形符号

(四) 其他液压缸

1. 增压缸

增压缸又称增压器。在某些短时或局部需要高压液体的液压系统中,常用增压缸与低压大流量泵配合作用。单作用增压缸的工作原理如图 4-10(a)所示,它有单作用和双作用两种形式。当低压为 p_1 的油液推动增压缸的大活塞时,大活塞推动与其连成一体的小活塞输出压力为 p_2 的高压液体。当大活塞直径为 D、小活塞直径为 d 时

$$p_2 = p_1\left(\frac{D}{d}\right)^2 = Kp_1 \quad (4-18)$$

式中,$K=D^2/d^2$,称为增压比,它代表其增压能力。显然增压能力是在降低有效流量的基础上得到的,也就是说增压缸仅仅是增大输出的压力,并不能增大输出的能量。

单作用增压缸在小活塞运动到终点时,不能再输出高压液体,需要将活塞退回到左端位置,再向右行时才又输出高压液体,即只能在一次行程中输出高压液体。为了克服这一缺点,可采用双作用增压缸,如图 4-10(b)所示,由两个高压端连续向系统供油。

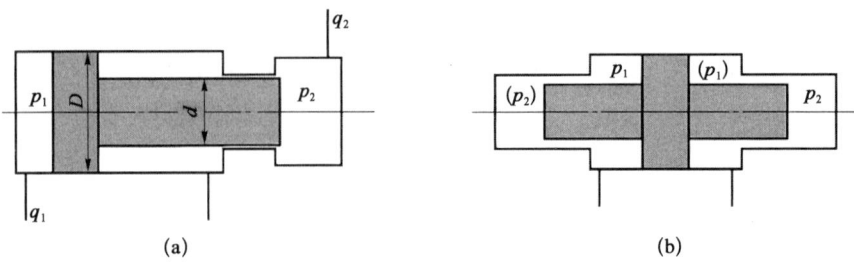

图 4-10 增压缸

2. 伸缩缸

伸缩缸由两个或多个活塞式液压缸套装而成，前一级活塞缸的活塞是后一级活塞缸的缸筒。伸出时可获得很长的工作行程，缩回时可保持很小的结构尺寸。伸缩缸被广泛用于起重运输车辆上。

图 4-11 所示是套筒式伸缩缸的工作原理，外伸动作是逐级进行的。首先是最大直径的缸筒以最低的油液压力开始外伸，当到达行程终点后，稍小直径的缸筒开始外伸，直径最小的末级最后伸出。随着工作级数增多，外伸缸筒直径越来越小，工作油液压力随之升高，工作速度变快。伸缩缸可以是图 4-11(a)所示的单作用式，也可以是图 4-11(b)所示的双作用式，前者靠外力回程，而后者靠液压回程。

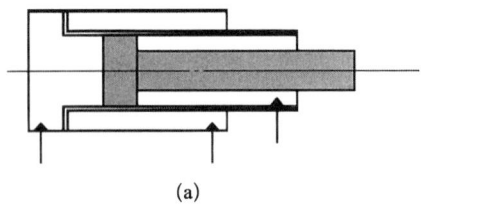
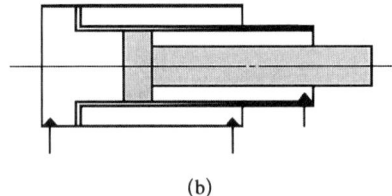

图 4-11 套筒式伸缩缸的工作原理

3. 齿轮缸

齿轮缸又称无杆式活塞缸，它由两个柱塞缸和一套齿轮齿条传动装置组成，如图 4-12 所示。当压力油推动活塞左右往复运动时，齿条就推动齿轮件往复旋转，从而齿轮驱动工作部件（如组合机床中的旋转工作台）做周期性的往复旋转运动。

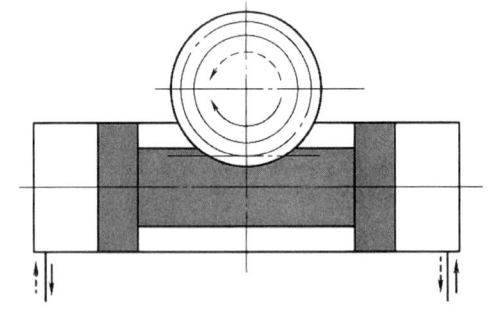

图 4-12 齿轮缸

第三节 液压缸的典型结构

一、液压缸典型结构举例

图 4-13 所示是一个双作用单杆活塞液压缸的结构图。此液压缸是工程机械中的常用液

压缸。它的主要零件是缸底 2、活塞 8、缸筒 11、活塞杆 12、导向套 13 和端盖 15。此液压缸结构上的特点是活塞和活塞杆用卡环连接，因而拆装方便；活塞上的支承环 9 由聚四氟乙烯等耐磨材料制成，摩擦力较小；导向套可使活塞杆在轴向运动时不致歪斜，从而保护了密封件；液压缸的两端均有缝隙式缓冲装置，可减少活塞在运动到端部时的冲击和噪声。此类液压缸的工作压力为 12～15 MPa。以下将介绍此液压缸主要零件的几种常见结构。

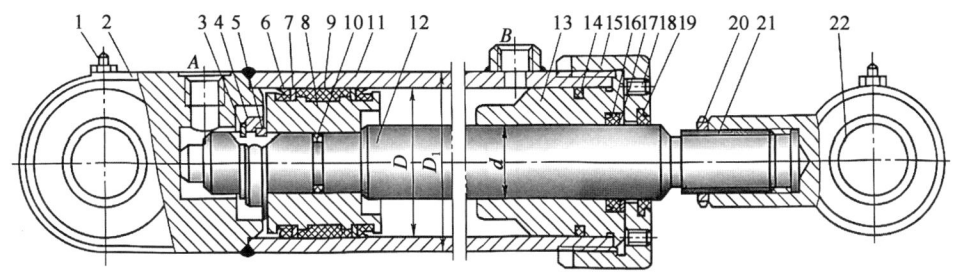

1—螺钉；2—缸底；3—弹簧卡圈；4—挡环；5—卡环（由两个半圆组成）；6—密封圈；7—挡圈；8—活塞；9—支承环；10—活塞与活塞杆之间的密封圈；11—缸筒；12—活塞杆；13—导向套；14—导向套和缸筒之间的密封圈；15—端盖；16—导向套和活塞杆之间的密封圈；17—挡圈；18—锁紧螺钉；19—防尘圈；20—锁紧螺母；21—耳环；22—耳环衬套圈。

图 4-13　双作用单杆活塞液压缸的结构

二、液压缸的组成

从图 4-13 可以看出，液压缸的结构组成基本上可以分为缸筒和缸盖、活塞和活塞杆、密封装置、缓冲装置和排气装置五个部分。

1. 缸筒和缸盖

一般来说，缸筒和缸盖的结构形式和其使用的材料有关。工作压力 $p<100\times10^5$ Pa 时使用铸铁，$p<200\times10^5$ Pa 时使用无缝钢管，$p>200\times10^5$ Pa 时使用铸钢或锻钢。

图 4-14 所示为常见的缸筒和缸盖结构形式。图 4-14(a)所示为法兰连接式结构。这种连接结构简单，易于加工，也易于装拆，但外形尺寸和质量都较大，常用于铸铁制的缸筒上。

图 4-14(b)所示为半环连接式结构。这种连接分为外半环连接和内半环连接两种形式。它的缸筒壁部因开了环形槽而削弱了强度，为此有时要加厚缸壁。它易于加工和装拆，质量较小。半环连接是一种应用较普遍的形式，常用于无缝钢管或锻钢制的缸筒上。

图 4-14(c)(f)所示为螺纹连接式结构。这种连接有外螺纹连接和内螺纹连接两种方式。它的缸筒端部结构复杂，外径加工时要求保证内外径同心，装拆要使用专用工具，它的外形尺寸和质量都较小，结构紧凑，常用于无缝钢管或锻钢制的缸筒上。

图 4-14(d)所示为拉杆连接式结构。这种连接结构简单，工艺性好，通用性强，易于装拆。但端盖的体积和质量较大，拉杆受力后会拉伸变长，影响密封效果，故仅用于长度不大的中低压缸。

图 4-14(e)所示为焊接式连接结构。这种连接强度高，制造简单，但焊接时容易引起缸筒变形。

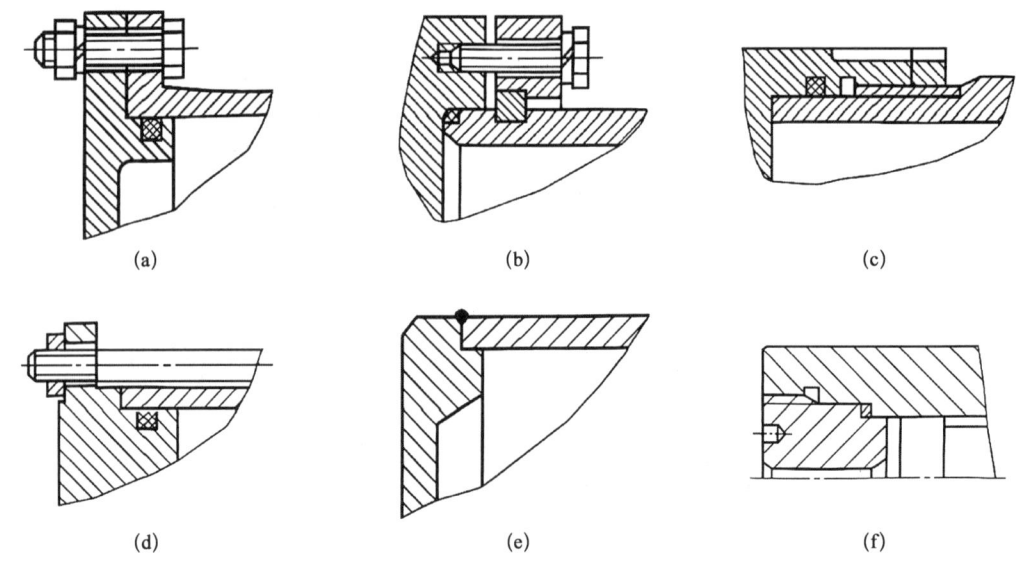

图 4-14 常见的缸筒和缸盖结构形式

2. 活塞和活塞杆

活塞和活塞杆的结构形式很多,除常见的一体式、锥销式连接外,还有螺纹式连接和半环式连接等多种形式,如图 4-15 所示。

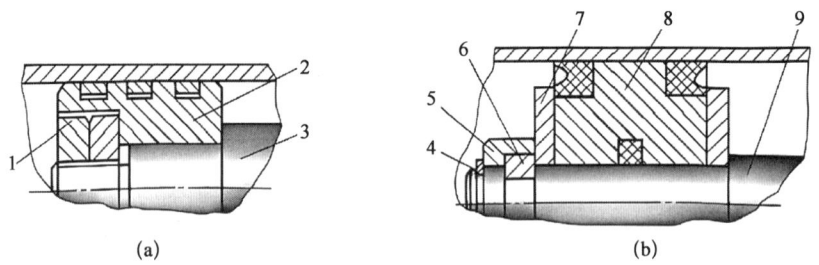

1—螺母;2、8—活塞;3、9—活塞杆;4—弹簧卡圈;5—轴套;6—半环;7—压板。

图 4-15 活塞和活塞杆的结构

螺纹式连接结构简单,装拆方便,但在高压大负载下需备有螺母防松装置[图 4-15(a)]。半环式连接结构较复杂,装拆不便,但工作较可靠[图 4-15(b)]。

此外,活塞和活塞杆也可制成整体式结构,但它只适用于尺寸较小的场合。活塞一般用耐磨铸铁制造,活塞杆则不论是空心的还是实心的,大多用钢材制造。

3. 密封装置

液压缸中常见的密封装置如图 4-16 所示。

图 4-16(a)所示为间隙密封,它依靠运动件间的微小间隙来防止泄漏。为了提高这种装置的密封能力,常在活塞表面制出几条细小的环形槽,以增大油液通过间隙时的阻力。它结构简单,摩擦阻力小,可耐高温,但泄漏大、加工要求高,磨损后无法恢复原有能力,只有在尺寸较小、压力较低、相对运动速度较高的缸筒和活塞间使用。

图 4-16(b)所示为摩擦环密封,它依靠套在活塞上的摩擦环(尼龙或其他高分子材料制

成),在 O 形圈弹力作用下贴紧缸壁而防止泄漏。这种结构密封效果较好,摩擦阻力较小且稳定,可耐高温,磨损后有自动补偿能力,但加工要求高、装拆不太方便,适用于缸筒和活塞之间的密封。

图 4-16(c)(d)所示为密封圈(O 形圈、V 形圈等)密封,它利用橡胶或塑料的弹性使各种截面的环形圈贴紧在过盈配合、间隙配合面之间来防止泄漏。它结构简单,制造方便,磨损后有自动补偿能力,性能可靠,在缸筒与活塞之间、活塞与活塞杆之间、缸筒与缸盖之间都能使用。

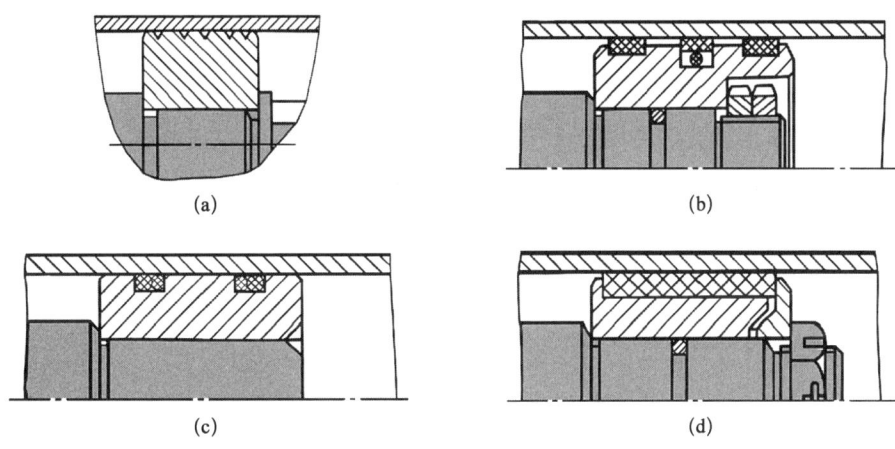

图 4-16 密封装置

对于活塞杆外伸部分来说,由于它很容易把脏物带入液压缸,使油液受污染,使密封件磨损,因此常需要在活塞杆密封处增添防尘圈,并放在朝向活塞杆外伸的一段。

4. 缓冲装置

液压缸中缓冲装置的工作原理是:利用活塞或缸筒在其走向行程终端时在活塞和缸盖之间封住一部分油液,强迫它从小孔或细缝中挤出,产生很大的阻力,使工作部件受到制动,逐渐减慢运动速度,达到避免活塞和缸盖相互撞击的目的。

液压缸中常用的缓冲装置有节流口可调式和节流口变化式两种,它们的主要性能和特点见表 4-2。

表 4-2 液压缸中常用的缓冲装置

名称和工作原理图	特点说明
节流口可调式 	1) 被封在活塞和缸盖间的油液经针形节流阀流出 2) 节流阀开口可根据负载情况进行调节 3) 起始缓冲效果大,随着活塞的行进,缓冲效果逐渐减弱,故制动行程长 4) 缓冲腔中的冲击压力大 5) 缓冲性能受油温影响 6) 适用范围广

续 表

名称和工作原理图	特 点 说 明
节流口变化式 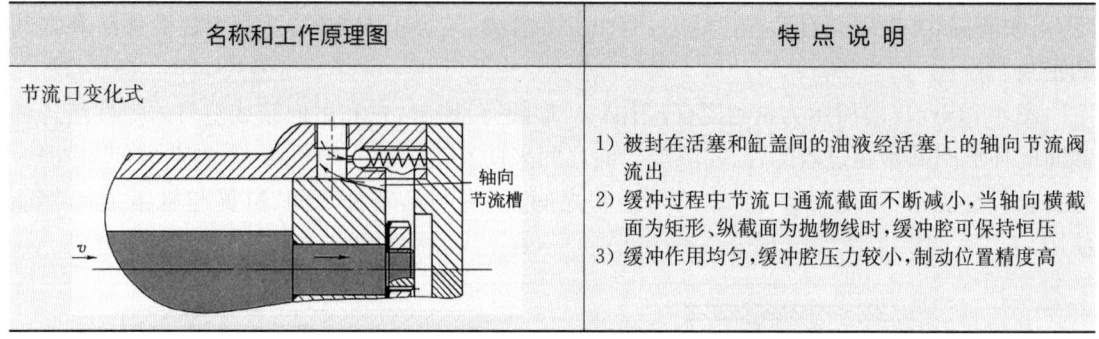	1) 被封在活塞和缸盖间的油液经活塞上的轴向节流阀流出 2) 缓冲过程中节流口通流截面不断减小,当轴向横截面为矩形、纵截面为抛物线时,缓冲腔可保持恒压 3) 缓冲作用均匀,缓冲腔压力较小,制动位置精度高

例 4-1 试推导表 4-2 中缓冲装置的各个特性式。

解:(1) 节流口可调式缓冲装置中节流面积 A_T 为常值。缓冲开始后,活塞产生减速度,考虑到 $v=\mathrm{d}x/\mathrm{d}t$,则其运动方程和节流口流量连续方程分别为

$$p_c A_c = -m\frac{\mathrm{d}v}{\mathrm{d}t} = -m\frac{\mathrm{d}\left(\dfrac{v^2}{2}\right)}{\mathrm{d}t}$$

$$q_c = A_c v = C_d A_T \sqrt{\frac{2\Delta p}{\rho}} = C_d A_T \sqrt{\frac{2p_c}{\rho}}$$

式中,p_c 为缓冲腔压力;A_c 为缓冲腔工作面积;m 为活塞等移动件质量;v 为移动件速度;A_T 为节流口通流截面面积;C_d 为节流口流量系数;ρ 为油液密度。

经整理、积分、化简,并使用 $x=0$ 时 $v=v_0$(v_0 为缓冲开始时的速度)的条件,得

$$v = v_0 e - \frac{A_c \rho}{2m}\left(\frac{A_c}{C_d A_T}\right)^2 x$$

使用 $x=0$ 时 $a=a_0$、$p_c=p_0$ 的条件(a_0 为缓冲开始时的加速度,p_0 为缓冲起始时的缓冲压力),得

$$p_c = p_0 e - \frac{A_c p_0}{m v^2} x$$

(2) 节流口变化式缓冲装置中 A_T 为变量。要求 p_c(因而也有减速度 a)在整个缓冲过程中保持为常值,由于 $v^2 = v_0^2 - 2a_0 x$,则

$$v = v_0 \sqrt{1 - \frac{2a_0}{v_0^2} x}$$

整理后得

$$A_T = \frac{A_c v_0}{C_d}\sqrt{\frac{\left(1-\dfrac{2a_0}{v_0^2}\right)\rho}{2p_c}}$$

这表明节流槽纵截面必须呈抛物线形状。

5. 排气装置

液压缸中的排气装置通常有两种形式：一种是在缸盖最高部位开排气孔，用长管道接向远处排气阀排气，如图 4-17(a)所示；另一种是在缸盖最高部位安装排气塞，如图 4-17(b)所示。两种排气装置都是在液压缸排气时打开（使其做全行程往复移动数次），排气完成后关闭。

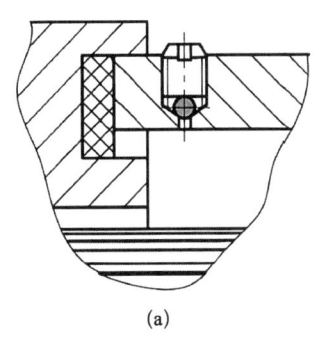 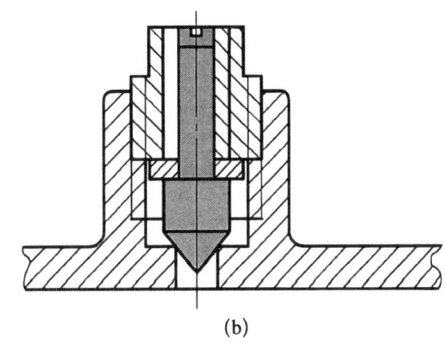

图 4-17 排气装置

排气装置在液压缸中十分必要，这是因为油液中混入空气或液压缸长期不使用，外界侵入的空气都积聚在缸内最高部位，会影响液压缸运动平稳性，即低速时引起爬行、起动时造成冲击、换向时降低精度等。

第四节 液压缸的设计计算

液压缸的设计是在对整个液压系统进行了工况分析，编制了负载图，并选定了工作压力之后进行的。设计时先根据使用要求选择结构类型，然后按负载情况、运动要求、最大行程等确定其主要工作尺寸，进行强度、稳定性和缓冲验算，最后再进行结构设计。

一、液压缸设计应注意的问题

1) 尽量使活塞杆在受拉状态下承受最大负载，或在受压状态下具有良好的纵向稳定性。
2) 考虑液压缸行程终了处的制动问题和液压缸的排气问题。缸内如无缓冲装置和排气装置，系统中需要有相应的措施，但是并非所有的液压缸都要考虑这些问题。
3) 正确确定液压缸的安装、固定方式。液压缸只能一端定位。
4) 液压缸各部分结构需根据推荐的结构形式和设计标准进行设计，尽可能做到结构简单、紧凑，加工、装配和维修方便。

二、液压缸主要尺寸的确定

1. 缸筒内径 D

液压缸缸筒内径 D 是根据负载大小和选定的工作压力，或运动速度和输入流量，按式

(4-1)~式(4-22)计算后,再从 GB/T 2348—2018(表 4-3)中选取最近的标准值而得出的。

表 4-3 缸筒内径 D 系列(GB/T 2348—2018)

缸筒内径 D/mm									
8	10	12	16	20	25	32	40	50	63
80	100	125	160	200	250	320	400	500	

2. 活塞杆直径 d

液压缸活塞杆直径 d 按工作时的受力情况来确定,见表 4-4。计算出的活塞杆直径 d 按表 4-5 中的值进行圆整。

表 4-4 液压缸活塞杆直径推荐值

活塞杆受力情况	受拉伸	受压缩,工作压力 p_1/MPa		
		$p_1 \leqslant 5$	$5 \leqslant p_1 < 7$	$p_1 > 7$
活塞杆直径	$(0.3\sim0.5)D$	$(0.5\sim0.55)D$	$(0.6\sim0.7)D$	$0.7D$

表 4-5 活塞杆直径 d 系列(GB/T 2348—2018)

活塞杆直径 d/mm									
4	5	6	8	10	12	14	16	18	20
22	25	28	32	36	40	45	50	56	63
70	80	90	100	110	125	140	160	180	200
220	250	280	320	360					

单活塞缸中的 d 值也可由 D 和 λ_v 来决定。为了不使往复运动速度相差太大,一般推荐 $\lambda_v \leqslant 1.6$。

3. 设计压力 p

液压件的额定压力是指在指定运转条件下液压件能长期正常工作的压力。此压力又称为公称压力。

液压件的工作压力是指在系统中所承受的压力,若负载变化,工作压力的大小也随之变化。在使用中,不希望工作压力高于额定压力。但在特殊情况下,也允许在极短时间内工作压力超过额定压力。

元件的试验压力远远超过额定压力,缸的设计压力的数值等于额定压力。若系统的额定压力已确定,则取系统压力为设计压力;若系统的额定压力尚未确定,可参照或类比相同的主机选定缸的设计压力,见表 4-6。

表 4-6　各类主机常用的系统压力

主 机 类 型	系统压力/MPa
精加工机床	0.8～2
半精加工机床	3～5
粗加工或重型机械	5～10
农业机械、小型工程机械、工程机械的辅助机构	10～16
液压机、重型机械、起重机械、大中型工程机械	20～32

4. 缸筒长度 l

液压缸的缸筒长度 l 由最大工作行程所决定,一般不宜超过其内径的 20 倍。

三、液压缸强度校核

液压缸的缸筒壁厚 δ、活塞杆直径 d 和缸盖处固定螺栓的直径,在高压系统中必须进行强度校核。其他零件如活塞、导向套、端盖、放气阀、管接头、密封件等,不需要进行强度计算,可参阅有关设计手册直接选用。

1. 缸筒壁厚

缸筒壁厚校核时分薄壁和厚壁两种情况。当 $D/\delta \geqslant 10$ 时为薄壁,壁厚的校核公式为

$$\delta \geqslant \frac{p_y D}{2[\sigma]} \tag{4-19}$$

式中,D 缸筒直径;p_y 为缸筒试验压力,当缸的额定压力 $p_n \leqslant 16$ MPa 时,取 $p_y = 1.5 p_n$,当 $p_n > 16$ MPa 时,取 $p_y = 1.25 p_n$;$[\sigma]$ 为缸筒材料的许用压力,$[\sigma] = R_m/n$,R_m 为材料的抗拉强度,n 为安全系数,一般取 $n=5$。

当 $D/\delta < 10$ 时为厚壁,壁厚的校核公式为

$$\delta \geqslant \frac{D}{2}\left(\sqrt{\frac{[\sigma]+0.4 p_y}{[\sigma]-1.3 p_y}}-1\right) \tag{4-20}$$

2. 活塞杆直径 d

活塞杆直径 d 的校核公式为

$$d \geqslant \sqrt{\frac{4F}{\pi[\sigma]}} \tag{4-21}$$

式中,F 为活塞杆上的作用力;$[\sigma]$ 为活塞杆材料的许用应力,$[\sigma] = R_m/1.4$。

3. 固定螺栓直径 d_s

液压缸固定螺栓直径的校核公式为

$$d_s \geqslant \sqrt{\frac{5.2kF}{\pi Z[\sigma]}} \tag{4-22}$$

式中，F 为液压缸负载；Z 为固定螺栓个数；k 为螺纹拧紧系数，$k=1.12\sim1.5$，$[\sigma]=\sigma_s/(1.2\sim2.5)$；$\sigma_s$ 为材料屈服强度。

四、液压缸稳定性校核

活塞杆受轴向压缩负载时，它所承受的轴向力 F 不能超过使它保持稳定工作所允许的临界负载 F_k，以免发生纵向弯曲，破坏液压缸的正常工作。F_k 值与活塞杆材料性质、截面形状、直径和长度以及液压缸的安装方式等因素有关。活塞杆稳定性的校核（稳定条件）公式为

$$F \leqslant \frac{F_k}{n_k} \tag{4-23}$$

式中，n_k 为安全系数，一般取 $n_k=2\sim4$。

当活塞杆的细长比 $l/r_k > \psi_1\sqrt{\psi_2}$ 时

$$F_k = \frac{\psi_2 \pi^2 EJ}{l^2} \tag{4-24}$$

当活塞杆的细长比 $l/r_k \leqslant \psi_1\sqrt{\psi_2}$，且 $\psi_1\sqrt{\psi_2}=20\sim120$ 时，则

$$F_k = \frac{fA}{1+\frac{\alpha}{\psi_2}\left(\frac{l}{r_k}\right)^2} \tag{4-25}$$

式中，l 为安装长度，其值与安装方式有关，见表 4-7；r_k 为活塞杆截面最小回转半径，$r_k=\sqrt{J/A}$；ψ_1 为柔性系数，其值见表 4-8；ψ_2 为由液压缸支承方式决定的末端系数，其值见表 4-7；E 活塞杆材料的弹性模量，对于钢取 $E=2.06\times10^{11}\,\text{N/m}^2$；$J$ 为活塞杆横截面惯性矩；A 为活塞杆横截面面积；f 为由材料强度决定的实验值，其值见表 4-8；α 为系数，其值见表 4-8。

表 4-7 液压缸支承方式和末端系数 ψ_2 值

支承方式	支承说明	末端系数
	一端自由、一端固定	1/4
	两端铰接	1

第四章 液压执行元件

续 表

支承方式	支承说明	末端系数
	一端铰接、一端固定	2
	两端固定	4

表 4-8　f、α、ψ_1 值

材　料	$f/10^8$ N·m	α	ψ_1
铸铁	5.6	$\dfrac{1}{1\,600}$	80
锻钢	2.5	$\dfrac{1}{9\,000}$	110
软钢	3.4	$\dfrac{1}{7\,500}$	90
硬钢	4.9	$\dfrac{1}{5\,000}$	85

五、液压缸缓冲计算

液压缸的缓冲计算主要是估计缓冲时缸内出现的最大缓冲压力，以便用来校核缸筒强度、制动距离是否符合要求。缓冲计算中如发现工作腔中的液压能和工作部件的动能不能全部被缓冲腔所吸收时，制动中就可能产生活塞和缸盖相碰现象。

液压缸在缓冲时，背压腔内产生的液压能 E_1 和工作部件产生的机械能 E_2（见表 4-2 中图）分别为

$$E_1 = p_c A_c l_c \tag{4-26}$$

$$E_2 = \underbrace{p_p A_p l_c}_{\substack{\text{高压腔}\\\text{液压能}}} + \underbrace{\frac{1}{2} m v_0^2}_{\substack{\text{工作部件}\\\text{动能}}} - \underbrace{F_f l_c}_{\text{摩擦能}} \tag{4-27}$$

式中，p_c 为缓冲腔中的平均缓冲压力；p_p 为高压腔中的油液压力；A_c、A_p 为缓冲腔、高压腔的有效工作面积；l_c 为缓冲行程长度；m 为工作部件质量；v_0 为工作部件运动速度；F_f 为摩擦力。

当 $E_1 = E_2$ 时，工作部件的机械能全部被缓冲腔液体所吸收，由式(4-26)、式(4-27)可得

$$p_c = \frac{E_2}{A_c l_c} \quad (4-28)$$

若缓冲装置为节流口可调式缓冲装置，则在缓冲过程中的缓冲压力逐渐降低。假定缓冲压力线性地降低，则最大缓冲压力即冲击压力等于

$$p_{c\max} = p_c + \frac{m v_0^2}{2 A_c l_c} \quad (4-29)$$

若缓冲装置为节流口变化式缓冲装置，则由于缓冲压力 p_c 始终不变，最大缓冲压力值即如式(4-29)所示。

习 题

4-1 液压缸的主要组成部分有哪些？缸筒固定式、活塞杆固定式液压缸工作台的最大活动范围有什么差别？

4-2 什么是液压缸的差动连接？差动液压缸的快进、快退速度相等时，它在结构上满足什么条件(有什么特点)？试推导差动液压缸的运动(快进)速度公式。

4-3 按结构形式的不同，液压缸有哪些类型？它们的特点分别是什么？

4-4 如何计算单活塞杆双作用液压缸的推力及活塞杆的运动速度？

4-5 已知某液压马达的排量 $V=250$ mL/r，液压马达入口压力为 $p_1=10.5$ Mpa，出口压力为 $p_1=1.0$ Mpa，其总效率 $\eta_m=0.9$，容积效率 $\eta_v=0.92$，当输入流量 $q=22$ L/min 时，试求液压马达的实际转速 n 和液压马达的输出转矩 T。

4-6 图示两个结构和尺寸均相同相互串联的液压缸，无杆腔面积 $A_1=100$ cm²，有杆腔面积 $A_2=80$ cm²，缸 1 输入压力 $p_1=0.9$ MPa，输入流量 $q_1=12$ L/min。不计损失和泄漏，试求：

1) 两缸承受相同负载时 $(F_1=F_2)$，负载和速度各为多少？
2) 缸 1 不受负载时 $(F_1=0)$，缸 2 能承受多少负载？
3) 缸 2 不受负载时 $(F_2=0)$，缸 1 能承受多少负载？

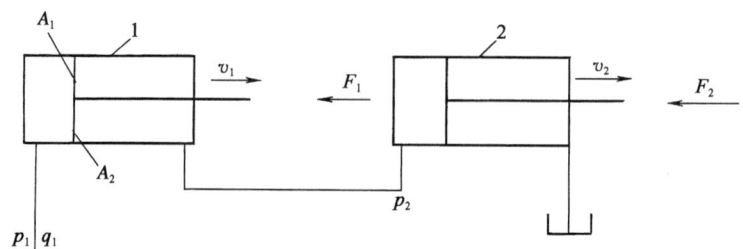

图 4-18 题 4-6 图

第五章 液压控制元件

第一节 概 述

一、阀的功用

阀是用来控制系统中流体的流动方向或调节其压力和流量的,因此它可以分为方向阀、压力阀和流量阀三大类。

压力阀和流量阀利用通流截面的节流作用控制系统的压力和流量,而方向阀则利用通流通道的更换控制流体的流动方向。尽管阀存在着各种各样不同的类型,它们之间还是保持着一些基本的共同之处的。例如:

1) 在结构上,所有的阀都由阀体、阀芯(座阀或滑阀)和驱使阀芯动作的元、部件(如弹簧、电磁铁)组成。

2) 在工作原理上,所有阀的开口大小,进、出口间的压差及流过阀的流量之间的关系都符合孔口流量公式,仅是各种阀控制的参数各不相同而已。

二、阀的分类和基本要求

阀可按不同的特征进行分类,见表5-1。

表5-1 阀的分类

分类方法	种 类	详 细 分 类
按机能分类	压力控制阀	溢流阀、减压阀、顺序阀、卸荷阀、平衡阀、比例压力控制阀、缓冲阀、仪表截止阀、限压切断阀、压力继电器等
	流量控制阀	节流阀、单向节流阀、调速阀、分流阀、集流阀、比例流量控制阀、排气节流阀等
	方向控制阀	单向阀、液控单向阀、换向阀、行程减速阀、充液阀、梭阀、比例方向控制阀、快速排气阀、脉冲阀等
按结构分类	滑阀	圆柱滑阀、旋转阀、平板滑阀
	座阀	锥阀、球阀
	射流管阀	—
	喷嘴挡板阀	单喷嘴挡板阀、双喷嘴挡板阀

续 表

分类方法	种 类	详 细 分 类
按操纵方法分类	手动阀	手把及手轮、踏板、杠杆
	机动阀	挡块及碰块、弹簧
	液/气动阀	液动阀、气动阀
	电液/气动阀	电液动阀、电气动阀
	电动阀	普通/比例电磁铁控制、力马达/力矩马达/步进电动机/伺服电动机控制
按连接方式分类	管式连接	螺纹式连接、法兰式连接
	板式/叠加式连接	单层连接板式、双层连接板式、整体连接板式、叠加阀、多路阀
	插装式连接	螺纹式插装(二、三、四通插装阀)、法兰式插装(二通插装阀)
按控制方式分类	比例阀	电液比例压力阀、电液比例流量阀、电液比例换向阀、电液比例复合阀、电液比例多路阀；气动比例压力阀、气动比例流量阀
	伺服阀	单、两级(喷嘴挡板式、滑阀式)电液流量伺服阀,三级电液流量伺服阀,电液压力伺服阀,气液伺服阀,机液伺服阀,气动伺服阀
	数字控制阀	数字控制压力阀、数字控制流量阀与方向阀
按输出参数可调节性分类	开关控制阀	方向控制阀、顺序阀、限速切断阀、逻辑元件
	输出参数连续可调的阀	溢流阀、减压阀、节流阀、调速阀、各类电液控制阀(比例阀、伺服阀)

阀性能的基本要求,系统中所用的阀,应满足如下要求：

1) 动作灵敏,使用可靠,工作时冲击和振动小,噪声小,寿命长。
2) 流体流过时压力损失小。
3) 密封性能好。
4) 结构紧凑,安装、调整、使用、维护方便,通用性大。

三、阀的基本参数

液压阀的工作能力由阀的性能参数决定,液压阀的基本参数与阀的种类有关,不同的液压阀具有不同的性能参数,其共性的参数与压力和流量相关。

1. 公称压力

公称压力是标志液压阀承载能力大小的参数。液压阀的公称压力是指液压阀在额定工作状态下的名义压力,液压阀的公称压力单位为 MPa。

2. 与流量有关的参数

流量是标志液压阀通流性能的参数,与流量有关的参数主要有公称流量和公称通径,对于流量阀还有最小稳定流量等。

(1) 液压阀的公称流量　国产的中低压液压阀($\leqslant$6.3 MPa)常用公称流量来表示元件的通流能力。公称流量是指液压阀在额定工作状态下通过的名义流量。代号为 K_2 常用的计量单位为 L/min,国标规定的液压阀公称流量标准有:2 L/min、3 L/min、6 L/min、10 L/min、25 L/min、40 L/min、50 L/min、63 L/min、80 L/min、100 L/min、125 L/min、160 L/min、200 L/min、320 L/min、400 L/min、500 L/min、630 L/min、800 L/min、1 000 L/min、1 250 L/min、1 600 L/min。

公称流量参数对于液压阀无实际使用意义,仅供市场选购时便于与动力元件配套时参考。在实际情况下,液压元件厂商在样本上给出液压阀在各种流量值时的特性曲线,此曲线对于元件的选择、了解元件在各种工作参数下的工作状态,具有更直接的实用价值。

(2) 液压阀的公称通径 液压阀的公称通径是表征阀规格大小的性能参数,常用于中高压阀。阀的通径一旦确定之后,所配套的管道的规格也就随之确定了。需要说明的是,液压阀的通径仅表明该阀的通流能力和所配管道的尺寸规格,并不表示该阀的实际进出口尺寸。

第二节 方向控制阀

一、单向阀

单向阀的主要作用是控制油液的单向流动。液压系统中对单向阀的主要性能要求是:正向流动阻力损失小,反向时密封性能好,动作灵敏。图 5-1(a)所示为一种管式普通单向阀的结构,压力油从阀体左端的通口流入时,克服弹簧 3 作用在阀芯 2 上的力,使阀芯向右移动,打开阀口,并通过阀芯上的径向孔 a、轴向孔 b 从阀体右端的通口流出;但是压力油从阀体右端的通口流入时,液压力和弹簧力一起使阀芯压紧在阀座上,使阀口关闭,油液无法通过。单向阀的图形符号如图 5-1(b)所示。

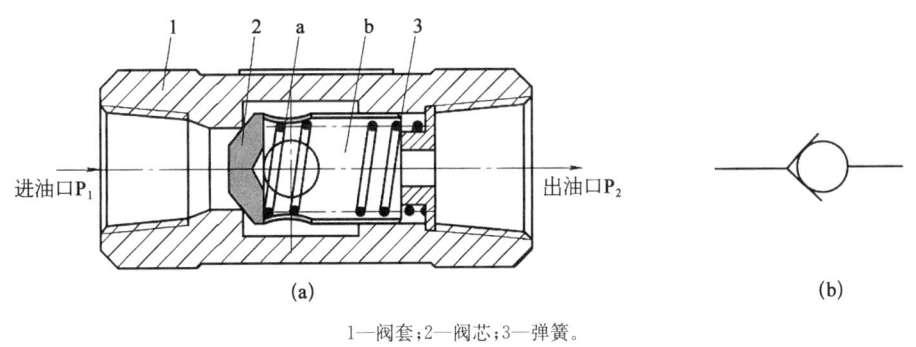

1—阀套;2—阀芯;3—弹簧。

图 5-1 单向阀的结构及其图形符号

单向阀中的弹簧主要是用来克服阀芯的摩擦阻力和惯性力,从而使单向阀工作灵敏可靠,所以普通单向阀的弹簧刚度一般都选得较小,以免油液流动时产生较大的压力降。一般单向阀的开启压力为 0.035~0.05 MPa,当通过其额定流量时,压力损失不应超过 0.1~0.3 MPa,若将单向阀中的弹簧换成较大刚度的弹簧,可将其置于回油路中作背压阀使用,此时阀的开启压力为 0.2~0.6 MPa。

除了一般的单向阀外,还有液控单向阀。图 5-2(a)所示为一种液控单向阀的结构,当控制油口 K 处无压力油通入时,它的工作和普通单向阀一样,压力油只能从进油口 P_1 流向出油口 P_2,不能反向流动。当控制油口 K 处通入压力油时,控制活塞 1 右侧 a 腔通泄油口(图中未画出),在液压力作用下活塞向右移动,推动顶杆 2 顶开阀芯,使油口 P_1 和 P_2 接通,油液就可以从 P_2 口流向 P_1 口。在图示形式的液控单向阀结构中,控制油口 K 处通入的控制压力最小须为主油路压力的 30%～50%(而在高压系统中使用的,带卸荷阀芯的液控单向阀其最小控制压力约为主油路压力的 5%)。图 5-2(b)所示为液控单向阀的图形符号。

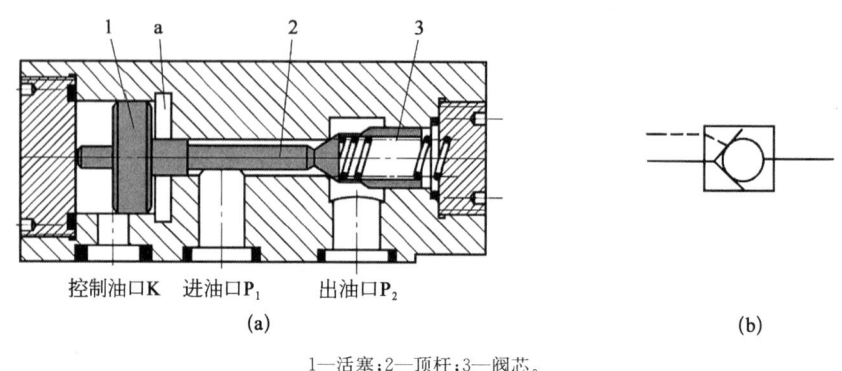

1—活塞;2—顶杆;3—阀芯。

图 5-2 液控单向阀的结构及其图形符号

二、换向阀

换向阀是利用阀芯对阀体的相对运动,使油路接通、关断或变换油流的方向,从而实现液压执行元件及其驱动机构的起动、停止或变换运动方向。

液压传动系统对换向阀性能主要的要求是:油液流经换向阀时压力损失要小;互不相通的油口间的泄漏要小;换向要平稳、迅速且可靠。

换向阀的种类很多,其分类方式也各有不同,一般来说按阀芯相对于阀体的运动方式来分有滑阀和转阀两种;按操作方式来分有手动、机动、电磁动、液动和电液动等多种;按阀芯工作时在阀体中所处的位置有二位和三位等;按换向阀所控制的通路数不同有二通、三通、四通和五通等。系列化和规格化了的标准换向阀由专门的工厂生产。

(一) 换向阀的工作原理

图 5-3(a)所示为滑阀式换向阀的工作原理,当阀芯向右移动一定的距离时,由液压泵输出的压力油从阀的 P 口经 A 口输入液压缸左腔,液压缸右腔的油经 B 口流回油箱,液压缸活塞向右运动;反之,若阀芯向左移动某一距离时,液流反向,活塞向左运动。

图 5-3(a)中的换向阀可绘制成图 5-3(b)所示的图形符号,由于该换向阀阀芯相对于阀体有中位、左位和右位三个工作位置,通常用一个粗实线方框符号代表一个工作位置,因而有三个方框;而该换向阀共有 P、A、B、T_1 和 T_2 五个油口,所以每一个方框中表示油路的通路与方框共有五个交点,在中间位置,由于各油口之间互不相通,用"⊥"或"⊤"来表示,而当阀芯向左移动时,表示该换向阀左位工作,即 P 与 A,B 与 T_2 相通;反之,则 P 与 B,A 与 T_1 相通。因此该换向阀被称为三位五通换向阀。图 5-4 所示为常用换向阀的位和通路符号。

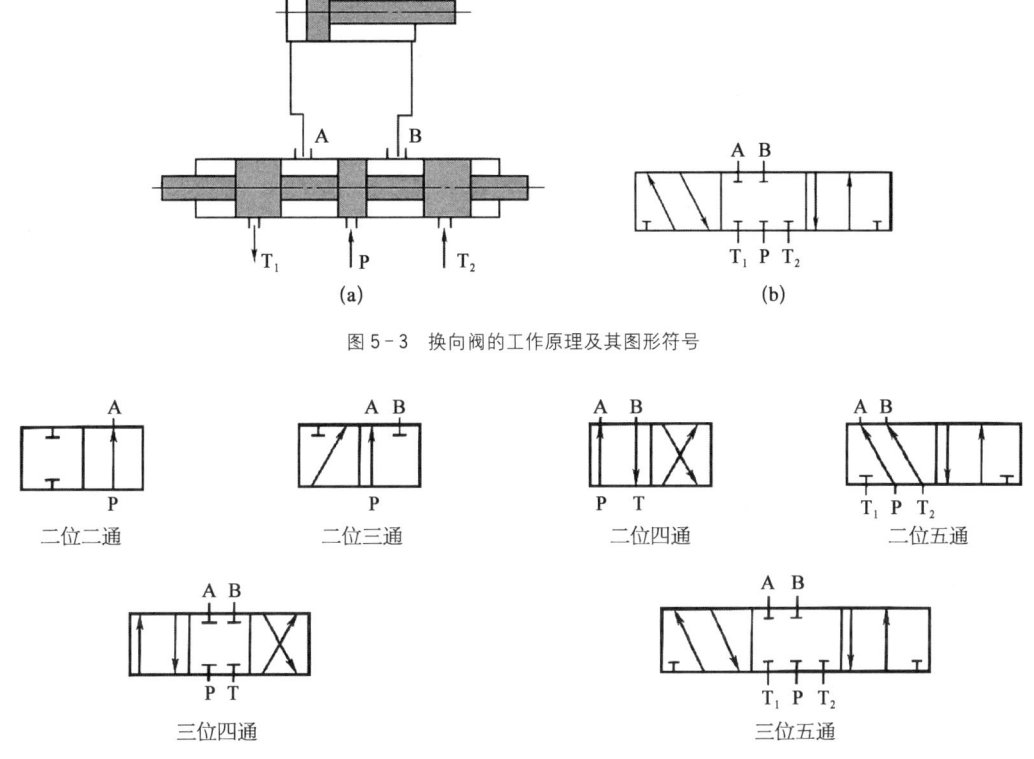

图 5-3 换向阀的工作原理及其图形符号

图 5-4 换向阀的位和通路符号

换向阀中阀芯相对于阀体的运动需要有外力操纵来实现,常用的操纵方式有:手动、机动(行程)、电磁动、液动和电液动,其符号如图 5-5 所示,不同的操纵方式与图 5-4 所示的换向阀的位和通路符号组合就可以得到不同的换向阀,如三位四通电磁换向阀、三位五通液动换向阀等。

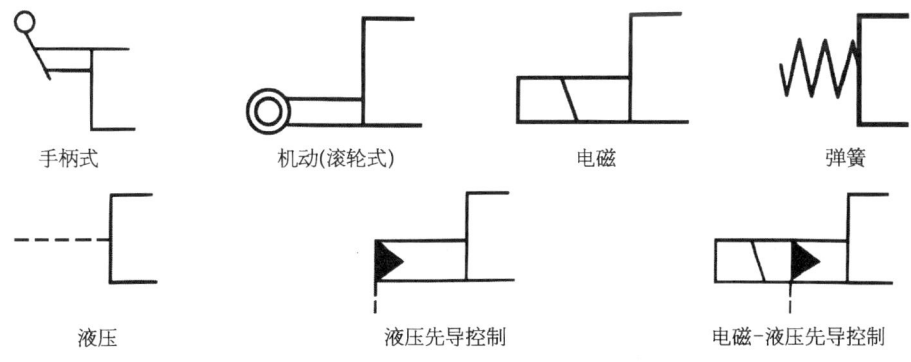

图 5-5 换向阀操纵方式符号

图 5-6(a)所示为转动式换向阀(简称转阀)的工作原理,该阀由阀体 1、阀芯 2 和使阀芯转动的操纵手柄 3 组成,在图示位置,通口 P 和 A 相通、B 和 T 相通;当操纵手柄转换到"止"位置时,通口 P、A、B 和 T 均不相通;当操纵手柄转换到另一位置时,则通口 P 和 B 相通,A 和 T 相通。图 5-6(b)所示为它的图形符号。

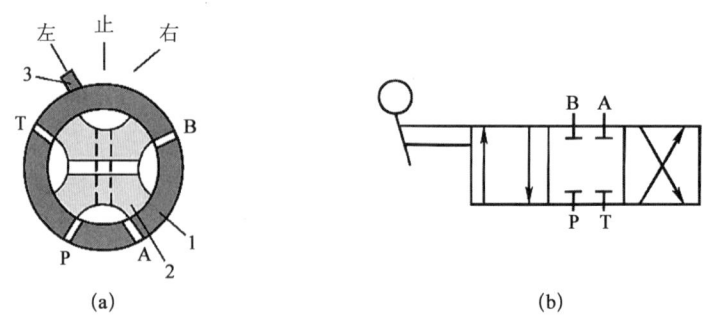

1—阀体；2—阀芯；3—操纵手柄。

图 5-6　转阀的工作原理及其图形符号

（二）换向阀的结构

在液压传动系统中广泛采用的是滑阀式换向阀，在这里主要介绍滑阀式换向阀的几种典型结构。

1. 手动换向阀

手动换向阀是利用手动杠杆来改变阀芯位置实现换向的，如图 5-7 所示。

图 5-7(a) 所示为自动复位式手动换向阀，放开手柄 1，阀芯 2 在弹簧 3 的作用下自动回复中位，该阀适用于动作频繁、工作持续时间短的场合，操作比较安全，常用于工程机械的液压传动系统中。

如果将该阀阀芯右端弹簧 3 的部位改为图 5-7(b) 所示的形式，即成为可在三个位置定位的手动换向阀。图 5-7(c)(d) 所示为其图形符号图。

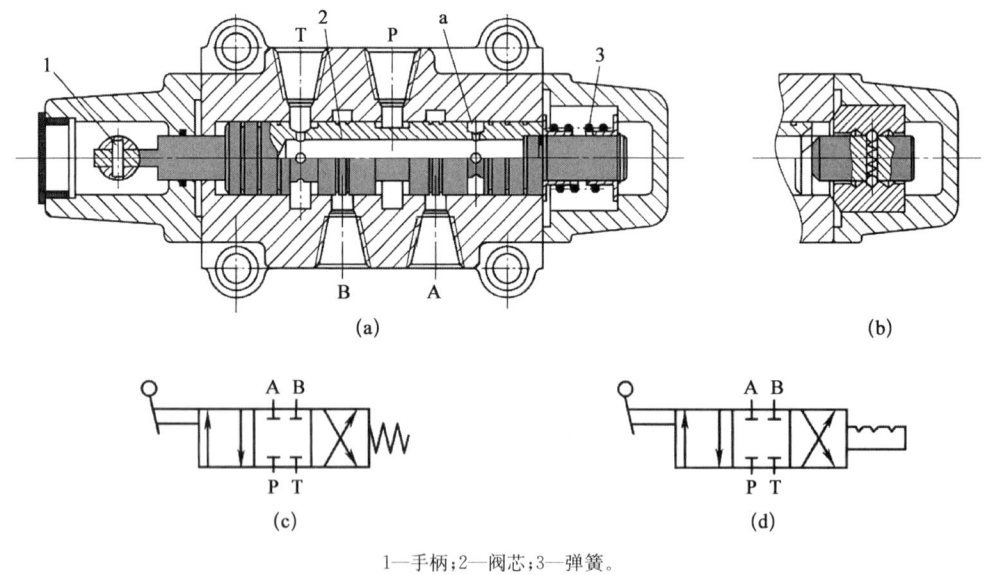

1—手柄；2—阀芯；3—弹簧。

图 5-7　手动换向阀的结构及其图形符号

2. 机动换向阀

机动换向阀又称行程阀，它主要用来控制机械运动部件的行程，它是借助于安装在工作台上的挡铁或凸轮来迫使阀芯移动，从而控制油液的流动方向，机动换向阀通常是二位的，有二通、三通、四通和五通几种,其中二位二通机动阀又分常闭和常开两种。

图 5-8(a)所示为滚轮式二位二通常闭式机动换向阀,在图示位置阀芯 2 被弹簧 3 压向左端,油腔 P 和 A 不通,当挡铁或凸轮压住滚轮 1 使阀芯 2 移动到右端时,就使油腔 P 和 A 接通。图 5-8(b)所示为其图形符号。

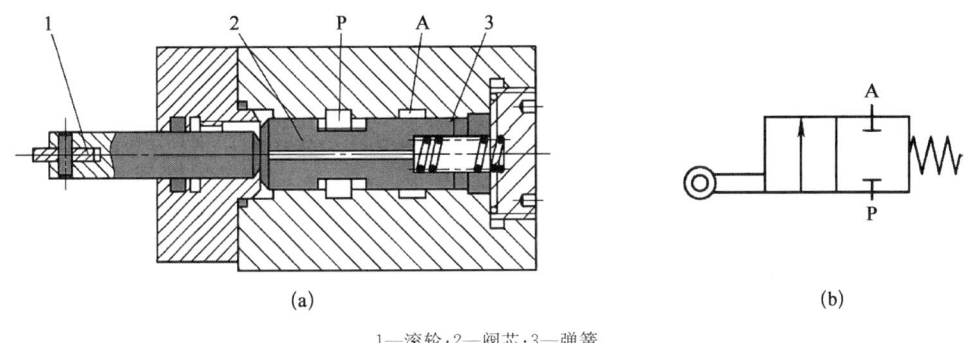

1—滚轮;2—阀芯;3—弹簧。

图 5-8 换向阀的结构及其图形符号

3. 电磁换向阀

电磁换向阀是利用电磁铁的通电吸合与断电释放而直接推动阀芯来控制液流方向的。它是电气系统与液压系统之间的信号转换元件,它的电气信号由液压设备中的按钮开关、限位开关、行程开关等电气元件发出,从而可以使液压系统方便地实现各种操作及自动顺序动作。

电磁铁按使用电源的不同,可分为交流和直流两种。按衔铁工作腔是否有油液又可分为"干式"和"湿式"。交流电磁铁起动力较大,不需要专门的电源,吸合、释放快,动作时间为 $0.01\sim0.03$ s;其缺点是若电源电压下降 15% 以上,则电磁铁吸力明显减小,若衔铁不动作,干式电磁铁会在 $10\sim15$ min 后烧坏线圈(湿式电磁铁为 $1\sim1.5$ h),且冲击及噪声较大,寿命低,因而在实际使用中交流电磁铁允许的切换频率一般为 10 次/min,不得超过 30 次/min。直流电磁铁工作较可靠,吸合、释放动作时间为 $0.05\sim0.08$ s,允许使用的切换频率较高,一般可达 120 次/min,最高可达 300 次/min,且冲击小、体积小、寿命长。此外,还有一种本整型电磁铁,其电磁铁是直流的,但电磁铁本身带有整流器,通入的交流电经整流后再供给直流电磁铁。目前,国外新发展了一种油浸式电磁铁,不光衔铁,而且激磁线圈也都浸在油液中工作,它具有寿命更长、工作更平稳可靠等特点,但由于造价较高,应用面不广。

图 5-9(a)所示为二位三通交流电磁阀的结构。在图示位置,油口 P 和 A 相通,油口 B 断开;当电磁铁通电吸合时,推杆 1 将阀芯 2 推向右端,这时油口 P 和 A 断开,而与 B 相通。当电磁铁断电释放时,弹簧 3 推动阀芯复位。图 5-9(b)所示为图形符号。

如前所述,电磁阀就其工作位置来说,有二位和三位等。二位电磁阀有一个电磁铁,靠弹簧复位;三位电磁阀有两个电磁铁,图 5-10 所示为一种三位五通电磁换向阀的结构和图形符号。

4. 液动换向阀

液动换向阀是利用控制油路的压力油来改变阀芯位置的换向阀。图 5-11 所示为三位四通液动换向阀的结构及其图形符号。阀芯是由其两端密封腔中油液的压差来移动的,当控制

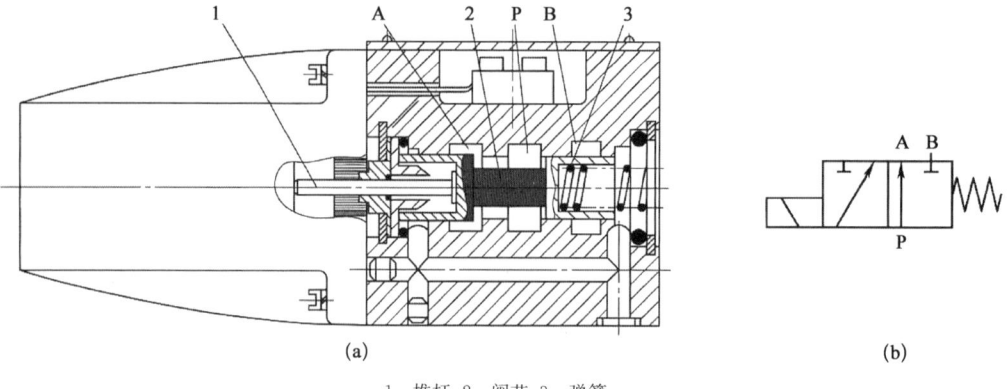

1—推杆；2—阀芯；3—弹簧。

图 5-9　三通电磁阀的结构及其图形符号

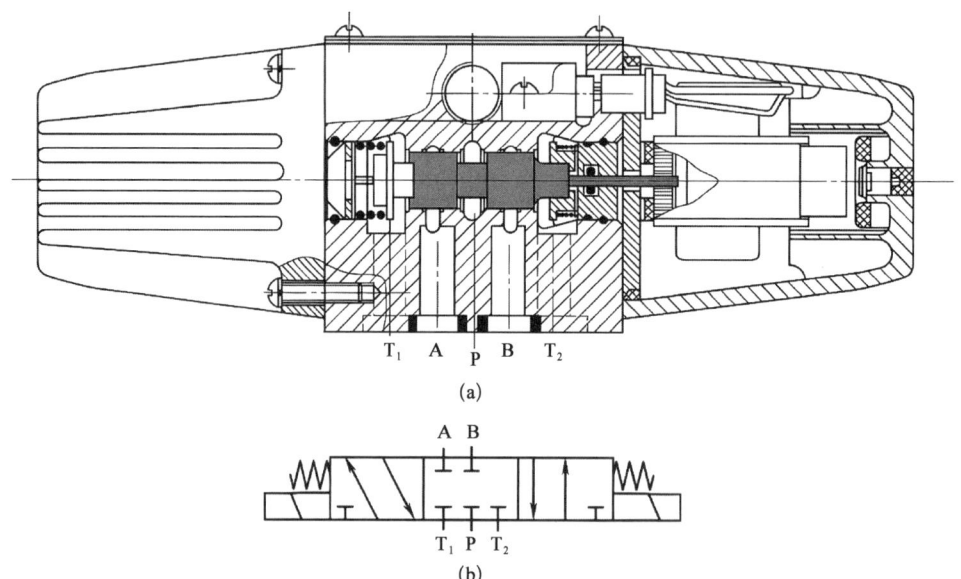

图 5-10　三位五通电磁换向阀的结构及其图形符号

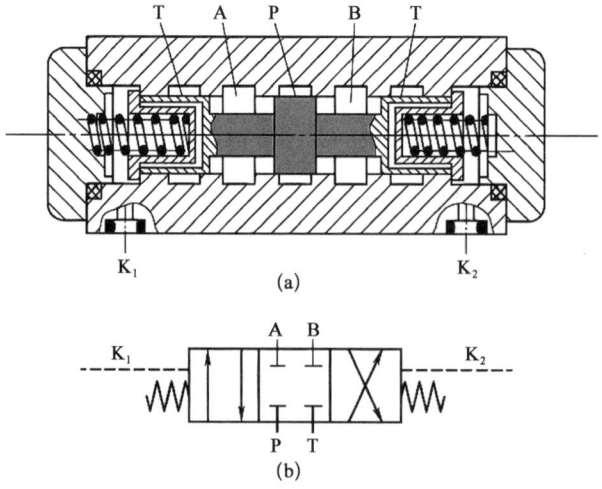

图 5-11　三位四通液动换向阀的结构及其图形符号

油路的压力油从阀右边的控制油口 K_2 进入滑阀右腔时，K_1 接通回油，阀芯向左移动，使压力油口 P 与 B 相通 A 与 T 相通；当 K_1 接通压力油，K_2 接通回油时，阀芯向右移动，使得 P 与 A 相通，B 与 T 相通；当 K_1、K_2 都通回油时，阀芯在两端弹簧和定位套作用下回到中间位置。

5. 电液换向阀

在大中型液压设备中，当通过阀的流量较大时，作用在滑阀上的摩擦力和液动力较大，此时电磁换向阀的电磁铁推力相对地太小，需要用电液换向阀来代替电磁换向阀。电液换向阀由电磁滑阀和液动滑阀组合而成。电磁滑阀起先导作用，它可以改变控制液流的方向，从而改变液动滑阀阀芯的位置。由于操纵液动滑阀的液压推力可以很大，所以主阀芯的尺寸可以做得很大，允许有较大的油液流量通过。这样用较小的电磁铁就能控制较大的液流。

图 5-12 所示为弹簧对中型三位四通电液换向阀的结构及其图形符号，当先导电磁阀左边的电磁铁通电后使其阀芯向右边位置移动，来自主阀 P 口或外接油口的控制压力油可经先导电磁阀的 A 口和左单向阀进入主阀左端容腔，并推动主阀阀芯向右移动，这时主阀阀芯右端容腔中的控制油液可通过右边的节流阀经先导电磁阀的 B 和 T 口，再从主阀的 T 口或外接油口流回油箱（主阀阀芯的移动速度可由右边的节流阀调节）。使主阀 P 与 A、B 与 T 的油路相通；反之，由先导电磁阀右边的电磁铁通电，可使 P 与 B、A 与 T 的油路相通；当先导电磁阀的

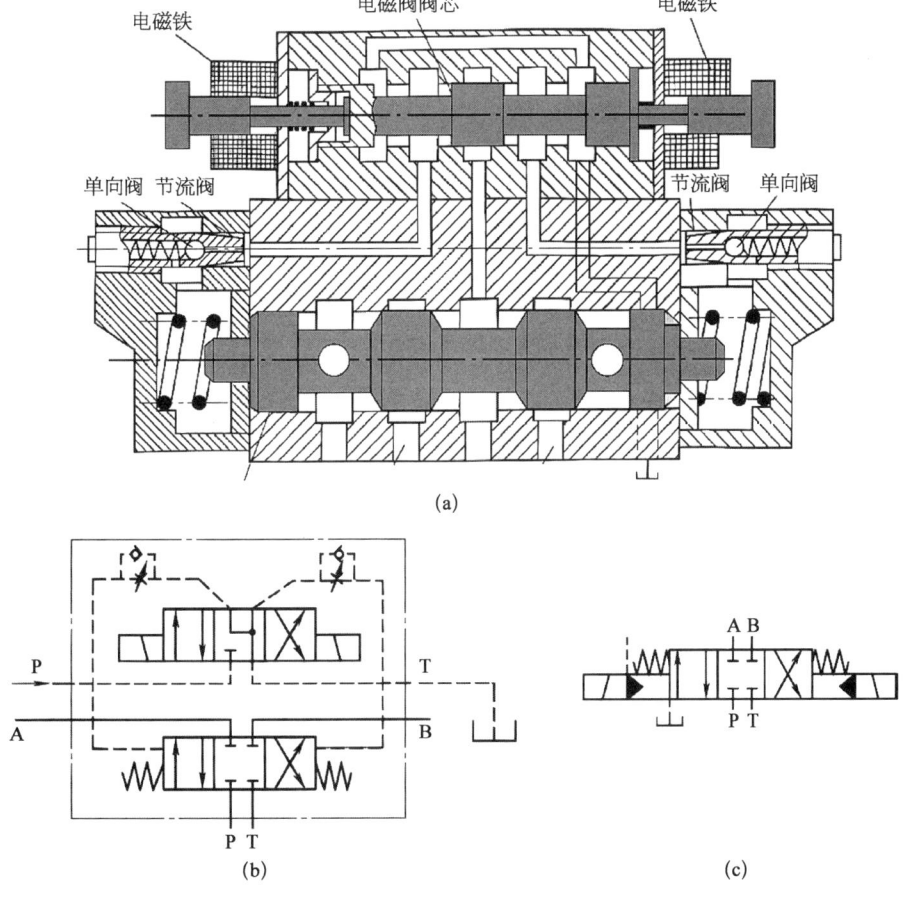

图 5-12 三位四通电液换向阀的结构及其图形符号

两个电磁铁均不带电时,先导阀阀芯在其对中弹簧作用下回到中位,此时来自主阀 P 口或外接油口的控制压力油不再进入主阀芯的左、右两容腔,主阀芯左、右两腔的油液通过先导阀中间位置的 A、B 两油口与先导阀 T 口相通[图 5-12(b)],再从主阀的 T 口或外接油口流回油箱。主阀芯在两端对中弹簧的预压力的推动下,依靠阀体定位,准确地回到中位,此时主阀的 P、A、B 和 T 油口均不通。电液换向阀除了上述使用弹簧对中的以外还有利用液压对中的,在液压对中的电液换向阀中,先导式电磁阀在中位时,A、B 两油口均与控制压力油口 P 连通,而油口 T 则封闭,其他方面与弹簧对中的电液换向阀基本相似。

(三) 换向阀的性能和特点

1. 中位机能

对于各种操纵方式的三位四通和五通的换向滑阀,阀芯在中间位置时各油口的连通情况称为换向阀的中位机能。不同的中位机能,可以满足液压系统的不同要求。表 5-2 为常见三位换向阀的中位机能。由表 5-2 可以看出,不同的中位机能是通过改变阀芯的形状和尺寸得到的。

表 5-2 常见三位换向阀的中位机能

中位机能型式	中间位置时的滑阀状态	中间位置的图形符号	
		三位四通	三位五通
O	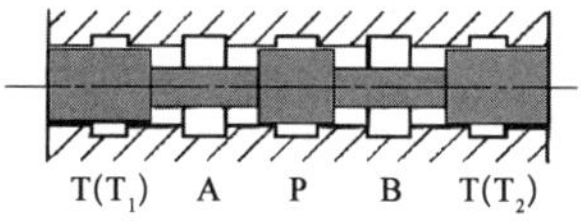	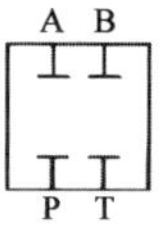	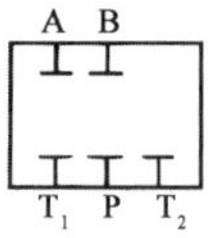
H	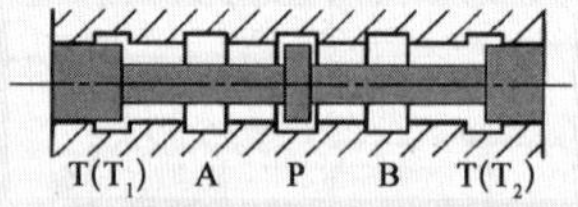	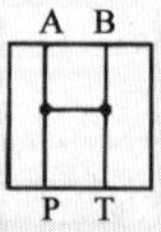	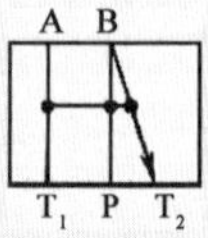
Y	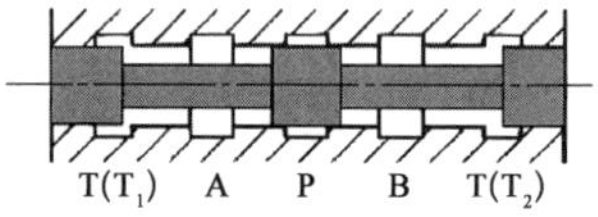	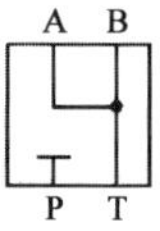	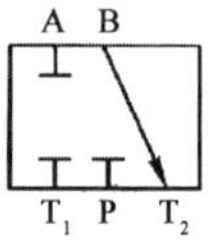
J	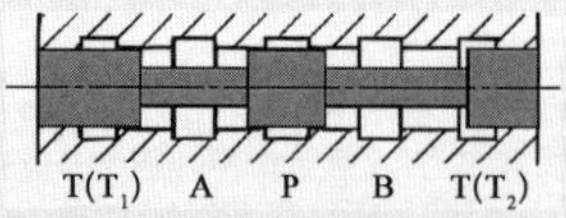	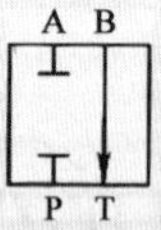	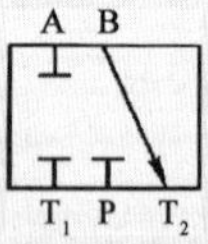
C	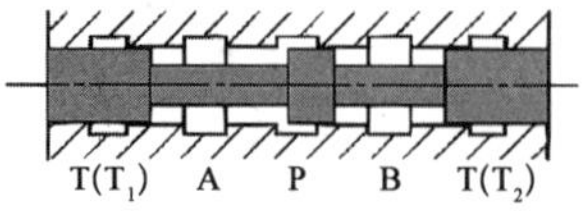	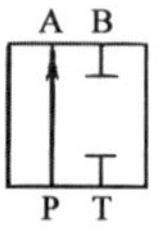	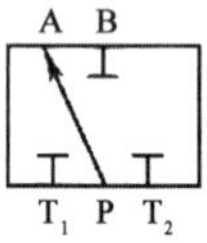
P	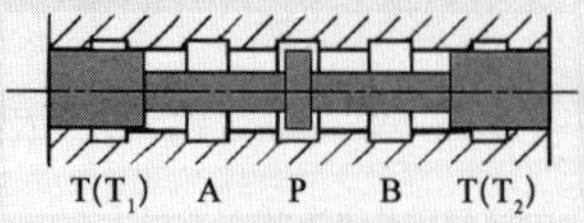	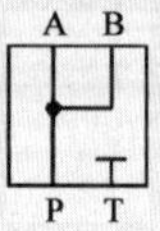	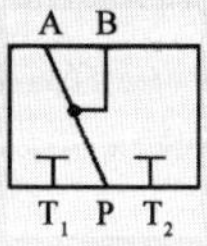

续 表

中位机能型式	中间位置时的滑阀状态	中间位置的图形符号	
		三位四通	三位五通
K			
X			
M			
U			

在分析和选择三位换向阀的中位机能时,通常考虑以下几点:

(1) 系统保压 当 P 口被堵塞时,系统保压,液压泵能用于多缸系统;当 P 口不太通畅地与 T 口相通时(如 X 型),系统能保持一定的压力供控制油路使用。

(2) 系统卸荷 P 口通畅地与 T 口相通时,系统卸荷。

(3) 换向平稳性与精度 当 A、B 两口都堵塞时,换向过程中易产生液压冲击,换向不平稳,但换向精度高;反之,A、B 两口都通 T 口时,换向过程中工作部件不易制动,换向精度低,但液压冲击小。

(4) 起动平稳性 阀在中位时,液压缸某腔如通油箱,则起动时该腔内因无足够的油液起缓冲作用,起动不平稳。

(5) 液压缸"浮动"和在任意位置上停止 阀在中位时,当 A、B 两油口互通时,卧式液压缸呈"浮动"状态,可利用其他机构移动工作台,调整其位置;当 A、B 两口堵塞或与 P 口连接(在非差动情况下),则可以使液压缸在任意位置处停下来。

三位换向阀除了在中间位置时有各种滑阀机能外,有时也把阀芯在其一端位置时的油口连通情况设计成特殊的机能,这时分别用两个字母来表示滑阀在中间状态和一端状态的滑阀机能,常用的有 OP 型和 MP 型等,它们的图形符号如图 5-13 所示。OP 型和 MP 型滑阀机

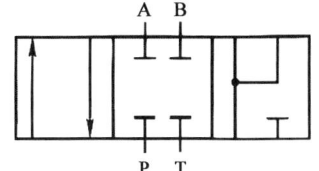 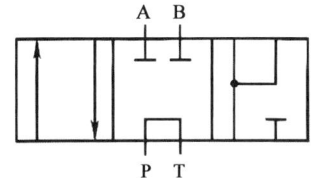

图 5-13 OP 型、MP 型滑阀中位机能的图形符号

能主要用于差动连接回路,以得到快速行程。

2. 滑阀的液动力

由液流的动量定律可知,油液通过换向阀时作用在阀芯上的液动力有稳态液动力和瞬态液动力两种,滑阀上的稳态液动力是在阀芯移动完毕、开口固定之后,液流流过阀口时因动量变化而作用在阀芯上的有使阀口关小趋势的力,其值与通过阀的流量大小有关,流量越大,液动力也越大,因而使换向阀切换的操纵力也应越大。由于在滑阀式换向阀中稳态液动力相当于一个回复力,故它对滑阀性能的影响是使滑阀的工作趋于稳定。滑阀上的瞬态液动力是滑阀在移动过程中(即开口大小发生变化时),阀腔液流因加速或减速而作用在阀芯上的力,这个力与阀芯的移动速度有关(即与阀口开度的变化率有关),而与阀口开度本身无关,且瞬态液动力对滑阀工作稳定性的影响要视具体结构而定,在此不做详细分析。

3. 滑阀的液压卡紧现象

一般滑阀的阀孔和阀芯之间有很小的间隙,当缝隙均匀且缝隙中有油液时,移动阀芯所需的力只需克服黏性摩擦力,数值是相当小的。但在实际使用中,特别是在中、高压系统中,当阀芯停止运动一段时间后(一般约 5 min 以后),这个阻力可以大到几百牛顿,使阀芯重新移动十分费力,这就是所谓的液压卡紧现象。

引起液压卡紧的原因,有的是由于脏物进入缝隙而使阀芯移动困难,有的是由于缝隙过小,油温升高时造成阀芯膨胀而卡死,但是主要原因是来自滑阀副几何形状误差和同心度变化所引起的径向不平衡液压力。如图 5-14(a)所示,当阀芯和阀体孔之间无几何形状误差且轴线平行但不重合时,阀芯周围间隙内的压力分布是线性的(图中 A_1 和 A_2 线所示),且各向相等,阀芯上不会出现不平衡的径向力;当阀芯因加工误差而带有倒锥(锥部大端朝向高压腔)且轴线平行而不重合时,阀芯周围间隙内的压力分布如图 5-14(b)中曲线 A_1 和 A_2 所示,这时阀芯将受到径向不平衡力(图中阴影部分)的作用而使偏心距越来越大,直到两者表面接触为止,这时径向不平衡力达到最大值;但是,如阀芯带有顺锥(锥部大端朝向低压腔)时,产生的径向不平衡力将使阀芯和阀孔间的偏心距减小;图 5-14(c)所示为阀芯表面有局部凸起,相当于阀芯碰伤、残留毛刺或

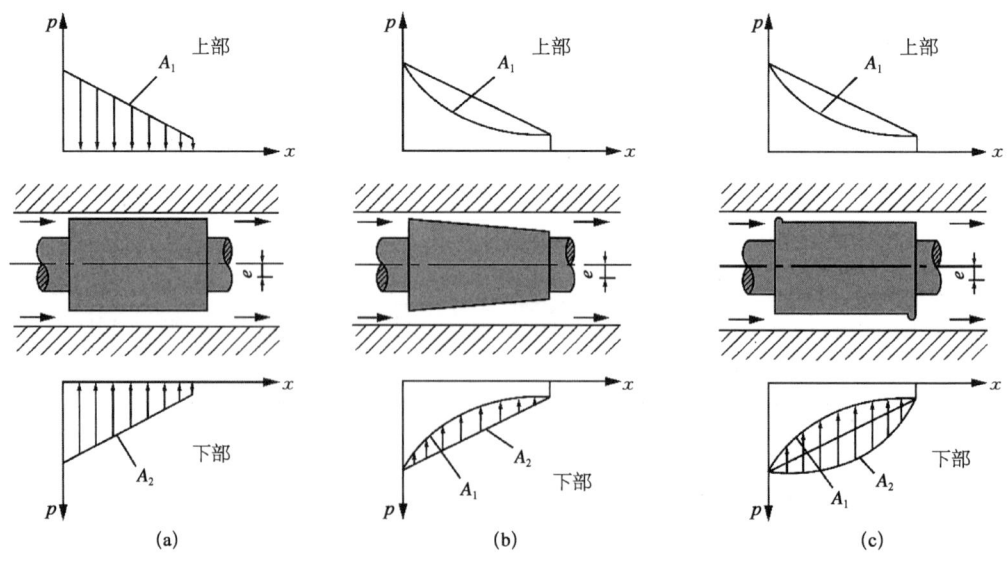

图 5-14 滑阀上的径向力

缝隙中楔入脏物时,阀芯受到的径向不平衡力将使阀芯的凸起部分推向孔壁。

当阀芯受到径向不平衡力作用而和阀孔相接触后,缝隙中存留液体被挤出,阀芯和阀孔间的摩擦变成半干摩擦乃至干摩擦,因而使阀芯重新移动时所需的力增大了许多。滑阀的液压卡紧现象不仅存在于换向阀中,在其他的液压阀中也普遍存在,在高压系统中更为突出,特别是滑阀的停留时间越长,液压卡紧力越大,以致造成移动滑阀的推力(如电磁铁推力)不能克服卡紧阻力,使滑阀不能复位。为了减小径向不平衡力,一方面应严格控制阀芯和阀孔的制造精度,另一方面在阀芯上开环形均压槽,也可以大大减小径向不平衡力,如图 5-15 所示,一般环形均压槽的尺寸是:宽 0.3~0.5 mm,深 0.5~0.8 mm,槽距 1~5 mm。

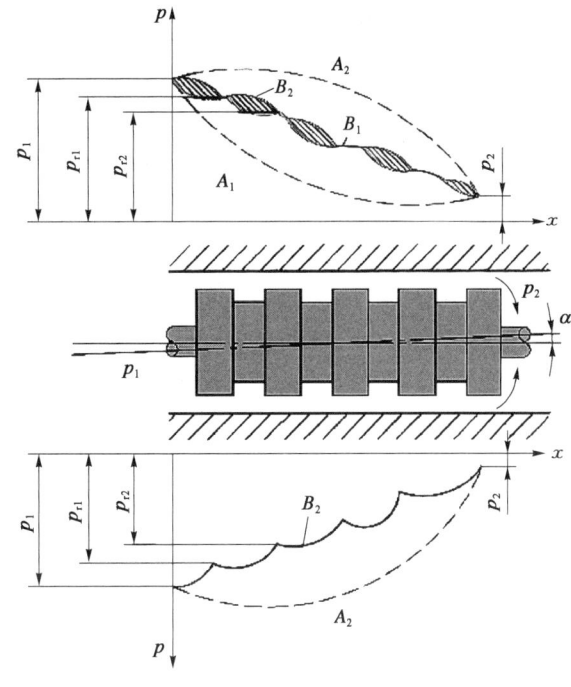

图 5-15　滑阀环形槽的作用

第三节　压力控制阀

一、溢流阀

在液压传动系统中,控制油液压力高低的液压阀称为压力控制阀,简称压力阀。这类阀的共同点是利用作用在阀芯上的液压力和弹簧力相平衡的原理工作的。

在具体的液压系统中,根据工作需要的不同,对压力控制的要求是各不相同的。有的需要限制液压系统的最高压力,如安全阀;有的需要稳定液压系统中某处的压力值(或者压力差、压力比等),如溢流阀、减压阀等定压阀;还有的是利用液压力作为信号控制其动作,如顺序阀、压力继电器等。

(一) 溢流阀的基本结构及其工作原理

溢流阀的主要作用是对液压系统定压或进行安全保护。几乎在所有的液压系统中都要用到它,其性能好坏对整个液压系统的正常工作有很大影响。

1. 溢流阀的作用和性能要求

(1) 溢流阀的作用

在液压系统中用来维持定压是溢流阀的主要用途。它常用于节流调速系统中,和流量控制阀配合使用,调节进入系统的流量,并保持系统的压力基本恒定。如图 5-16(a)所示,溢流阀 2 并联于系统中,进入液压缸 4 的流量由节流阀 3 调节。由于定量泵 1 的流量大于液压缸 4 所需的流量,油压升高,将溢流阀 2 打开,多余的油液经溢流阀 2 流回油箱。因此,在这里溢流阀的功用就是在不断的溢流过程中保持系统压力基本不变。

用于过载保护的溢流阀一般称为安全阀。如图 5-16(b)所示的变量泵调速系统。在正常工作时,溢流阀 2 关闭,不溢流,只有在系统发生故障压力升至安全阀的调整值时,阀口才打开,使变量泵排出的油液经溢流阀 2 流回油箱,以保证液压系统的安全。

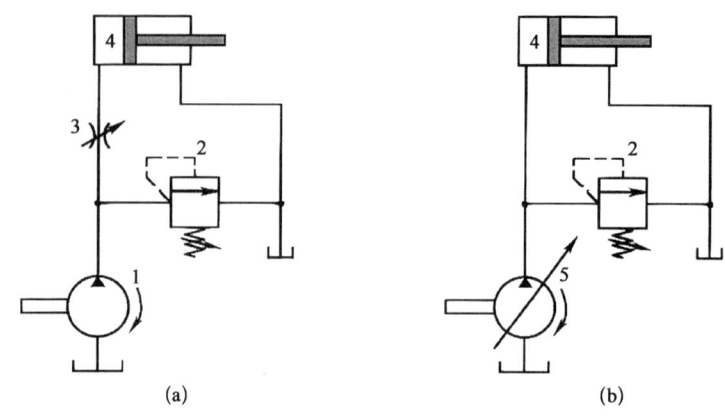

1—定量泵;2—溢流阀;3—节流阀;4—液压缸;5—变量泵。

图 5-16 溢流阀的作用

(2) 液压系统对溢流阀的性能要求

1) 定压精度高。当流过溢流阀的流量发生变化时,系统中的压力变化要小,即静态压力超调要小。

2) 灵敏度要高。如图 5-16(a)所示,当液压缸 4 突然停止运动时,溢流阀 2 要迅速开大。否则,定量泵 1 输出的油液将因不能及时排出而使系统压力突然升高,并超过溢流阀的调定压力,使系统中各元件及辅助件受力增加,影响其寿命。溢流阀的灵敏度越高,则动态压力超调越小。

3) 工作要平稳且无振动和噪声。

4) 当阀关闭时密封要好,泄漏要小。

对于经常开启的溢流阀,主要要求前三项性能;而对于安全阀,则主要要求 2)和 4)两项性能。其实,溢流阀和安全阀都是同一结构的阀,只不过是在不同要求时有不同的作用而已。

2. 溢流阀的结构形式

常用的溢流阀按其结构形式和基本动作方式可归结为直动式和先导式两种。

(1) 直动式溢流阀

直动式溢流阀是依靠系统中的压力油直接作用在阀芯上与弹簧力等相平衡,以控制阀芯的启闭动作。图 5-17(a)所示是一种低压直动式溢流阀,P 是进油口,T 是回油口,进口压力油经阀芯 3 中间的阻尼孔 a 作用在阀芯的底部端面上,当进油压力较小时,阀芯在弹簧 2 的作用下处于下端位置,将 P 和 T 两油口隔开。当进油口压力升高,在阀芯下端所产生的作用力超过弹簧的压紧力 F_s 等时,阀芯上升,阀口被打开,将多余的油液排回油箱,阀芯上的阻尼孔 a 用来对阀芯的动作产生阻尼,以提高阀的工作平衡性,调整螺母 1 可以改变弹簧的压紧力,这样也就调整了溢流阀进口处的油液压力 p。

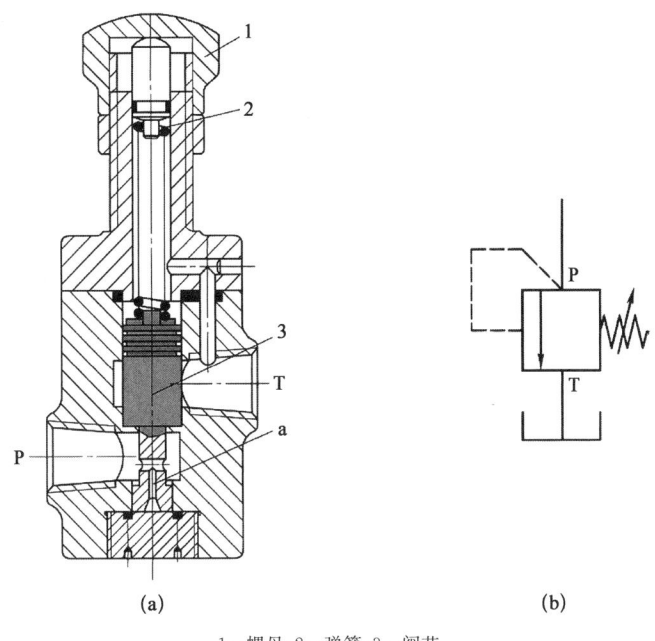

1—螺母；2—弹簧；3—阀芯。

图 5-17 低压直动式溢流阀的结构及其图形符号

当溢流阀稳定工作时，作用在阀芯上的油液压力、弹簧的压紧力 F_s、稳态轴向液动力 F_{bs}、阀芯的自重 G 和摩擦力 F_f 是平衡的，它们可以用下式表示：

$$pA_R = F_s + F_{bs} + G \pm F_f \tag{5-1}$$

式中，p 为进油口压力；A_R 为阀芯承受油液压力的面积。

若忽略液动力、阀芯的自重和摩擦力，则式(5-1)可写成

$$p = \frac{F_s}{A_R} \tag{5-2}$$

由式(5-2)可以看出，溢流阀是利用被控压力作为信号来改变弹簧的压缩量，从而改变阀口的通流面积和系统的溢流量来达到定压的目的。当系统压力升高时，阀芯上升，阀口通流面积增加，溢流量增大，进而使系统压力下降。溢流阀内部通过阀芯的平衡和运动构成的这种负反馈作用是其定压作用的基本原理，也是所有定压阀的基本工作原理。由式(5-2)可知，弹簧力的大小与控制压力成正比，因此如要提高被控压力，一方面可用减小阀芯的面积来达到；另一方面则需增大弹簧力，因受结构限制，需采用大刚度的弹簧，这样，在阀芯相同位移的情况下，弹簧力变化较大。因而该阀的定压精度就低。所以，这种低压直动式溢流阀一般用于压力小于 2.5 MPa 的小流量场合。图 5-17(b)所示为直动式溢流阀的图形符号。由图 5-17(a)还可看出，在常位状态下，溢流阀进、出油口之间是不相通的，而且作用在阀芯上的液压力是由进口油液压力产生的，经溢流阀阀芯的泄漏油液经内泄漏通道进入回油口 T。

直动式溢流阀采取适当的措施也可用于高压大流量。例如，德国 Rexroth 公司开发的通径为 6~20 mm 的压力为 40~63 MPa，通径为 25~30 mm 的压力为 31.5 MPa 的直动式溢流阀，最大流量可达到 330 L/min，其中较为典型的锥阀式结构如图 5-18(a)所示。图 5-18(b)

所示为锥阀式结构的局部放大图,在锥阀的下部有一阻尼活塞3,活塞的侧面铣扁,以便将压力油引到活塞底部,该活塞除了能增加运动阻尼以提高阀的工作稳定性外,还可以使锥阀导向而在开启后不会倾斜。此外,锥阀上部有一个偏流盘1,盘上的环形槽用来改变液流方向,一方面以补偿锥阀2的液动力;另一方面由于液流方向的改变,产生一个与弹簧力相反方向的射流力,当通过溢流阀的流量增加时,虽然因锥阀阀口增大引起弹簧力增加,但由于与弹簧力方向相反的射流力同时增加,结果抵消了弹簧力的增量,有利于提高阀的通流流量和工作压力。

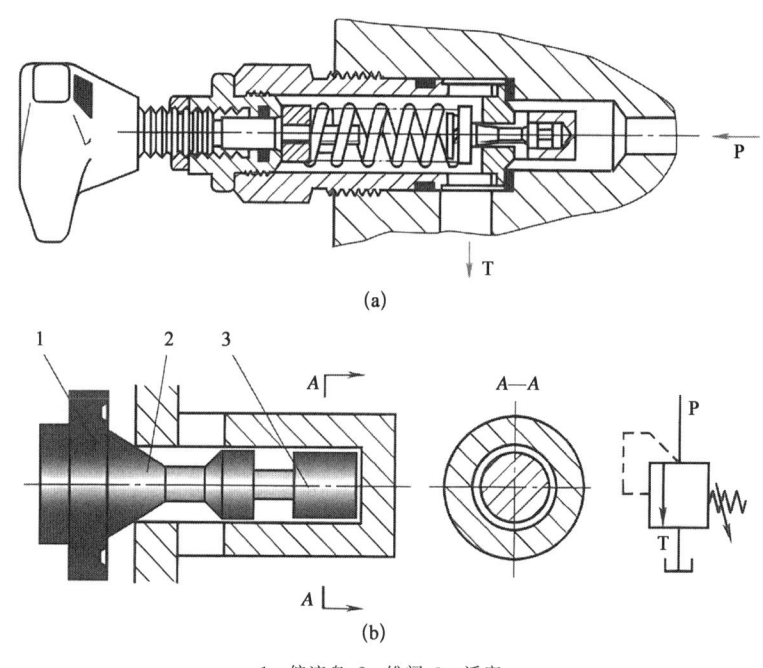

1—偏流盘;2—锥阀;3—活塞。

图 5-18 直动式锥型溢流阀

(2) 先导式溢流阀

图 5-19 所示为先导式溢流阀的结构及其图形符号。在图中压力油从 P 口进入,通过阻尼孔 3 后作用在导阀 4 上,当进油口压力较低,导阀上的液压作用力不足以克服导阀右边的弹簧 5 的作用力时,导阀关闭,没有油液流过阻尼孔,所以主阀芯 2 两端压力相等,在较软的主阀弹簧 1 作用下主阀芯 2 处于最下端位置,溢流阀阀口 P 和 T 隔断,没有溢流。

当进油口压力升高到作用在导阀上的液压力大于导阀弹簧作用力时,导阀打开,压力油就可通过阻尼孔、经导阀流回油箱,由于阻尼孔的作用,使主阀芯上端的液压力 p_2 小于下端压力 p_1,当这个压力差作用在面积为 A_R 的主阀芯上的力等于或超过主阀弹簧 F_s、轴向稳态液动力 F_{bs}、摩擦力 F_f 和主阀芯自重 G 的合力时,主阀芯开启,油液从 P 口流入,经主阀阀口由 T 流回油箱,实现溢流,即有

$$\Delta p = p_1 - p_2 \geqslant \frac{F_s + F_{bs} + G + F_f}{A_R} \tag{5-3}$$

由式(5-3)可知,由于油液通过阻尼孔而产生的 p_1 与 p_2 之间的压差值不太大,所以主阀

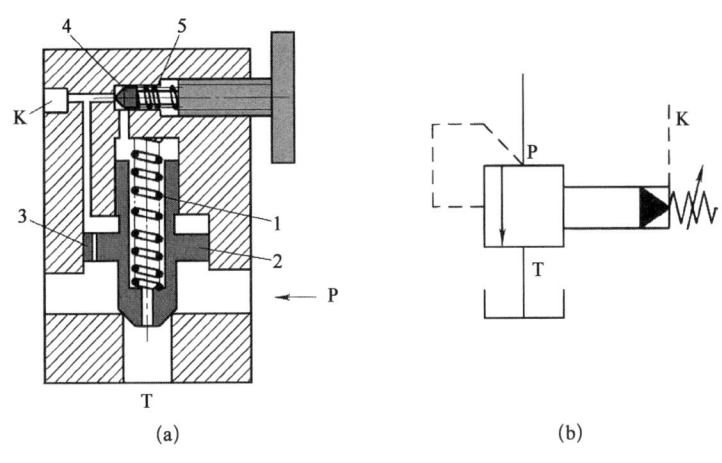

1—主阀弹簧;2—主阀芯;3—阻尼孔;4—导阀;5—弹簧。
图 5-19 先导式溢流阀的结构及其图形符号

芯只需一个小刚度的软弹簧即可;而作用在导阀 4 上的液压力 p_2 与其导阀阀芯面积的乘积即为导阀弹簧 5 的调压弹簧力,由于导阀阀芯一般为锥阀,受压面积较小,所以用一个刚度不太大的弹簧即可调整较高的开启压力 p_2,用螺钉调节导阀弹簧的预紧力,就可调节溢流阀的溢流压力。

先导式溢流阀有一个远程控制口 K,如果将 K 口用油管接到另一个远程调压阀(远程调压阀的结构和溢流阀的先导控制部分一样),调节远程调压阀的弹簧力,即可调节溢流阀主阀芯上端的液压力,从而对溢流阀的溢流压力实现远程调压。但是,远程调压阀所能调节的最高压力不得超过溢流阀本身导阀的调整压力。当远程控制口 K 通过二位二通阀接通油箱时,主阀芯上端的压力接近于零,主阀芯上移到最高位置,阀口开得很大。由于主阀弹簧较软,这时溢流阀 P 口处压力很低,系统的油液在低压下通过溢流阀流回油箱,实现卸荷。

(二)溢流阀的性能

溢流阀的性能主要有静态性能和动态性能两类。

1. 静态特性

溢流阀的静态性能是指阀在系统压力没有突变的稳态情况下,所控制流体的压力、流量的变化情况。溢流阀的静态特性主要指压力-流量特性、启闭特性、压力调节范围、许用流量范围、卸荷压力等。

(1)流阀的压力-流量特性 溢流阀的压力-流量特性是指溢流阀入口压力与流量之间的变化关系。图 5-20 所示为溢流阀的静态特性曲线。其中 p_{k1} 为直动式溢流阀的开启压力,当阀入口压力小于 p_{k1} 时,溢流阀处于关闭状态,通过阀的流量为零;当阀入口压力大于 p_{k1} 时,溢流阀开始溢流。图 5-20 中 p'_{k2} 为先导阀的开启压力,当阀进口压力小于 p'_{k2} 时,先导阀关闭,溢流量为零;当压力大于 p'_{k2} 时,先导阀开启,然后主阀阀芯打开,溢流阀开始溢流。在这两种阀中,当阀入口压力达到调定压力 p_n 时,通过阀的流量达到额定溢流量 q_n。

由溢流阀的特性分析可知:当阀溢流量发生变化时,阀进口压力波动越小,阀的性能越好。由图 5-20 所示的溢流阀的静态特性曲线可知,先导式溢流阀性能优于直动式溢流阀。

(2)溢流阀的启闭特性 启闭特性是表征溢流阀性能好坏的重要指标,一般用开启压力

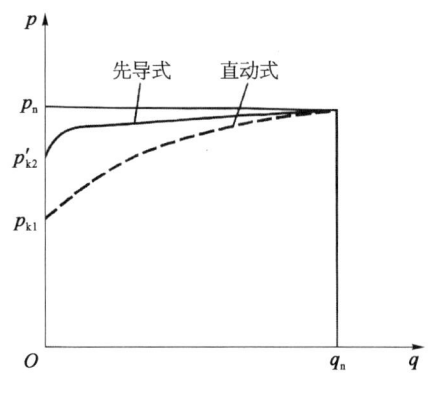

图 5-20　溢流阀的静态特性曲线

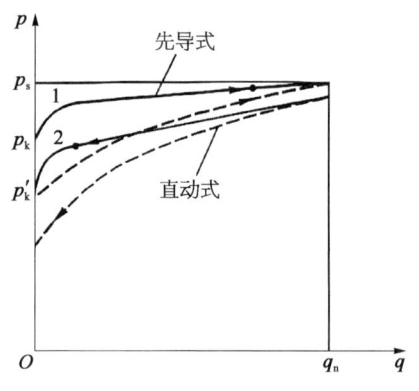

1—开启特性；2—闭合特性。

图 5-21　溢流阀的启闭特性曲线

比率和闭合压力比率表示。当溢流阀从关闭状态逐渐开启，其溢流量达到额定流量的 1% 时所对应的压力，定义为开启压力 p_k，p_k 与调定压力 p_n 之比的百分率称为开启压力比率。当溢流阀从全开启状态逐渐关闭，溢流量为其额定流量的 1% 时，所对应的压力定义为闭合压力 p'，p' 与调定压力 p_n 之比的百分率称为闭合压力比率。开启压力比率与闭合压力比率越高，阀的性能越好。一般开启压力比率应 ≥90%，闭合压力比率应 ≥85%。图 5-21 所示为溢流阀的启闭特性曲线。图 5-21 中曲线 1 为开启特性，曲线 2 为闭合特性。

(3) 溢流阀的压力稳定性　系统在工作中，由于液压泵的流量脉动及负载变化的影响导致溢流阀的主阀阀芯一直处于振动状态，阀所控制的油压也因此产生波动。衡量溢流阀的压力稳定性有两个指标：一是在整个调压范围内，阀在额定流量状态下的压力波动值；二是在额定压力和额定流量状态下，3 min 内的压力偏移值。上述两个指标越小，溢流阀的压力稳定性越好。

(4) 溢流阀的卸荷压力　将溢流阀的遥控口与油箱连通后，液压泵处于卸荷状态时，溢流阀进出油口压力之差称为卸荷压力。溢流阀的卸荷压力越小，系统发热越少。一般溢流阀的卸荷压力不大于 0.2 MPa，最大不应超过 0.45 MPa。

(5) 压力调节范围　溢流阀的压力调节范围是指溢流阀能够保证性能的压力使用范围。溢流阀在此范围内调节压力时，进口压力能保持平稳变化，无突跳、迟滞等现象。在实际使用中，当需要溢流阀扩大调压范围时，可通过更换不同刚度的弹簧来实现。如国产调压范围为 12～31.5 MPa 的高压溢流阀，更换四种刚性不等的调节弹簧可实现 0.5～7 MPa、3.5～14 MPa、7～21 MPa 和 14～35 MPa 四种范围的压力调节。

(6) 许用流量范围　溢流阀的许用流量范围一般是指阀额定流量的 15%～100% 之间。阀在此流量范围内工作，其压力平稳，噪声小。

2. 动态特性

溢流阀的动态特性是指在系统压力突变时，阀在响应过程中所表现出的性能指标。图 5-22 所示为溢流阀的动态特性曲线。此曲线的测定过程是：将处于卸荷状态下的溢流阀突然关闭（一般是由小流量电磁阀切断通油池的遥控口），阀的进口压力迅速提升至最大峰值，然后振荡衰减至调定压力，再使溢流阀在稳态溢流时开始卸荷。经此压力变化循环过程后，可以得出以下动态特性指标：

(1) 压力超调量　最大峰值压力与调定压力之差称为压力超调量，用 Δp 表示。压力超调量越小,阀的稳定性越好。

（2）过渡时间　过渡时间是指溢流阀从压力开始升高达到稳定在调定压力所需的时间用符号 Δt 表示。过渡时间越小,阀的灵敏性越高。

（3）压力稳定性　溢流阀在调压状态下工作时,由于泵的压力脉动而引起系统压力在调定压力附近产生有规律的波动,这种压力的波动可以从压力表针的振摆看到,此压力振摆的大小标志阀的压力稳定性。阀的压力振摆越小,压力稳定性越好。一般溢流阀的压力振摆应小于 0.2 MPa。

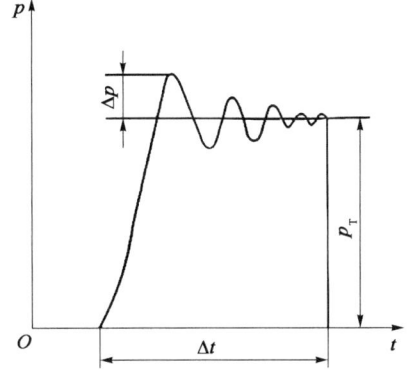

图 5-22　阀的动态特性曲线

（三）溢流阀的应用

溢流阀应用十分广泛,每一个液压系统都使用溢流阀。溢流阀在液压系统中的应用主要有:

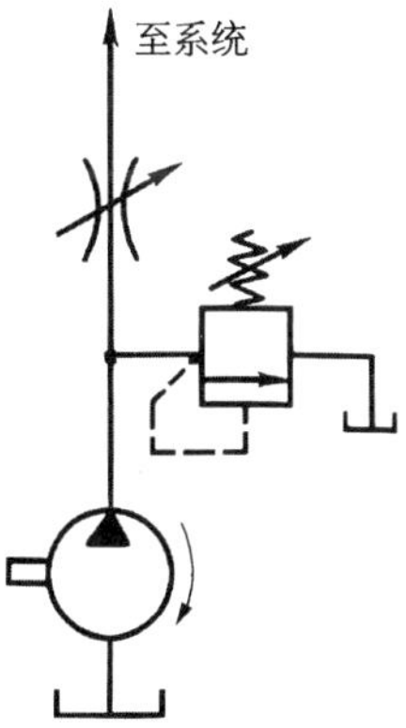

（1）作溢流阀用　在图 5-23 所示的用定量泵供油的节流调速回路中,泵的流量大于节流阀允许通过的流量,溢流阀使多余的油液流回油箱,此时泵的出口压力保持恒定。

（2）作安全阀用　在图 5-24 所示的由变量泵组成的液压系统中,用溢流阀限制系统的最高压力,防止系统过载。系统在正常工作状态下,溢流阀关闭;当系统过载时,溢流阀打开,使液压油经阀流回油箱。此时,溢流阀为安全阀。

（3）作背压阀用　在图 5-25 所示的液压回路中,溢流阀串联在回油路上,溢流阀产生背压使运动部件运动平稳性增加。

（4）作卸荷阀用　在图 5-26 所示的液压回路中,在溢流阀的遥控口串接一小流量的电磁阀,当电磁铁通电时,溢流阀的遥控口通油箱,此时液压泵卸荷。溢流阀此时作为卸荷阀使用。

图 5-23　阀起溢流定压的作用

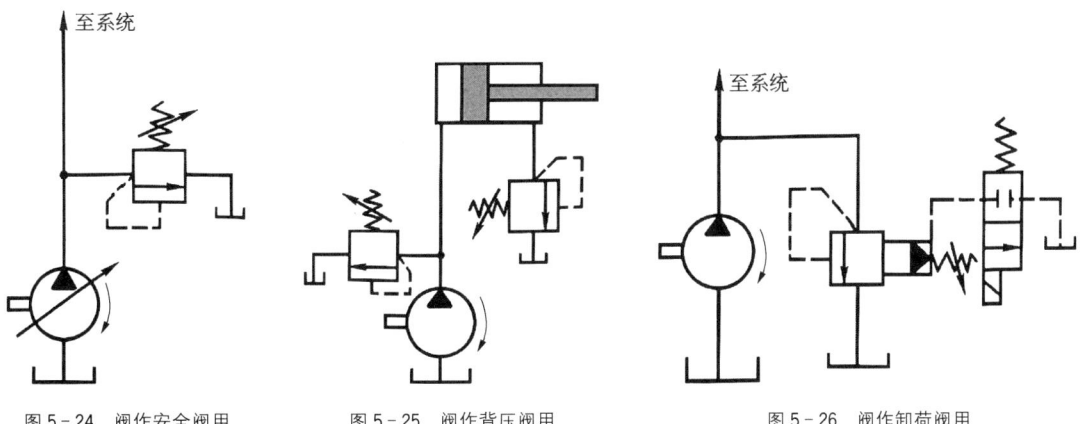

图 5-24　阀作安全阀用　　图 5-25　阀作背压阀用　　图 5-26　阀作卸荷阀用

二、减压阀

减压阀是使出口压力(二次压力)低于进口压力(一次压力)的一种压力控制阀。其作用是用来减低液压系统中某一回路的油液压力,使用一个油源能同时提供两个或几个不同压力的输出。减压阀在各种液压设备的夹紧系统、润滑系统和控制系统中应用较多。此外,当油液压力不稳定时,在回路中串入一减压阀可得到一个稳定的较低的输出压力。根据减压阀所控制的压力不同,它可分为定值输出减压阀、定差减压阀和定比减压阀。

(一) 定值输出减压阀

1. 工作原理

图 5-27(a)所示为直动式减压阀的结构及其图形符号。p_1 口是进油口,p_2 口是出油口,阀不工作时,阀芯在弹簧作用下处于最下端位置,阀的进、出油口是相通的,即阀是常开的。若出口压力增大,使作用在阀芯下端的压力大于弹簧力时,阀芯上移,关小阀口,这时阀处于工作状态。若忽略其他阻力,仅考虑作用在阀芯上的液压力和弹簧力相平衡的条件,则可以认为出口压力基本上维持在某一定值—调定值上。这时如出口压力减小,阀芯就下移,开大阀口,阀口处阻力减小,压降减小,使出口压力回升到调定值;反之,若出口压力增大,则阀芯上移,关小阀口,阀口处阻力加大,压降增大,使出口压力下降到调定值。

图 5-27(b)所示为先导式减压阀的工作原理及其图形符号,可仿前述先导式溢流阀来推演,这里不再赘述。

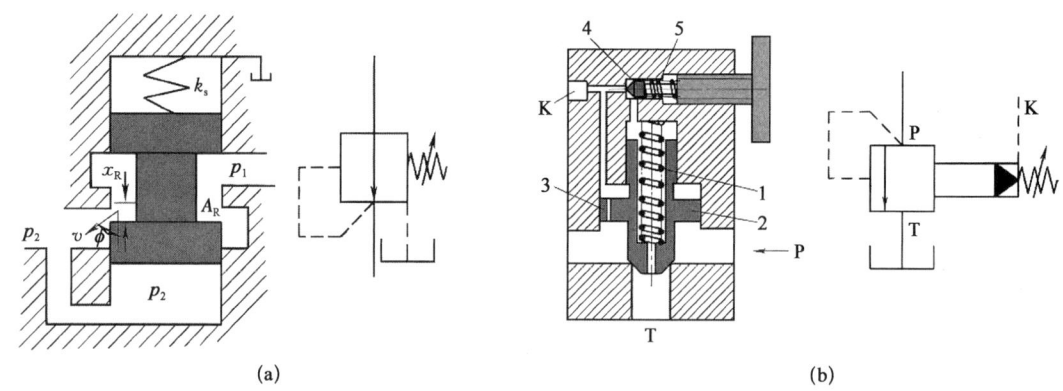

图 5-27 减压阀的结构及其图形符号

将先导式减压阀和先导式溢流阀进行比较,它们之间有如下几点不同之处:

1) 减压阀保持出口压力基本不变,而溢流阀保持进口处压力基本不变。

2) 在不工作时,减压阀进、出油口互通,而溢流阀进、出油口不通。

3) 为保证减压阀出口压力的调定值恒定,它的导阀弹簧腔需通过泄油口单独外接油箱;而溢流阀的出油口是通油箱的,所以其导阀的弹簧腔和泄漏油可通过阀体上的通道和出油口相通,不必单独外接油箱。

2. 工作特性

理想的减压阀在进口压力、流量发生变化或出口负载增加时,其出口压力 p_2 总是恒定不变。但实际上 p_2 是随 p_1、q 变化的,或随负载的增大而有所变化。由图 5-27(a)可知,当忽略阀芯的自重和摩擦力,当稳态液动力为 F_{bs} 时,阀芯上的力平衡方程为

$$p_2 A_R + F_{bs} = k_s(x_c + x_R) \tag{5-4}$$

式中，x_c 为当阀芯开口 $x_R=0$ 时弹簧的预压缩量，其余符号见图，即

$$p_2 = \frac{k_s(x_c+x_R)-F_{bs}}{A_R} \quad (5-5)$$

若忽略液动力 F_{bs}，且 $x_R \ll x_c$ 时，则有

$$p_2 \approx \frac{k_s}{A_R} x_c = 常数 \quad (5-6)$$

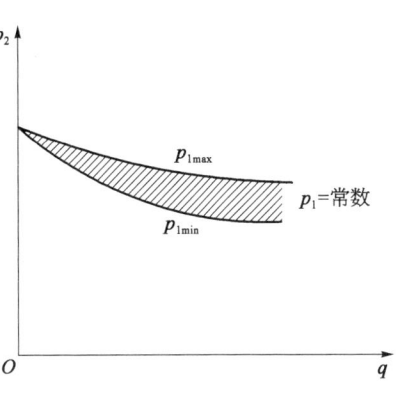

图 5-28 减压阀的特性曲线

这就是减压阀出口压力可基本上保持定值的原因。

减压阀的特性曲线如图 5-28 所示。当减压阀进油口压力 p_1 基本恒定时，若通过的流量 q 增加，则阀口缝隙 x_R 加大，出口压力 p_2 略微下降。在如图 5-27(b)所示的先导式减压阀中，出油口压力的调整值越低，它受流量变化的影响就越大。

当减压阀的出油口不输出油液时，它的出口压力基本上仍能保持恒定，此时有少量的油液通过减压阀阀口经先导阀和泄油管流回油箱，保持该阀处于工作状态，如图 5-27(b)所示。

（二）定差减压阀

定差减压阀是使进、出油口之间的压力差等于或近似于不变的减压阀，其工作原理及其图形符号如图 5-29 所示。高压油 p_1 经节流口减压后以低压 p_2 流出，同时，低压油经阀芯中心孔将压力传至阀芯上腔，则其进、出油液压力在阀芯有效作用面积上的压力差与弹簧力相平衡，即

$$\Delta p = p_1 - p_2 = \frac{k_s(x_c+x_R)}{\frac{\pi}{4}(D^2-d^2)} \quad (5-7)$$

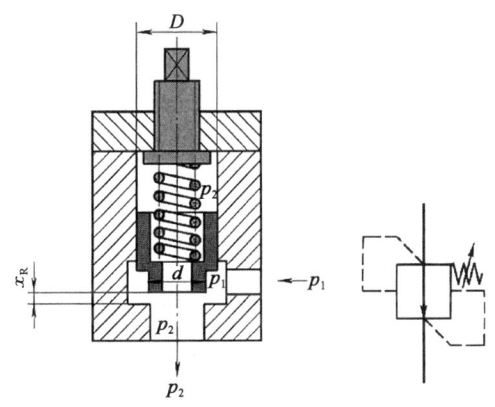

图 5-29 定差减压阀的工作原理及其图形符号

式中，x_c 为当阀芯开口 $x_R=0$ 时弹簧（其弹簧刚度为 k_s）的预压缩量，其余符号如图所示。由式(5-7)可知，只要尽量减小阀口开度 x_R 的变化量，就可使压力差 Δp 近似地保持为定值。

（三）定比减压阀

定比减压阀能使进、出油口压力的比值维持恒定。图 5-30 所示为其工作原理及其图形符号。阀芯在稳态时忽略稳态液动力、阀芯的自重和摩擦力，可得到力平衡方程为

$$p_1 A_1 + k_s(x_c+x_R) = p_2 A_2 \quad (5-8)$$

式中，k_s 为阀芯下端弹簧刚度；x_c 是阀口开度 x_R 时的弹簧的预压缩量；其他符号如图所示。若忽略弹簧力（刚度较小），则有（减压比）

$$\frac{p_2}{p_1} = \frac{A_1}{A_2} \quad (5-9)$$

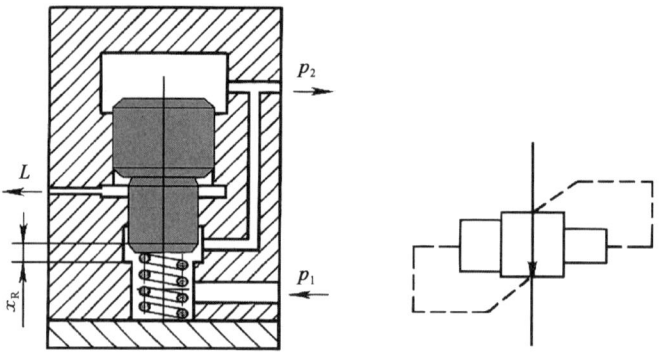

图 5-30 定比减压阀的工作原理及其图形符号

由式(5-9)可见,选择阀芯的作用面积 A_1 和 A_2,便可得到所要求的压力比,且比值近似恒定。

(四) 减压阀的应用

减压阀用于液压系统中某支油路的减压、调压和稳压。

(1) 减压回路　图 5-31 所示为减压回路,在主系统的支路上串接一减压阀,用以降低和调节支路液压缸的最大推力。

(2) 稳压回路　如图 5-32 所示,当系统压力波动较大,液压缸 2 需要有较稳定的输入压力时,在液压缸 2 进油路上串接一减压阀,减压阀处于工作状态下,可使液压缸 2 的压力不受溢流阀压力波动的影响。

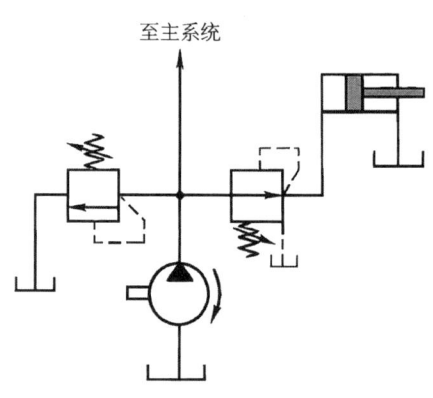

图 5-31 减压回路

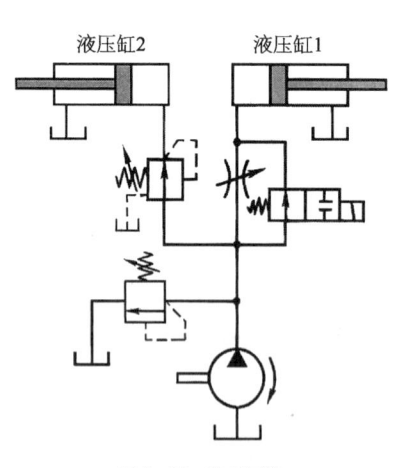

图 5-32 稳压回路

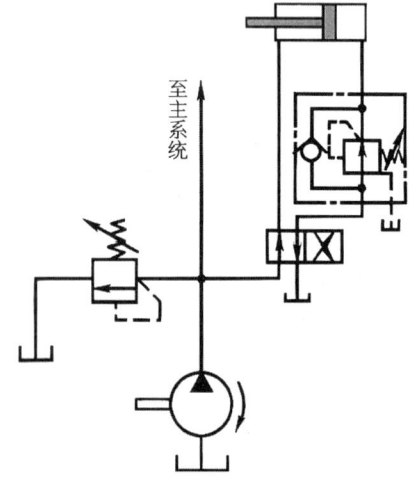

图 5-33 单向减压回路

(3) 单向减压回路　当需要执行元件的正反向压力不同时,可用图 5-33 所示的单向减压回路。图中用单点画线框起的单向减压阀是具有单向阀和减压阀功能的组合阀。

三、顺序阀

(一) 顺序阀的基本结构及其工作原理

顺序阀用来控制液压系统中各执行元件动作的先后顺序。依控制压力方式的不同,顺序阀又可分为内控式和外控式两种。前者用阀的进油口压力控制阀芯的启闭,后者用外来的控制压力油控制阀芯的启闭(即液控顺序阀)。顺序阀也有直动式和先导式两种,前者一般用于低压系统,后者用于中高压系统。

图 5-34 所示为直动式顺序阀的工作原理及其图形符号。当进油口压力 p_1 较低时,阀芯在弹簧作用下处于下端位置,进油口和出油口不相通。当作用在阀芯下端的油液的液压力大于弹簧的预紧力时,阀芯向上移动,阀口打开,油液便经阀口从出油口流出,从而操纵另一执行元件或其他元件动作。由图可见,顺序阀和溢流阀的结构基本相似,不同的只是顺序阀的出油口通向系统的另一压力油路,而溢流阀的出油口通油箱,此外,由于顺序阀的进、出油口均为压力油,所以它的泄油口 L 必须单独外接油箱。

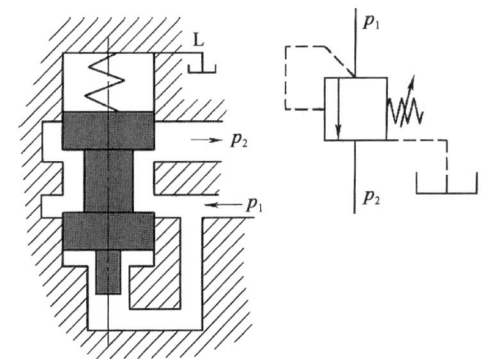

图 5-34 直动式顺序阀的工作原理及其图形符号

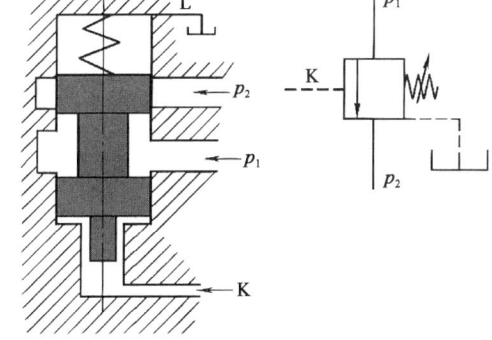

图 5-35 直动式外控顺序阀的工作原理及其图形符号

直动式外控顺序阀的工作原理及其图形符号如图 5-35 所示,和上述顺序阀的差别仅仅在于其下部有一控制油口 K,阀芯的启闭是利用通入控制油口 K 的外部控制油来控制的。

图 5-36 所示为先导式顺序阀的工作原理及其图形符号,其工作原理可仿前述先导式溢

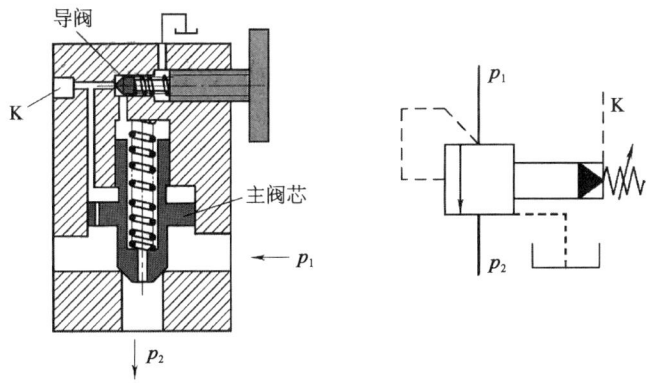

图 5-36 先导式顺序阀的工作原理及其图形符号

流阀推演，在此不再重复。

（二）顺序阀的应用

顺序阀常用于实现执行元件的顺序动作，或串接在垂直运动的执行元件上，用以平衡执行元件以及所带动运动部件的质量。

图 5-37 所示为实现定位夹紧顺序动作的液压回路。液压缸 A 为定位缸，液压缸 B 为夹紧缸。要求进程时（活塞向下运动），A 缸先动作，B 缸后动作。在 B 缸进油路上串联一单向顺序阀，将顺序阀的压力值调定到高于 A 缸活塞移动时的最高压力。当电磁阀的电磁铁断电时，缸活塞先动作，定位完成后，油路压力提高，打开顺序阀，缸活塞动作。回程时，两缸同时供油，B 缸的回油路经单向阀回油箱，缸 A、B 的活塞同时动作。

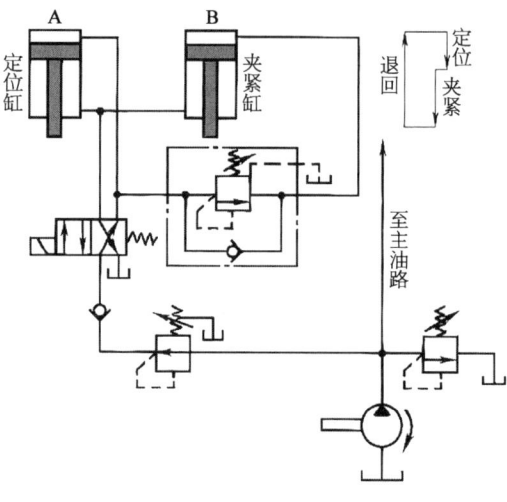

图 5-37 定位夹紧顺序动作液压回路

四、压力继电器

压力继电器是一种将油液的压力信号转换成电信号的电液控制元件。当油液压力达到压力继电器的调定压力时，即发出电信号，以控制电磁铁、电磁离合器、继电器等元件动作，使油路卸压、换向，执行元件实现顺序动作，或关闭电动机，使系统停止工作，起安全保护作用等。图 5-38 所示为常用柱塞式压力继电器的工作原理及其图形符号。当从压力继电器下端进油口通入的油液压力达到调定压力值时，推动柱塞 1 上移，此位移通过杠杆 2 放大后推动开关 4 动作，改变弹簧 3 的压缩量即可调节压力继电器的动作压力。

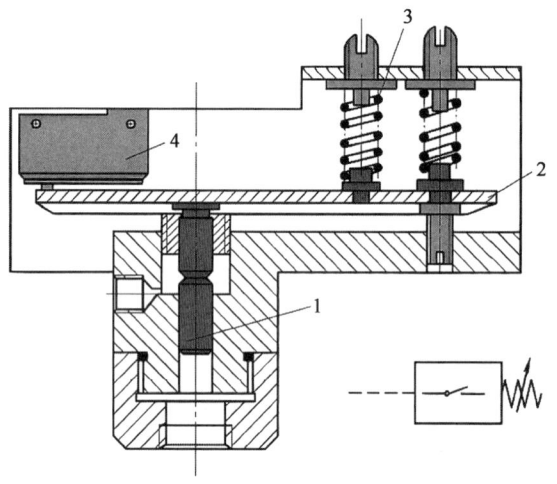

1—柱塞；2—杠杆；3—弹簧；4—开关。

图 5-38 压力继电器的工作原理及其图形符号

第四节 流量控制阀

一、流量控制原理

液压系统中执行元件运动速度的大小，由输入执行元件的油液流量的大小来确定。流量控制阀就是依靠改变阀口通流面积（节流口局部阻力）的大小或通流通道的长短来控制流量的液压阀。常用的流量控制阀有普通节流阀、压力补偿和温度补偿调速阀、溢流节流阀和分流集流阀等。

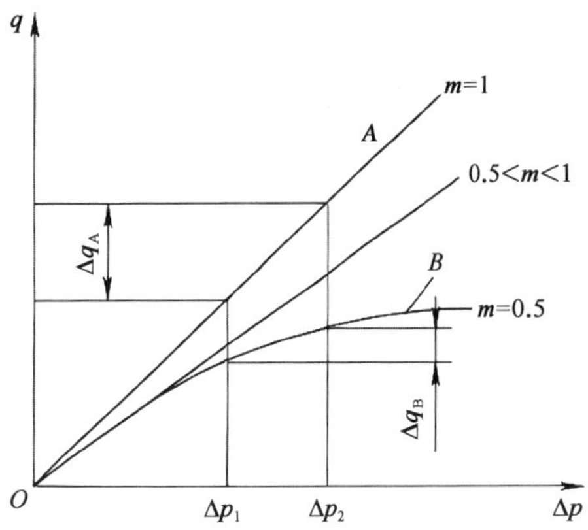

节流阀的节流口通常有薄壁小孔、细长小孔和厚壁小孔三种基本形式，但无论节流口采用何种形式，通过节流口的流量 q 与其前后压力差 Δp 的关系均可用式(1-51)来表示，即 $q = KA\Delta p^m$。节流阀的特性曲线如图 5-39 所示，由图可知：

(1) 压差对流量的影响 节流阀两端压差 Δp 变化时，通过它的流量要发生变化，三种结构形式的节流口中，通过薄壁小孔的流量受到压差改变的影响最小。

(2) 温度对流量的影响 油温影响油液黏度。对于细长小孔，油温变化时，流量也会随之改变；对于薄壁小孔，黏度对流量几乎没有影响，故油温变化时，流量基本不变。

图 5-39 节流阀的特性曲线

(3) 节流口的堵塞 节流阀的节流口可能因油液中的杂质或由于油液氧化后析出的胶质、沥青等而局部堵塞，这就改变了原来节流口通流面积的大小，使流量发生变化，尤其是当开口较小时，这一影响更为突出，严重时会完全堵塞而出现断流现象。因此节流口的抗堵塞性能也是影响流量稳定性的重要因素，尤其会影响流量阀的最小稳定流量。一般节流口通流面积越大、节流通道越短和水力直径越大，越不容易堵塞，当然油液的清洁度也对堵塞产生影响。一般流量控制阀的最小稳定流量为 0.05 L/min。

二、节流口形式

流量控制阀种类很多，阀的节流口形式将直接影响流量阀的性能。因此，有必要讨论节流口的形式。从理论上讲，节流口可以是薄壁孔、细长孔和短孔。实际上，受到制造工艺和强度的限制，常见节流口的形式主要有图 5-40 所示的几种。

图 5-40(a)所示为针阀式节流口。其节流口的截面形状为环形缝隙。当改变阀芯轴向位置时，通流面积发生改变。此节流口的特点是：结构简单，易于制造，但水力半径小，流量稳定性差，适用于对节流性能要求不高的系统。

图 5-40(b)所示为周向三角槽式节流口。在阀芯上开有周向偏心槽，其截面为三角槽，转动阀芯，可改变通流面积。这种节流口水力半径较针阀式节流口大，流量稳定性较好，但在阀芯上存在径向不平衡力，使阀芯转动费力，一般用于低压系统。

图 5-40(c)所示为轴向三角槽式节流口。在阀芯断面轴向开有两个轴向三角槽，当轴向移动阀芯时，三角槽与阀体间形成的节流口面积发生变化。这种节流口的特点是：工艺性好，径向力平衡，水力半径较大，调节方便，广泛应用于各种流量阀中。

图 5-40(d)所示为周向缝隙式节流口。为得到薄壁孔的效果，在阀芯内孔局部铣削出一薄壁区域，然后在薄壁区域开出一周向缝隙[缝隙展开形状如图 5-40(d)中 A 向展开图所示]。此节流口形状近似为矩形，通流性能较好。由于接近薄壁孔，其流量稳定性也较好。

图 5-40(e)所示为轴向缝隙式节流口。此节流口形式为在阀套外壁铣削出一薄壁区域，然后在其中间开一个近似梯形的窗口[如图 5-40(e)中 A 向放大图所示]。圆柱形阀芯在阀

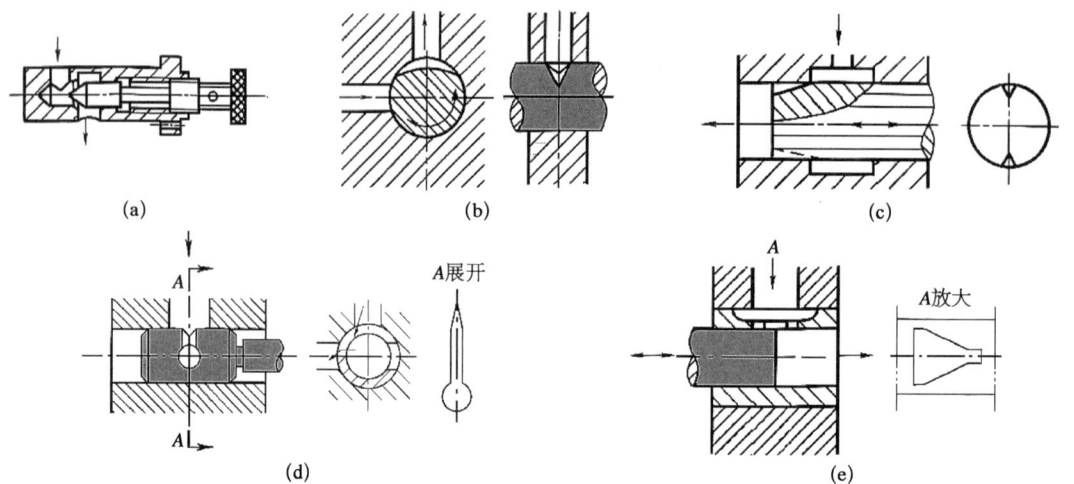

图 5-40 节流口的形式

套光滑圆孔内做轴向移动时,阀芯前沿与阀套所开梯形窗口之间所形成矩形实现了由矩形到三角形节流口的变化。由于更接近薄壁孔,通流性能较好,这种节流口为目前最好的节流口之一,用于要求较高的流量阀上。

在液压传动系统中,节流元件与溢流阀并联于液压泵的出口,构成恒压油源,使泵出口的压力恒定。如图 5-41(a)所示,此时节流阀和溢流阀相当于两个并联的液阻,液压泵输出流量 q_p 不变,流经节流阀进入液压缸的流量 q_1 和流经溢流阀的流量 Δp 的大小,由节流阀和溢流阀液阻的相对大小来决定。若节流阀的液阻大于溢流阀的液阻,则 $q_1 < \Delta q$;反之则 $q_1 > \Delta q$。节流阀是一种可以在较大范围内以改变液阻来调节流量的元件。因此,可以通过调节节流阀的液阻,来改变进入液压缸的流量,从而调节液压缸的运动速度;但若在回路中仅有节流阀而没有与之并联的溢流阀[图 5-41(b)],则节流阀就起不到调节流量的作用。液压泵输出的液压油全部经节流阀进入液压缸,改变节流阀节流口的大小,只是改变液流流经节流阀的压力降。节流口小,流速快;节流口大,流速慢,而总的流量是不变的,因此液压缸的运动速度不变。所以,节流元件用来调节流量是有条件的,即要求有一个接受节流元件压力信号的环节(与之并联的溢流阀或恒压变量泵),通过这一环节来补偿节流元件的流量变化。

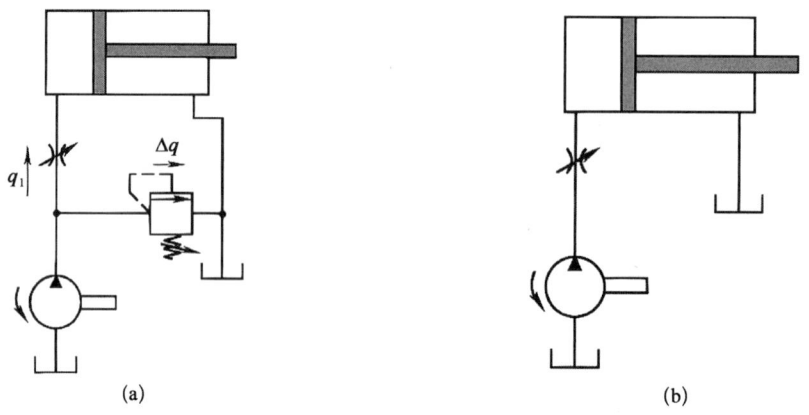

图 5-41 节流元件的作用

液压传动系统对流量控制阀的主要要求有：
1) 较大的流量调节范围，且流量调节要均匀。
2) 当阀前、后压力差发生变化时，通过阀的流量变化要小，以保证负载运动的稳定性。
3) 油温变化对通过阀的流量影响要小。
4) 液流通过全开阀时的压力损失要小。
5) 当阀口关闭时阀的泄漏量要小。

三、节流阀

(一) 工作原理

图 5-42 所示为一种普通节流阀的结构及其图形符号。这种节流阀的节流通道呈轴向三角槽式。压力油从进油口 P_1 流入孔道 a 和阀芯 1 左端的三角槽进入孔道 b，再从出油口 P_2 流出。调节手柄 3，可通过推杆 2 使阀芯做轴向移动，改变节流口的通流截面积来调节流量。阀芯在弹簧的作用下始终贴紧在推杆上，这种节流阀的进、出油口可互换。

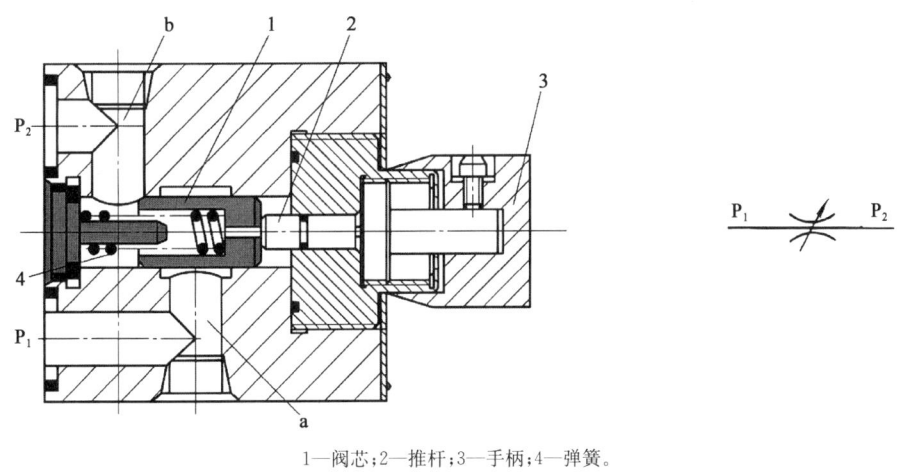

1—阀芯；2—推杆；3—手柄；4—弹簧。

图 5-42 普通节流阀的结构及其图形符号

(二) 节流阀的刚性

节流阀的刚性表示它抵抗负载变化的干扰、保持流量稳定的能力，即当节流阀开口量不变时，由于阀前后压力差 Δp 的变化，引起通过节流阀的流量发生变化的情况。流量变化越小，节流阀的刚性越大；反之，其刚性则小。如果以 T 表示节流阀的刚度，则有

$$T = \frac{\mathrm{d}\Delta p}{\mathrm{d}q} \tag{5-10}$$

将式(2-42)代入，可得

$$T = \frac{\Delta p^{1-m}}{KAm} \tag{5-11}$$

从节流阀的特性曲线(图 5-43)可以发现，节流阀的刚度 T 相当于流量曲线上某点的切

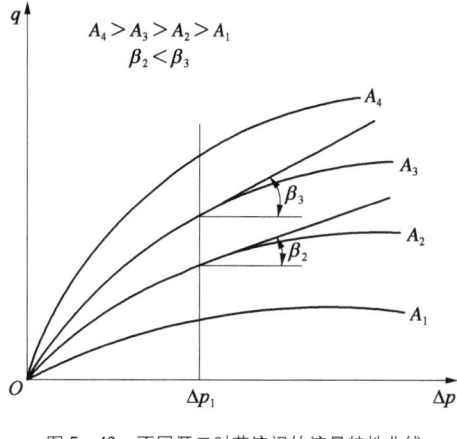

图 5-43 不同开口时节流阀的流量特性曲线

线和横坐标夹角 β 的余切,即

$$T = \cot\beta \quad (5-12)$$

由图 5-43 和式(5-11)可以得出如下结论:

1) 同一节流阀,阀前、后压力差 Δp 相同,节流开口小时,刚度大。

2) 同一节流阀,在节流开口一定时,阀前、后压力差 Δp 越小,刚度越低。为了保证节流阀具有足够的刚度,节流阀只能在某一最低压力差 Δp 的条件下,才能正常工作,但提高 Δp 将引起压力损失的增加。

3) 取小的指数 m 可以提高节流阀的刚度,因此在实际使用中多希望采用薄壁小孔式节流口,即 $m=0.5$ 的节流口。

(三)流量控制原理

在图 5-44 所示的回路中,由定量泵供油,溢流阀控制泵出口压力,将一流量阀串联在进油路上,改变流量阀节流口的通流面积大小,可以改变通过阀的流量,从而控制活塞的运动速度。

(四)节流口的节流特性

节流口的节流特性是指液体流经节流口时,通过节流口的流量所受到的影响因素,以及这些因素与流量之间的关系,从而分析如何减弱这些因素的影响,提高流量的稳定性。分析节流特性的理论依据是节流口的流量特性方程,即

$$q_T = KA_T(\Delta p_T)^m \quad (5-13)$$

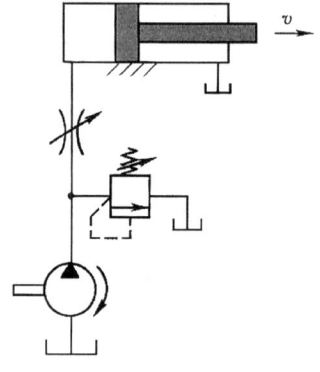

图 5-44 流量控制原理

式中,q_T 为通过节流口的流量;K 为与节流口形状、液体流态、油液性质有关的系数;Δp_T 为节流口两端的压差;m 为与节流口形状有关的指数,细长孔 $m=1$,薄壁孔 $m=0.5$;A_T 为节流孔面积。

由式(5-13)可以得出影响通过流量阀流量稳定性的主要因素有:

(1) 节流口两端的压差 Δp_T 由式(5-13)可知,当阀进出油口的压差 Δp_T 变化时,通过阀的流量 q_T 要发生变化。由于指数 m 和节流孔面积 A_T 的不同,节流口两端的压差 Δp_T 对流量阀流量 q_T 的影响也不一样。为进一步分析 Δp_T 对 q_T 的影响,引入了节流刚度 T。节流刚度是节流口前、后压差 Δp_T 的变化值与通过阀流量 q_T 微分之比,即

$$T = \frac{d\Delta p_T}{dq_T} \quad (5-14)$$

将式(5-13)代入,可得

$$T = \frac{\Delta p_T^{1-m}}{KA_T} \quad (5-15)$$

图 5-45 所示为节流孔的节流特性曲线,从图中可以看出节流刚度 T 相当于特性曲线上某点的切线与横坐标的夹角 β 的余切。即

$$T = \cot \beta \tag{5-16}$$

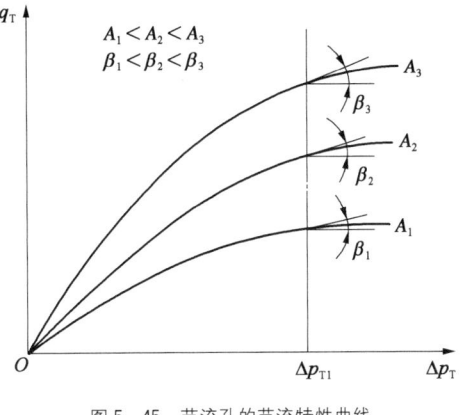

图 5-45 节流孔的节流特性曲线

由图 5-45 及式(5-16)可得出以下结论:T 越大,β 越小,节流阀的流量平稳性越好。也就是说,节流口通流面积 A 越小,节流口两端的压差 Δp_T 越大,阀口结构越接近于薄壁孔(指数 m 越小),通过节流阀的流量越平稳。

(2) 液压油的温度　液压油的温度发生变化时,油的黏度和密度随之改变,式(5-13)中的 K 值也发生变化,节流阀的流量受到影响。温度对细长孔类节流口的影响比薄壁类节流口大。因此,性能好的节流阀一般采用薄壁孔类节流口。

(3) 节流口形状　通过阀最小稳定流量的大小是衡量流量阀性能的一个重要指标。阀的最小稳定流量与节流口的水力半径有关,水力半径越大,最小稳定流量越小。当节流口的形状为圆形时好于三角形,矩形好于缝隙。

(五) 调速阀及溢流节流阀

普通节流阀由于刚性差,在节流开口一定的条件下通过它的工作流量受工作负载(即其出口压力)变化的影响,不能保持执行元件运动速度的稳定,因此只适用于工作负载变化不大和速度稳定性要求不高的场合。由于工作负载的变化很难避免,为了改善调速系统的性能,通常是对节流阀进行压力补偿,即采取措施使节流阀前、后压力差在负载变化时始终保持不变。由 $q = KA\Delta p^m$ 可知,当 Δp 基本保持不变时,通过节流阀的流量只由其开口大小来决定。节流阀的压力补偿有两种方式:一种是将定差减压阀与节流阀串联起来,组合成调速阀;另一种是将稳压溢流阀与节流阀并联起来,组合成溢流节流阀。这两种压力补偿方式是利用流量变动所引起油路压力的变化,通过阀芯的负反馈动作来自动调节节流部分的压力差,使其基本保持不变。

油温的变化也必然会引起油液黏度的变化,从而导致通过节流阀的流量发生相应的改变,为此出现了温度补偿调速阀。

如图 5-46 所示,调速阀是在节流阀 2 前面串接一个定差减压阀 1 组合而成的。液压泵的出口(即调速阀的进口)压力 p_1 由溢流阀调定,基本上保持恒定。调速阀出口处的压力 p_3 由液压缸负载 F 决定。油液先经减压阀产生一次压力降,将压力降到 p_2 节流阀的出口压力 p_3 又经反馈通道口作用到减压阀的上腔 b 当减压阀的阀芯在弹簧力 F_s,油液压力 p_2 和 p_3 作用下处于某一平衡位置时(忽略摩擦力和液动力等),则有

$$p_2 A_1 + p_2 A_2 = p_3 A + F_s \tag{5-17}$$

式中,A、A_1 和 A_2 分别为 b 腔、c 腔和 d 腔内的压力油作用于阀芯的有效面积,且 $A = A_1 + A_2$,故

$$p_2 - p_3 = \Delta p = \frac{F_s}{A} \tag{5-18}$$

因为弹簧刚度较低,且工作过程中减压阀阀芯位移很小,可以认为 F_s 基本保持不变。故节流阀两端压力差 ($p_2 - p_3$) 也基本保持不变,这就保证了通过节流阀的流量稳定。

当调速阀的进、出口压力差 $\Delta p = p_1 - p_3$ 由于某种原因发生变化时,节流阀两端的压差 ($p_2 - p_3$) 是如何保持不变呢？当调速阀的出口处的油液压力 p_3 由于负载增加而增加时,作用在减压阀阀芯上端的液压力也随之增加,阀芯失去平衡而向下移动,于是开口 h 增大,液阻减小（即减压阀的减压作用减小）,使 p_2 也增加,直到阀芯在新的位置上达到平衡为止。故当 p_3 增加时,p_2 也增加,其差值基本保持不变；当负载减小时,情况相似。当调速阀进口压力 p_1 增大时,由于一开始减压阀芯来不及运动,减压阀的液阻没有变化,故 p_2 在这一瞬时也增加,阀芯1因失去平衡而向上移动,使开口 h 减小,液阻增加,又使 p_2 减小,故 $\Delta p = (p_2 - p_3)$ 仍保持不变。总之无论调速阀的进口油液压力 p_1、出口油液压力 p_3 发生变化时,由于定差减压阀的自动调节作用,节流阀前、后压差总能保持不变,从而保持流量稳定。由图 5-46(c) 可以看出,节流阀的流量随压力差变化较大,而调速阀在压力差大于一定数值后,流量基本上保持恒定。当压力差很小时,由于减压阀阀芯被弹簧推至最下端,减压阀阀口全开,不起稳定节流阀前后压力差的作用,故这时调速阀的性能与节流阀相同,所以当调速阀正常工作时,至少要求有 0.4~0.5 MPa 以上的压力差。图 5-46(b)(c) 所示为其图形符号。

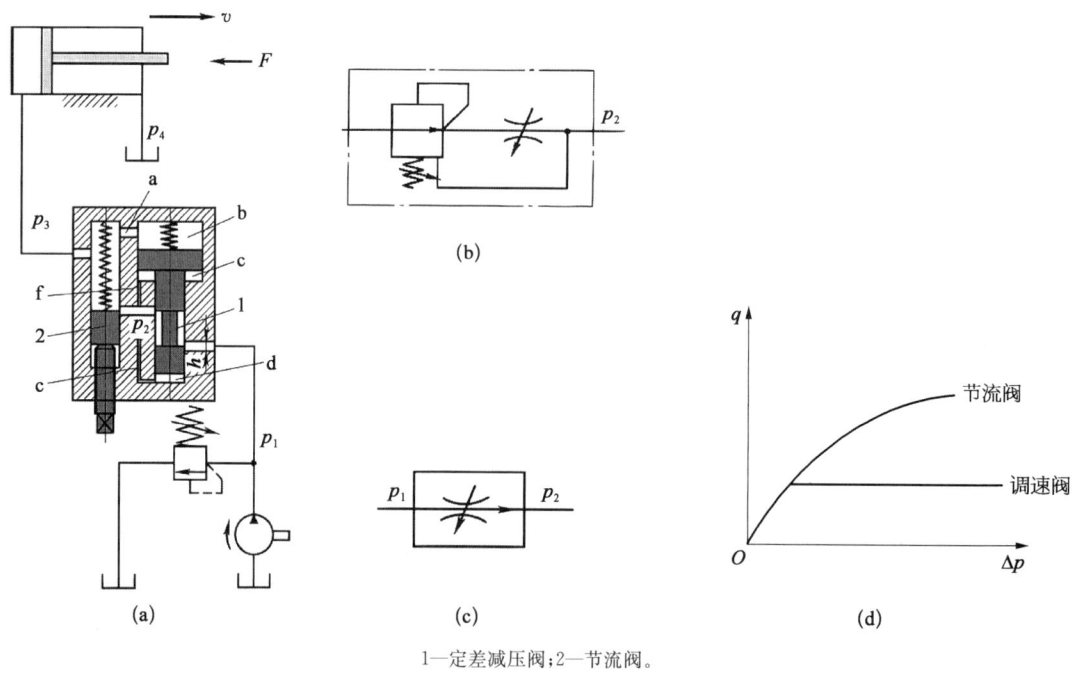

1—定差减压阀；2—节流阀。

图 5-46 调速阀的结构及其图形符号

(六) 温度补偿调速阀

普通调速阀的流量虽然已能基本上不受外部负载变化的影响,但是当流量较小时,节流口的通流面积较小,这时节流口的长度与通流截面水力直径的比值相对地增大,因而油液的黏度变化对流量的影响也增大,所以当油温升高后油液的黏度变小时,流量仍会增大,为了减小温度对流量的影响,可以采用温度补偿调速阀。

温度补偿调速阀的压力补偿原理部分与普通调速阀相同,由 $q=KA\Delta p^m$ 可知,当 Δp 不变时,由于黏度下降,K 值($m\neq 0.5$ 的孔口)上升,此时只有适当减小节流阀的开口面积才能保证 q 不变。图 5-47 所示为温度补偿原理,在节流阀阀芯和调节螺钉之间放置一个温度膨胀系数较大的聚氯乙烯推杆,当油温升高时,本来流量增加,这时温度补偿杆伸长使节流口变小,从而补偿了油温对流量的影响,在 20~60℃ 的温度范围内流量的变化率不超过 10%,最小稳定流量可达 20 mL/min(3.3×10^{-7} m³/s)。

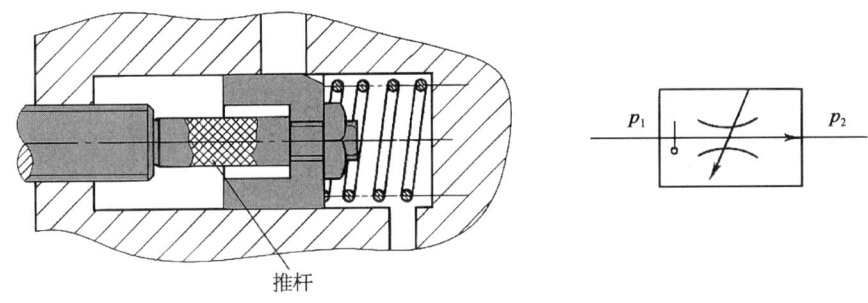

图 5-47 温度补偿原理

(七) 溢流节流阀(旁通型调速阀)

溢流节流阀也是一种压力补偿型节流阀。图 5-48 所示为其工作原理及其图形符号,从液压泵输出的油液一部分经节流阀 4 进入液压缸左腔推动活塞向右运动,另一部分经溢流阀 3 的溢流口流回油箱,溢流阀 3 阀芯的上端 a 腔同节流阀 4 后的油液相通,其压力为 p_2 腔 b 和下端腔 c 同溢流阀 3 阀芯前的油液相通,其压力即为泵的压力 p_1,当液压缸活塞上的负载 F

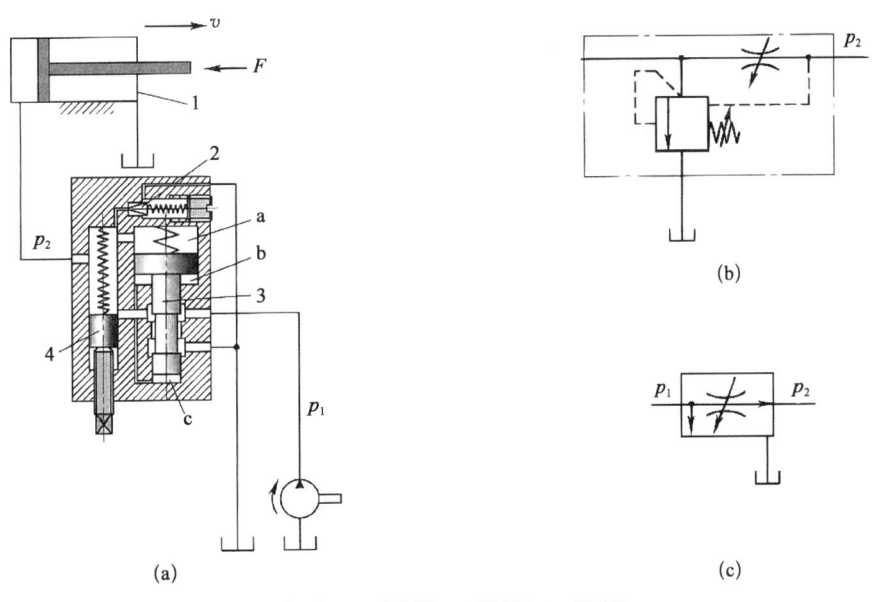

1—液压缸;2—安全阀;3—溢流阀;4—节流阀。

图 5-48 溢流节流阀的工作原理及其图形符号

增大时,压力 p_2 升高,a 腔的压力也升高,使溢流阀 3 阀芯下移,关小溢流口,这样就使液压泵的供油压力 p_1 增加,从而使节流阀 4 的前、后压力差 (p_1-p_2) 基本保持不变;同理,当负载减小时,压力 p_2 下降。由于溢流阀 3 的阀芯相应动作,也可使 (p_1-p_2) 基本保持不变,这种溢流节流阀一般附带一个安全阀 2,以避免系统过载。图 5-48(b)(c)所示为该阀的图形符号。

溢流节流阀是通过 p_1 随 p_2 的变化来使流量基本上保持恒定的,它与调速阀虽都具有压力补偿的作用,但其组成调速系统时是有区别的,调速阀无论装在执行元件的进油路上或回油路上,执行元件上负载变化时,液压泵出口处压力都由溢流阀保持不变,而溢流节流阀是通过 p_1 随 p_2(负载的压力)的变化来使流量基本上保持恒定的,因而使用溢流节流阀具有功率损耗低、发热量小的优点。但是,溢流节流阀中流过的流量比调速阀大(一般是系统的全部流量),阀芯运动时的阻力较大,弹簧较硬,其结果使节流阀前后压差 Δp 加大(须达 0.3~0.5 MPa),因此它的稳定性稍差。

第五节 插装阀及叠加阀

一、插装阀

插装式锥阀又称插装式二位二通阀,在高压大流量的液压系统中应用很广,由于插装式元件已标准化,将几个插装式元件组合一下便可组成复合阀。按功能可分为插装压力控制阀、插装流量控制阀和插装方向控制阀;按控制方式可分为通断式和比例式插装阀;按安装方式可分为盖板插装阀和螺纹插装阀。它和普通液压阀相比较,具有下述优点:

1) 通流能力大,特别适用于大流量的场合,它的最大通径可达 200~250 mm,通过的最大流量可达 10 000 L/min。
2) 阀芯动作灵敏,抗堵塞能力强。
3) 密封性好,泄漏少,油液流经阀口压力损失小。
4) 结构简单,易于实现标准化。

(一) 二通式插装阀(盖板插装阀)的工作原理及基本组成

图 5-49 所示为二通式插装阀的结构及其图形符号。它主要由阀芯 4、阀套 2 和弹簧 3 等组成,1 为控制盖板,有控制口 C 与锥阀单元的上腔相通。将此锥阀单元插入有两个通道 A、B(主油路)的阀体 5 中,控制盖板对锥阀单元的启闭起控制作用。锥阀单元上配置不同的盖板就可以实现各种不同的工作机能。若干个不同工作机能的锥阀单元组装在一个阀体内,实现集成化,就可组成所需的液压回路和系统。设油口 A、B、C 的油液压力和有效面积分别为 p_a、p_b、p_c 和 A_a、A_b、A_c。其面积关系为 $A_c=A_a+A_b$。若不考虑锥阀的自重、液动力和摩擦力等的影响,当阀口关闭,油口 A、B 不通;当阀口打开,油路 A、B 接通。以上两式中 F_s 为弹簧力。由以上两式可以看出,改变控制口 C 的油液压力 p_c 可以控制 A、B 油口的通断。当控制油口 C 接油箱(卸荷),阀芯下部的液压力超过上部弹簧力时,阀芯被顶开,至于液流的方向,视 A、B 口的压力大小而定。当 $p_a > p_b$ 时,液流由 A 至 B;当 $p_a < p_b$ 时,液流由 B 至 A。当

控制口 C 接通压力油,且 $p_c \geq p_a$、$p_c \geq p_b$ 则阀芯在上、下端压力差和弹簧的作用下关闭油口 A 和 B,这样,锥阀就起到逻辑元件的"非"门的作用,所以二通式插装阀又被称为逻辑阀。

$$p_a A_a + p_b A_b < p_c A_c + F_s \tag{5-19}$$

$$p_a A_a + p_b A_b > p_c A_c + F_s \tag{5-20}$$

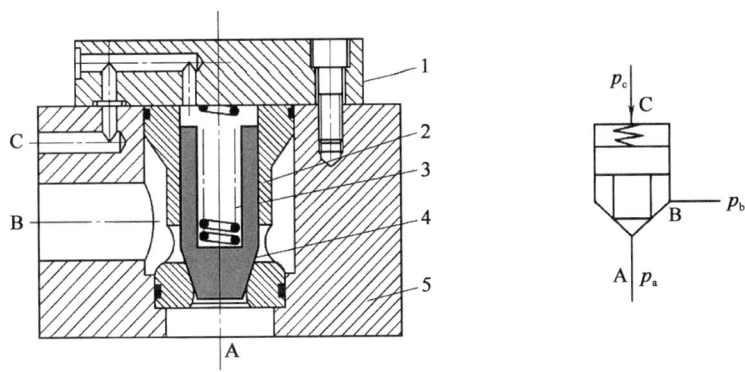

1—控制盖板;2—阀套;3—弹簧;4—阀芯;5—阀体。
图 5-49 二通式插装阀的结构及其图形符号

(二) 插装阀的应用

二通式插装阀通过不同的盖板和各种先导阀组合,便可构成方向控制阀、压力控制阀和流量控制阀。

1. 插装式方向控制阀

(1) 作单向阀

将 C 腔与 A 或 B 连通,即成为单向阀,连接方法不同其导通方式也不同,如图 5-50(a) 所示。在控制盖板上接一个二位三通液动阀来变换 C 腔的压力,即成为液控单向阀,如图 5-50(b) 所示。

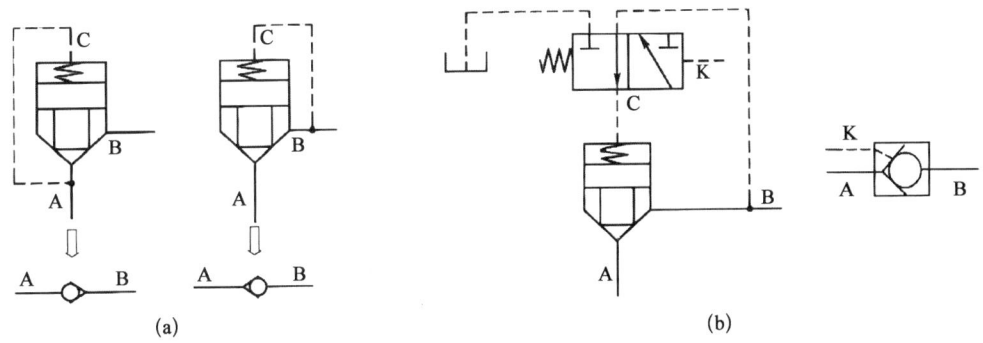

图 5-50 二通式插装阀用作单向阀

(2) 作三通阀

将两个锥阀单元再加上一个电磁先导阀就组成一个三通阀。如图 5-51 所示,用一个二位四通阀来转换两个锥阀控制腔中的压力,在图示电磁阀断电状态,左面的锥阀打开,右面的锥阀关闭,即 A 通 T,P 与 A 不通;当电磁阀通电时,P 通 A,A 与 T 不通。

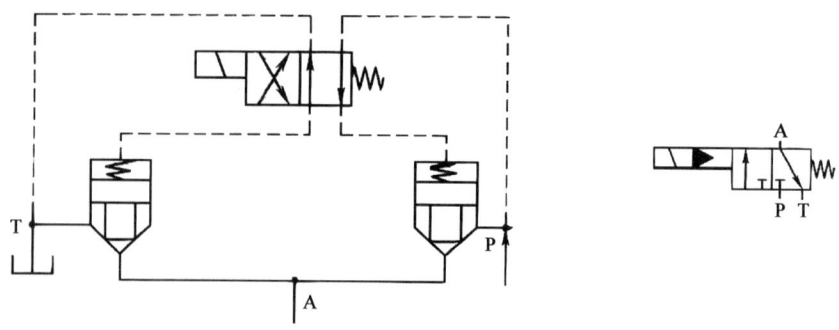

图 5-51 二通式插装阀用作二位三通阀

(3) 作四通阀

用四个锥阀单元及相应的先导阀就组成一个四通阀。如图 5-52 所示,用一个二位四通电磁先导阀来对四个锥阀进行控制,就成为一个相应于二位四通的电液换向阀,图 5-53 所示则用四个先导阀分别对四个锥阀进行控制,理论上有 16 种通路状态,但其中有五种状态是相同的,故可得 12 种状态,如表 5-3 所示。由此可以看出,通过先导阀控制可以得到除 M 型以外的各种滑阀机能,它相当于一个多位多机能的四通阀(表 5-3 中"1"表示通电,"0"表示失电)。

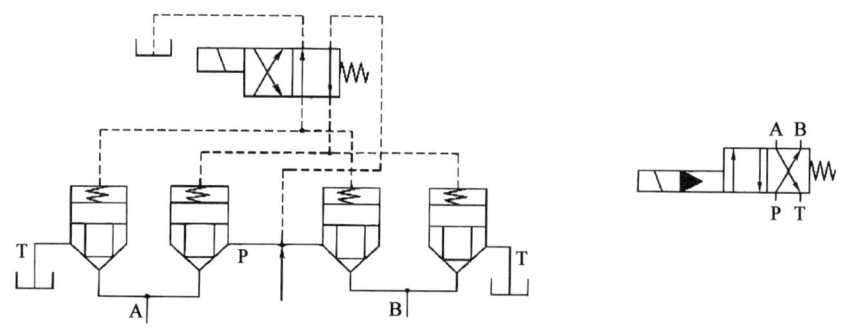

图 5-52 二通式插装阀用作二位四通阀

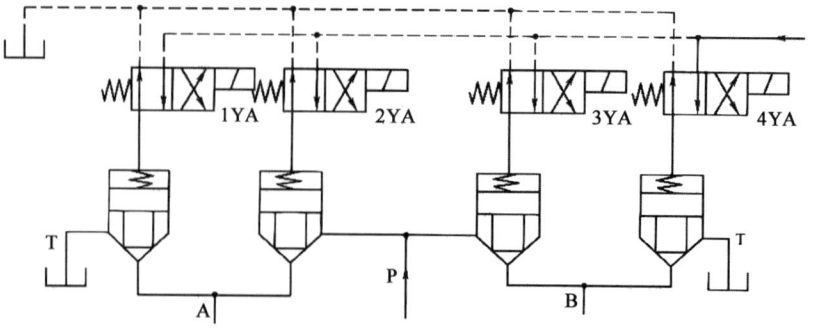

图 5-53 二通式插装阀用作多机能三位四通阀

表 5-3 先导阀控制状态下的滑阀机能

1YA	2YA	3YA	4YA	中位机能	1YA	2YA	3YA	4YA	中位机能
1	1	1	1		1	0	1	0	
1	1	1	0		1	0	0	1	
1	1	0	1		0	1	1	1	
1	1	0	0		0	1	1	0	
0	1	0	1		0	1	0	1	
0	0	1	1		0	0	1	0	
1	0	0	0		0	0	0	1	
0	1	0	0		0	0	0	0	

2. 插装式压力控制阀

图 5-54(a)所示为二通式插装阀用作压力阀的工作原理。A 腔压力油经阻尼小孔进入控制腔 C，并与先导压力阀进口相通，B 腔接油箱，这样锥阀的开启压力可由先导压力阀来调节。其工作原理与先导式溢流阀完全相同，当 B 腔不接油箱而接负载时，就成为一个顺序阀了；在 C 腔再接一个二位二通电磁阀就成为电磁溢流阀[图 5-54(b)]。图 5-54(c)所示为减压阀原理图。减压阀的阀芯采用常开的滑阀式阀芯，B 腔为进油口，A 腔为出油口。A 腔的压力油经阻尼小孔后与控制腔 C 相通，并与先导压力阀进口相通，其工作原理和普通先导式减压阀相同。

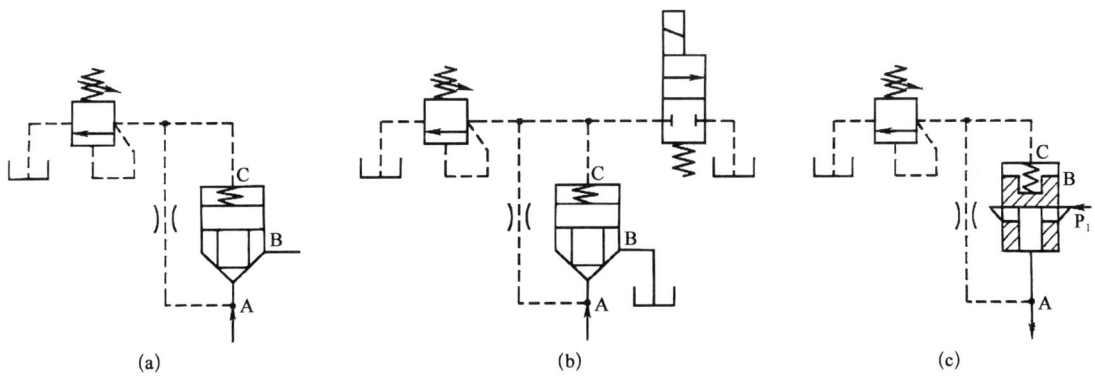

图 5-54 二通式插装阀用作压力阀

3. 插装式流量控制阀

若用机械或电气的方式限制锥阀阀芯的行程,以改变阀口的通流面积的大小,则锥阀可起流量控制阀的作用。图 5-55(a)表示二通式插装阀用作流量控制的节流阀。图 5-55(b)所示为在节流阀前串接一减压阀,减压阀阀芯两端分别与节流阀进、出油口相通,利用减压阀的压力补偿功能来保证节流阀两端的压差不随负载的变化而变化,这样就成为一个调速阀。

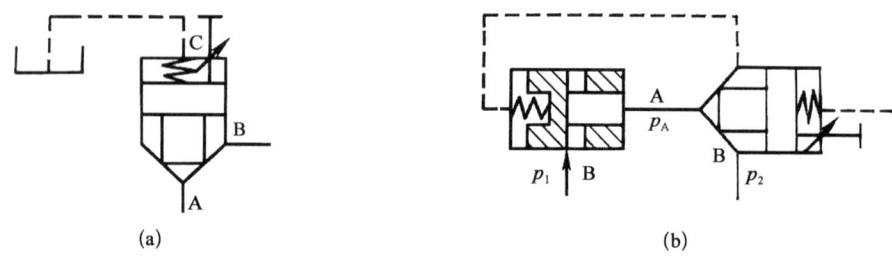

图 5-55　插装式锥阀用作流量控制阀

二、叠加阀

叠加阀是叠加式液压阀的简称。叠加阀是在集成块的基础上发展起来的一种新型液压元件。叠加阀的结构特点是阀体本身既是液压阀的机体,又具有通道体和连接体的功能。使用叠加阀可实现液压元件间无管化集成连接,使液压系统连接方式大为简化,系统紧凑,功耗减少,设计安装周期缩短。

目前,叠加阀的生产已形成系列:每一种通径系列的叠加阀的主油路通道的位置、直径,安装螺孔的大小、位置、数量都与相应通径的主换向阀相同。因此,同种通径系列的叠加阀都可叠加起来组成相应的液压系统。

在叠加式液压系统中,一个主换向阀及相关的其他控制阀所组成的子系统可以叠加成阀组,阀组与阀组之间可以用底板或油管连接形成总液压回路。因此,在进行液压系统设计时,完成了系统原理图的设计后,还要绘制成叠加阀式液压系统图。为便于设计和选用,目前所生产的叠加阀都给出其型谱符号。有关部门已颁布了国产普通叠加阀的典型系列型谱。

叠加阀根据工作性能可分为单功能阀和复合功能阀两类。

（一）单功能叠加阀

单功能叠加阀与普通液压阀一样,也包括压力控制阀(包括溢流阀、减压阀、顺序阀等)、流量阀(如节流阀、单向节流阀、调速阀等)和方向阀(如换向阀、单向阀、液控单向等)。为便于连接形成系统,每个阀体上都具备 P、T、A、B 四条以上贯通的通道,阀内油口根据阀的功能分别与自身相应的通道相连接。为便于叠加,在阀体的结合面上,上述各通道的位置相同。由于结构的限制,这些通道多数为精密铸造成型的异型孔。

单功能叠加阀的控制原理、内部结构均与普通同类板式液压阀相似。为避免重复,在此仅以 Y_1 型溢流阀为例,说明叠加阀的结构特点。

图 5-56 所示为先导叠加式溢流阀。图中先导阀为锥阀,主阀阀芯为前端为锥形面的圆柱形。液压油从阀口 P 进入主阀阀芯右端 e 腔,作用于主阀阀芯 6 右端,同时通过小孔 d 进入

主阀阀芯左腔b,再通过小孔a作用于锥阀阀芯3上。当进油口压力小于阀的调整压力时,锥阀阀芯关闭,主阀阀芯无溢流;当进油口压力升高,达到阀的调整压力后,锥阀阀芯打开,液流经小孔d、a到达出油口T_1,液流流经阻尼孔d时产生压降,使主阀阀芯两端产生压差,此压差克服弹簧力使主阀阀芯6向左移动,主阀阀芯开始溢流。调节螺钉1,可压缩弹簧2,从而调节阀的调定压力。图5-56(b)所示为先导叠加式溢流阀的型谱符号。

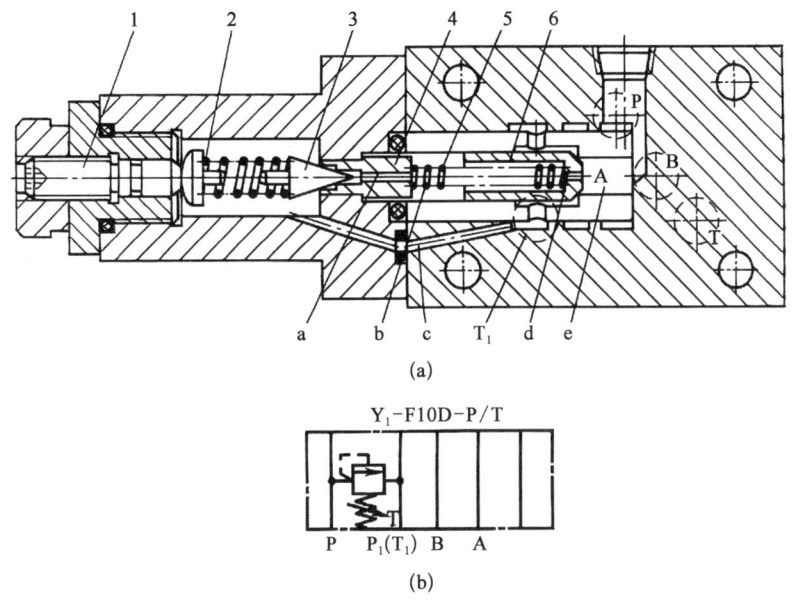

1—螺钉;2、5—弹簧;3—锥阀阀芯;4—锥阀阀座;6—主阀阀芯。

图5-56 先导叠加式溢流阀

(二) 复合功能叠加阀

复合功能叠加阀又称为多机能叠加阀。它是在一个控制阀芯单元中实现两种以上控制机能的叠加阀。在此以顺序背压叠加阀为例,介绍复合功能叠加阀的结构特点。

图5-57所示为顺序背压叠加阀,其作用是在差动系统中,当执行元件快速运动时,保证液压缸回油畅通;当执行元件进入工进工作过程后,顺序阀自动关闭,背压阀工作,在液压缸回

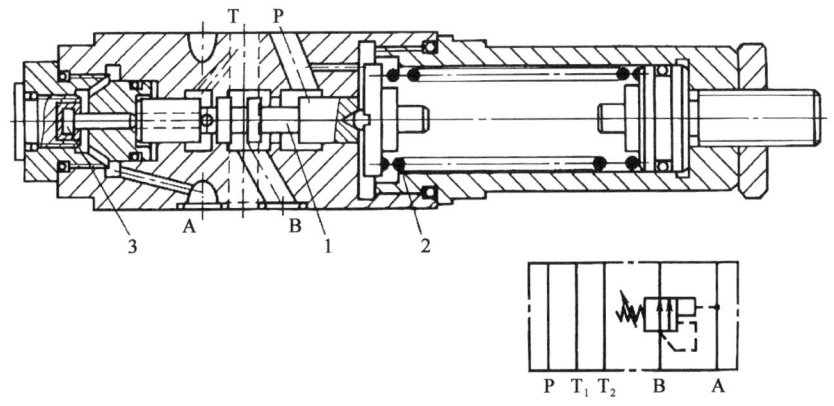

1—主阀阀芯;2—调压弹簧;3—控制活塞。

图5-57 顺序背压叠加阀

油腔建立起所需的背压。该阀的工作原理为：当执行元件快进时，A 口的压力低于顺序阀的调定压力值，主阀阀芯 1 在调压弹簧 2 的作用下处于左端，油口 B 液流畅通，顺序阀处于常通状态。执行件进入工进后，由于流量阀的作用，使系统的压力提高，当进油口 A 的压力超过顺序阀的调定值时，控制活塞 3 推动主阀阀芯右移，油路 B 被截断，顺序阀关闭。此时，B 腔回油阻力升高，液压油作用在主阀阀芯上开有轴向三角槽的台阶左端面上，对阀芯产生向右的推力，主阀阀芯 1 在 A、B 两腔油压的作用下，继续向右移动使节流阀口打开，B 腔的油液经节流口回油，维持 B 腔回油保持一定值的压力。

第六节 电液伺服阀

电液伺服阀将电信号传递处理的灵活性和大功率液压控制相结合，可对大功率、快速响应的液压系统实现远距离控制、计算机控制和自动控制，在航空、航天、冶金、实验设备、雷达、船舰、武器等领域具有重要而广泛的用途。

按输出和反馈的液压参数不同，电液伺服阀分为流量伺服阀和压力伺服阀两大类前者应用远比后者广泛，本书只讨论流量伺服阀。

一、电液伺服阀的结构原理

电液伺服阀用伺服放大器进行控制。伺服放大器的输入电压信号来自电位器、信号发生器、同步机组和计算机的 D-A 数模转换器输出的电压信号等。其输出参数即电-机械转换器的电流与输入电压信号成正比。伺服放大器是具有深度电流负反馈的电子放大器，一般主要包括比较元件（即加法器或误差检测器）、电压放大和功率放大三部分。电液伺服阀在系统中一般不用作开环控制，系统的输出参数必须进行反馈，形成闭环控制，因而其比较元件至少要有控制和反馈两个输入端。有的电液伺服阀还有内部状态参数的反馈。

图 5-58 所示为典型的电液伺服阀，由电-机械转换器、液压控制阀和反馈机构三部分组成。

电液伺服阀在系统中具有电液转换和功率放大的功能。

电液伺服阀的电-机械转换器的直接作用是将伺服放大器输入的电流转换为力矩或力（前者称为力矩马达，后者称为力马达），进而转化为在弹簧支承下阀的运动部件的角位移或直线位移以控制阀口的通流面积大小。

图 5-58(a) 的上部及图 5-58(b) 表示电-机械转换器的结构。衔铁 7 和挡板 2 连为一体，由固定在阀体 9 上的弹簧管 3 支承。挡板下端的球头插入滑阀 10 的凹槽中，前后两块永久磁铁 5 与导磁体 6、8 形成一固定磁场。当线圈 4 内无控制电流时，导磁体 6、8 和衔铁间四个间隙中的磁通相等，均为 ϕ_g 且方向相同，衔铁受力平衡处于中位。当线圈中有控制电流时，一组对角方向气隙中的磁通增加，另一组对角方向气隙中的磁通减小，于是衔铁在磁力作用下克服弹簧管的弹力，偏移一个角度。挡板随衔铁偏转而改变其与两个喷嘴 1 间的间隙，一个间隙减小，另一个间隙相应增大。

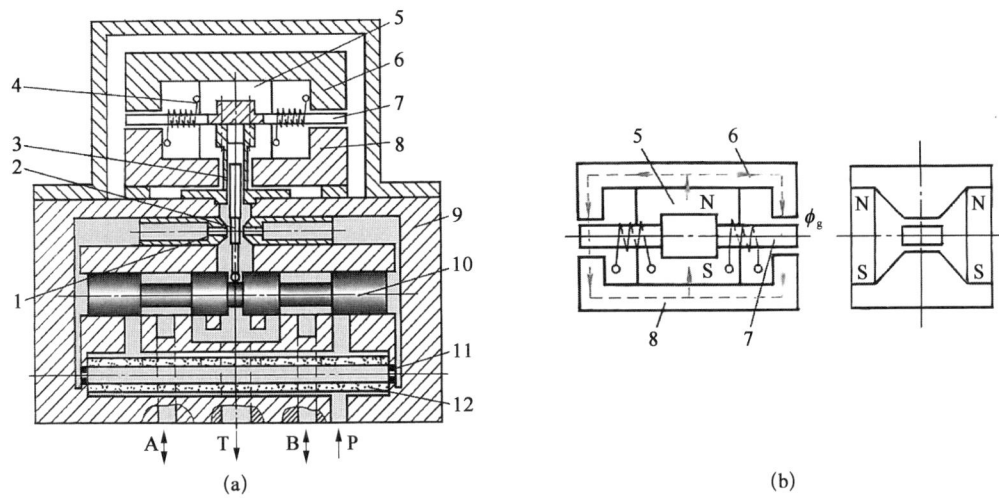

1—喷嘴；2—挡板；3—弹簧管；4—线圈；5—永久磁铁；6、8—导磁体；7—衔铁；9—阀体；10—滑阀；11—节流孔；12—过滤器。

图 5-58 典型的电液伺服阀

该电液伺服阀的液压阀部分为双喷嘴-挡板先导阀控制的功率级滑阀式主阀。压力油经 P 口直接为主阀供油，但进喷嘴-挡板的油则需经过滤器 12 进一步过滤。

当挡板偏转使其与两个喷嘴间隙不等时，间隙小的一侧的喷嘴腔压力升高，反之间隙大的一侧喷嘴腔压力降低。这两腔压差作用在滑阀的两端面上，使滑阀产生位移，阀口开启。这时压力油经 P 口和滑阀的一个阀口并经通口 A 或 B 流向液压缸，液压缸的排油则经通口 B 或 A 和另一阀口并经通口 T 与回油相通。

滑阀移动时带动挡板下端球头一起移动，从而在衔铁挡板组件上产生力矩，形成力馈，因此这种阀又称力反馈伺服阀。稳态时衔铁挡板组件在驱动电磁力矩、弹簧管的弹性反力矩、喷嘴液动力产生的力矩、阀芯移动产生的反馈力矩作用下保持平衡。输入电流越大，电磁力矩也越大，阀芯位移即阀口通流面积也越大，在一定的阀口压差（如 7 MPa）下，通过阀的流量也越大，即在一定的阀口压差下，阀的流量近似与输入电流成正比。当输入电流极性反向时，输出流量也反向。

电液伺服阀的反馈方式除上述力反馈外还有阀芯位置直接反馈、阀芯位移电反馈、流量反馈、压力反馈（压力伺服阀）等多种形式。电液伺服阀内的某些反馈主要是改善其动态特性，如动压反馈等。

上述电液伺服阀液压部分为二级阀，伺服阀也有单级的和三级的，三级伺服阀主要用于大流量场合。图 5-58 所示由喷嘴、挡板阀和滑阀组成的力反馈型电液伺服阀是最典型、最普遍的结构形式。电液伺服阀的电-机械转换器除动铁式外，还有动圈式和压电陶瓷式等。

二、常用的结构形式

电液伺服阀中常用的液压控制元件的结构有滑阀、射流管和喷嘴-挡板三种。

1. 滑阀

根据滑阀上控制边数（起控制作用的阀口数）的不同，有单边、双边和四边滑阀控制式三种类型(图 5-59)。

图 5-59(a)所示为单边滑阀控制式,它有一个控制边。控制边的开口量 x_s。控制了液压缸中的油液压力和流量,从而改变了液压缸运动的速度和方向。

图 5-59(b)所示为双边滑阀控制式,它有两个控制边。压力油一路进入液压缸左腔,另一路经滑阀控制边 x_{s1} 的开口和液压缸右腔相通,并经控制边 x_{s2} 的开口流回油箱。当滑阀移动时,x_{s1} 增大,x_{s2} 减小,或相反,这样就控制了液压缸右腔的压力,因而改变了液压缸的运动速度和方向。

图 5-59(c)所示为四边滑阀控制式,它有四个控制边。x_{s1} 和 x_{s2} 是控制压力油进入液压缸左、右油腔的,x_{s3} 和 x_{s4} 是控制左、右油腔通向油箱的。当滑阀移动时,x_{s1} 和 x_{s4} 增大,x_{s2} 和 x_{s3} 减小,或相反,这样就控制了进入液压缸左、右腔的油液压力和流量,从而控制了液压缸的运动速度和方向。

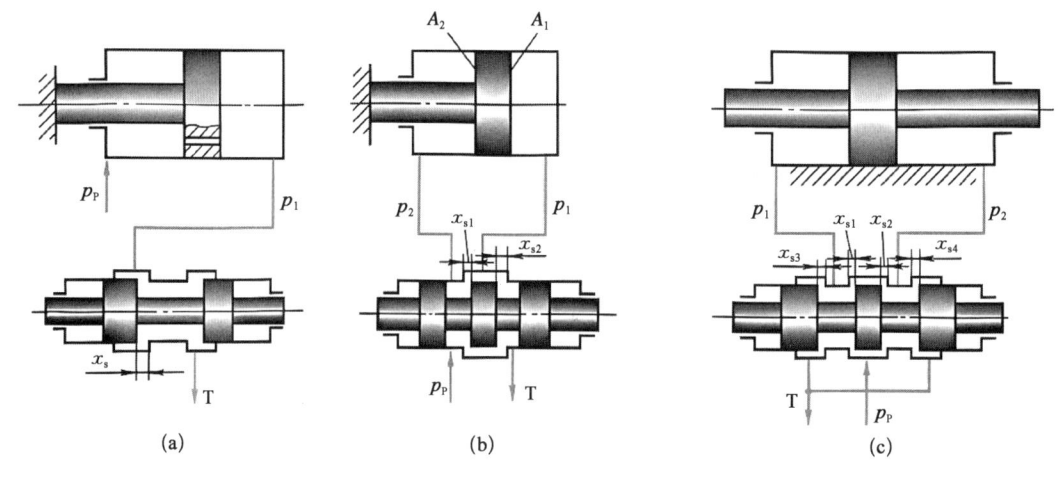

图 5-59 单边、双边和四边滑阀

四边滑阀控制式电液伺服阀用于精度和稳定性要求较高的系统。

由上可见,单边、双边和四边滑阀的控制作用是相同的。单边和双边滑阀只用以控制单杆液压缸;四边滑阀用来控制双杆液压缸。控制边数多时控制质量好,但结构工艺性差。一般说来,四边控制用于精度和稳定性要求较高的系统;单边、双边控制则用于一般精度的系统。滑阀式电液伺服阀装配精度要求较高,价格也较贵,对油液的污染也较敏感。

四边滑阀根据在平衡位置时阀口初始开口量的不同,可以分为三种类型:负预开口(正遮盖)、零开口和正预开口。

电液伺服阀除了阀芯做直线移动的滑阀之外,还有一种阀芯做旋转运动的转阀,它的作用原理和上述滑阀相类似。

2. 射流管

图 5-60 所示为射流管装置的工作原理。它由射流管 3、接收板 2 和液压缸 1 组成。射流管 3 可绕垂直于图面的轴线左右摆动一个不大的角度。接收板 2 上有两个并列着的接收孔道 a 和 b,它们把射流管 3 端部锥形喷嘴中射出的压力油分别通向液压缸 1 左右两腔。当射流管 3 处于两个接收孔道的中间位置时,两个接收孔道内油液的压力相等,液压缸 1 不动;如有

输入信号使射流管 3 向左偏转一个很小的角度时，两个接收孔道内的压力不相等，液压缸 1 左腔的压力大于右腔的，液压缸 1 便向左移动，直到跟着液压缸 1 移动的接收板 2 使射流孔又处于两接收孔道的中间位置时为止；反之亦然。可见，在这种伺服元件中，液压缸运动的方向取决于输入信号的方向，运动的速度取决于输入信号的大小。

射流管装置的优点是：结构简单，元件加工精度要求低；射流管出口处面积大，抗污染能力强；射流管上没有不平衡的径向力，不会产生"卡住"现象。它的缺点是：射流管运动部分惯量较大，工作性能较差；射流能量损失大，零位无功损耗也大，效率较低；供油压力高时容易引起振动，且沿射流管轴向有较大的轴向力。因此，这种伺服元件主要用于多级电液伺服阀的第一级的场合。

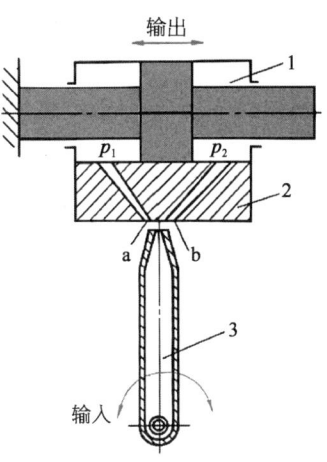

1—液压缸；2—接收板；3—射流管。
图 5-60 射流管装置的工作原理

射流管式和喷嘴-挡板式伺服元件主要用作多级电液伺服阀的第一级。

3. 喷嘴-挡板

图 5-61 所示为喷嘴-挡板装置的工作原理。它由喷嘴 3、挡板 2 和液压缸 1 组成。液压泵来的压力油 p_p 一部分直接进入液压缸 1 有杆腔，另一部分经过固定节流孔 a 进入液压缸 1 的无杆腔，并有一部分经喷嘴-挡板间的间隙 δ 流回油箱。当输入信号使挡板 2 的位置（亦即 δ）改变时，喷嘴-挡板间的节流阻力发生变化，液压缸 1 无杆腔的压力 p_1 也发生变化，液压缸 1 就产生相应的运动。

上述结构是单喷嘴-挡板式的，还有双喷嘴-挡板式的（图 5-58），它的工作原理与单喷嘴-挡板式相似。

喷嘴-挡板式控制的优点是：结构简单，运动部分惯性小，位移小，反应快，精度和灵敏度高，加工要求不高，没有径向不平衡力，不会产生"卡住"现象，因而工作较可靠。它的缺点是：无功损耗大，喷嘴-挡板间距离很小时抗污染能力差，因此宜在多级放大式伺服元件中用作第一级（前置级）控制装置。

如果射流管或喷嘴-挡板装置作为电液伺服阀的第一级使用，则受其控制的不是液压缸，而是电液伺服阀的第二放大级。一般第二放大级是滑阀。

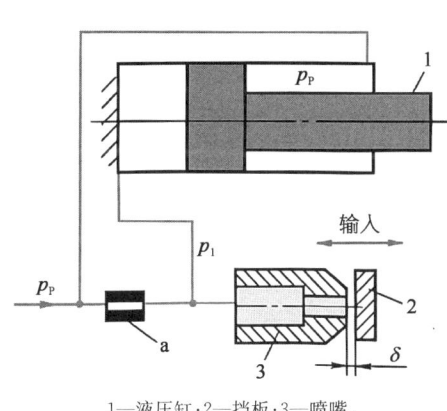

1—液压缸；2—挡板；3—喷嘴。
图 5-61 喷嘴-挡板装置的工作原理

三、电液伺服阀的特性分析

（一）静态特性

1. 电液伺服阀的流量-压力特性

电液伺服阀的流量-压力特性是指它在负载下阀芯发生某一位移时通过阀口的流量 q_L 与

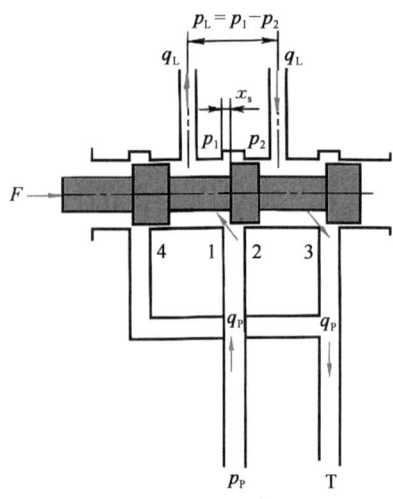

图 5-62 零开口电液伺服阀计算简图

负载压力 p_L 之间的关系。以图 5-62 所示的理想零开口阀为例,假定阀口棱边锋利,油源压力稳定,油液是理想液体,阀芯和阀套间的径向间隙忽略不计,执行元件是双杆液压缸。当阀芯向右移动时,阀口 1、3 打开,2、4 关闭,电液伺服阀在进油、回油路上各有一个节流开口,进油开口处压力从 p_p 降到 p_1,回油开口处从 p_2 降到零。油流的方程为

$$q_p = q_1 = q_L = q_3$$

式中,q_p、q_L 为在负载下通过电液伺服阀和通向液压缸的流量;q_1、q_3 为通过阀口 1、3 的流量。

阀口 1、3 流量方程为

$$q_1 = C_d A_1 \sqrt{\frac{2}{\rho}(p_p - p_1)}$$

$$q_3 = C_d A_3 \sqrt{\frac{2}{\rho} p_2}$$

式中,A_1、A_3 为阀口 1、3 处的通流面积,其他符号意义同前。

电液伺服阀的各个控制口大多是配作而且对称的,因此 $A_1 = A_3$ 且 $q_1 = q_3$。由于 $p_p = p_1 + p_2$ (可由 $q_1 = q_3$ 推得)

且负载压力 $p_L = p_1 - p_2$ 故有 $p_1 = (p_p + p_L)/2$,$p_2 = (p_p - p_L)/2$ 在这种情况下

$$q_L = C_d A_1 \sqrt{\frac{2}{\rho} \frac{p_p - p_L}{2}} = C_d \omega x_s \sqrt{\frac{p_p - p_L}{\rho}} \qquad (5-21)$$

将式(5-21)两边同乘 x_{smax} 并平方后化成无量纲式,得

$$\frac{q_L}{p_p} = 1 - \frac{\left(\dfrac{q_L}{C_d \omega x_{smax} \sqrt{\dfrac{p_p}{\rho}}}\right)^2}{\left(\dfrac{x_s}{x_{smax}}\right)^2} \qquad (5-22)$$

这是一组抛物线方程,其图形如图 5-63 所示。图中上半部是电液伺服阀右移时的情况,下半部是电液伺服阀左移时的情况。由图可见,电液伺服阀的"流量-压力"曲线对零点是对称的,亦即阀的控制性能在两个方向上是一样的。

其他开口形式电液伺服阀的"流量-压力"特性可以仿照上述方法进行分析。

由图 5-63 可得阀的流量-压力系数为

$$K_c = -\frac{\partial q_L}{\partial p_L}\Big|_{x_s = \text{const}} = \frac{C_d \omega x_s}{2\sqrt{\rho(p_p - p_L)}} \qquad (5-23)$$

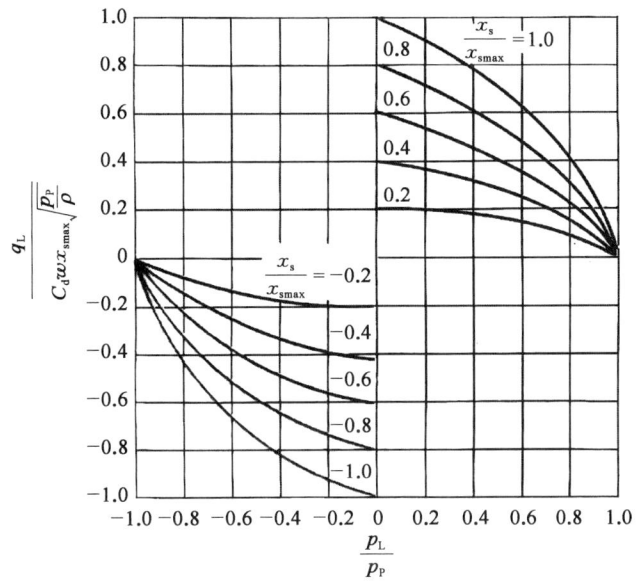

图 5-63 零开口电液伺服阀的"流量-压力"特性曲线

2. 流量特性

电液伺服阀的流量特性曲线如图 5-64 所示,其中图 5-64(a)所示为零开口阀的理论流量曲线和实际流量曲线,图 5-64(b)和图 5-64(c)所示分别为负预开口阀和正预开口阀的流量曲线。

由图 5-64 可得阀的流量增益(流量放大系数),定义是

$$K_q = \frac{\partial q_L}{\partial x_s}\Big|_{p_L=\text{const}}$$

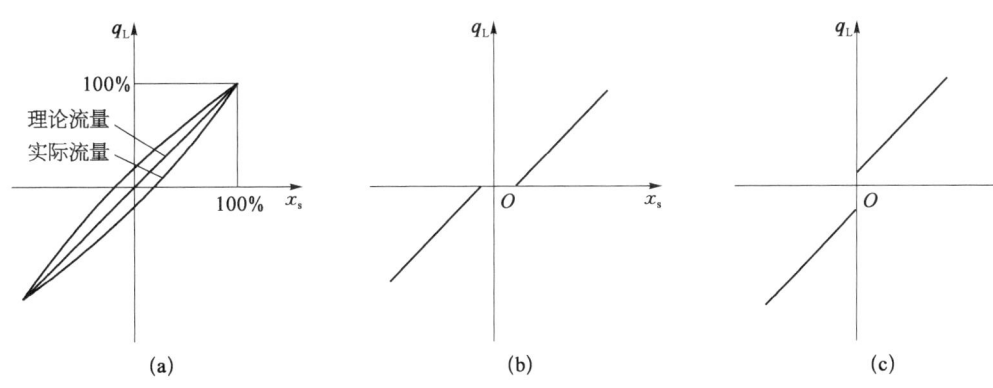

图 5-64 电液伺服阀的流量特性曲线

对理想零开口阀而言,得

$$K_q = C_d \omega \sqrt{\frac{p_p - p_L}{\rho}} \tag{5-24}$$

3. 压力特性

图 5-65 所示为电液伺服阀的压力特性曲线。由图可得阀的压力增益（压力放大系数），其定义为

$$K_p = \frac{\partial q_L}{\partial x_s}\Big|_{q_L = \text{const}}$$

由于 $\dfrac{\partial q_L}{\partial x_s} = -\dfrac{\partial q_L}{\partial p_L}\dfrac{\partial p_L}{\partial x_s}$ 因此可推得

$$K_p = \frac{K_q}{K_c} \tag{5-25}$$

对理想零开口阀来说

$$K_p = \frac{2(p_p - p_L)}{x_s} \tag{5-26}$$

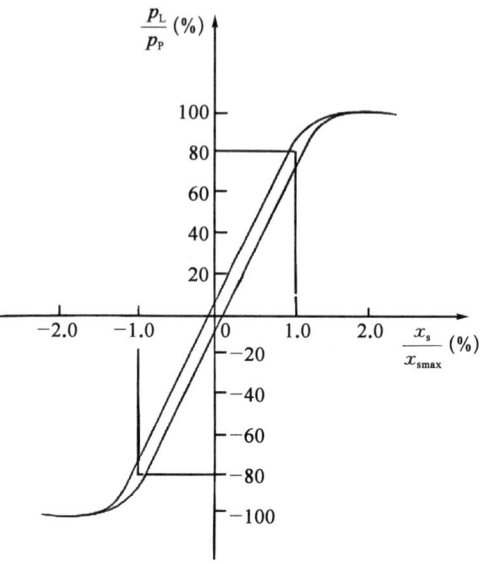

图 5-65 电液伺服阀的压力特性曲线

上述三个系数 K_q、K_c 和 K_p 称为电液伺服阀的特性系数。这些系数不仅表示了液压伺服系统的静特性，而且在分析伺服系统的动特性时也非常重要。流量增益对系统的稳定性有影响。流量-压力系数对系统的阻尼比和系统刚度有影响。阀的压力增益则表明阀芯在很小位移时，系统是否有起动较大负载的能力，故对灵敏度有影响。

电液伺服阀的 K_q、K_c 和 K_p 三个特性系数，对分析伺服系统的静、动态特性具有重要意义。阀在原点附近的特性系数称为零位特性系数。几种常用电液伺服阀的零位特性系数见表 5-4。

表 5-4 几种常用电液伺服阀的零位特性系数

零位特性系数	单边滑阀	双边滑阀	零开口四边滑阀	正开口四边滑阀
K_{q0}	$C_d w \sqrt{\dfrac{p_p}{\rho}}$	$2C_d w \sqrt{\dfrac{p_p}{\rho}}$	$C_d w \sqrt{\dfrac{p_p}{\rho}}$	$2C_d w \sqrt{\dfrac{p_p}{\rho}}$
K_{c0}	$\dfrac{2C_d w x_{s0}}{\sqrt{\rho p_p}}$	$\dfrac{2C_d w x_{s0}}{\sqrt{\rho p_p}}$	0	$\dfrac{C_d w x_{s0}}{\sqrt{\rho p_p}}$
K_{p0}	$\dfrac{p_p}{2x_{s0}}$	$\dfrac{p_p}{x_{s0}}$	∞	$\dfrac{2p_p}{x_{s0}}$

表 5-4 中单边滑阀和双边滑阀的零位特性系数表达式的适用条件是：由它们驱动的液压缸小腔有效工作面积和大腔有效工作面积之比为 0.5。而单边滑阀的 x_{s0} 是指在零负载和液压缸不动（$q_L = 0$）这一平衡状态下的开口量。对正开口四边滑阀，x_{s0} 是它的预开口量。

4. 内泄漏特性

对于零开口滑阀,滑阀处于中间位置时,通过径向缝隙产生的泄漏为

$$q = \frac{\pi \omega C_r^3}{32\mu} p_p \tag{5-27}$$

式中,ω 为阀的面积梯度;C_r 为阀芯和阀孔间的半径向缝隙;μ 为油液的动力黏度;p_p 为供油压力。

若为正开口滑阀,阀在中间位置时的泄漏量为

$$q = 2C_d \omega U \sqrt{\frac{p_p}{\rho}} \tag{5-28}$$

式中,C_d 为流量系数;U 为阀中位时的预开口量;ρ 为油液的密度。

当零开口四边滑阀的阀口有 1~3 μm 的遮盖量时,可部分补偿径向缝隙的影响。

因为阀有内泄漏,所以对实际的零开口四边滑阀来说,它的零位流量-压力系数不为零,经推导得

$$K_{c0} = \frac{\pi \omega C_r^2}{32\mu} \tag{5-29}$$

式(5-29)表明 K_{c0} 和阀的结构尺寸有关。

同理,可推得它的零位压力放大系数不是无穷大,而是

$$K_{p0} = \frac{32\mu C_d \sqrt{\dfrac{p_p}{\rho}}}{\pi C_r^2} \tag{5-30}$$

可见,K_{p0} 虽和阀的结构尺寸无关,但却和径向缝隙 C_r 有关。C_r 增大时,K_{p0} 急剧减小。

必须指出,前面所述的是电液伺服阀的特性,对于电液伺服阀,因输入是电流,则要用输入电流 I 代替阀的位移 x_s,便可得到电液伺服阀的特性。

由静态特性可以确定阀的一些指标,如线性度、对称度、滞环、分辨率、零漂和内漏等。

(二) 动态特性(频率特性)曲线

阀的动态特性一般用频率特性表示,如图 5-66 所示。通常以幅值比为 -3 dB 和相位差为 -90° 时所对应的频率来度量,而分别名之以幅频宽和相频宽。频宽是衡量电液伺服阀动态特性的一个重要参数。为了使液压伺服系统有较好的性能,应有一定的频宽。但频带过宽可能使电噪声和高频干扰信号传给系统,对系统工作不利。

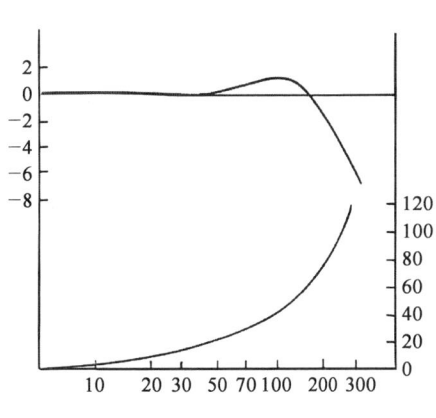

图 5-66 动态特性曲线

四、电液伺服阀的选用

由于电液伺服阀的控制精度高、响应速度快,所以在工业设备、航天航空以及军事装备中获得广泛的应用,它常用来实现电液位置、速度、加速度和力的控制。它的正确使用,直接影响到系统的性能、工作可靠性和寿命。图 5-67 所示为依传递功率大小和动态特性指标(以 $-90°$ 时的相频宽表示)的要求而使用电液伺服阀的情况。

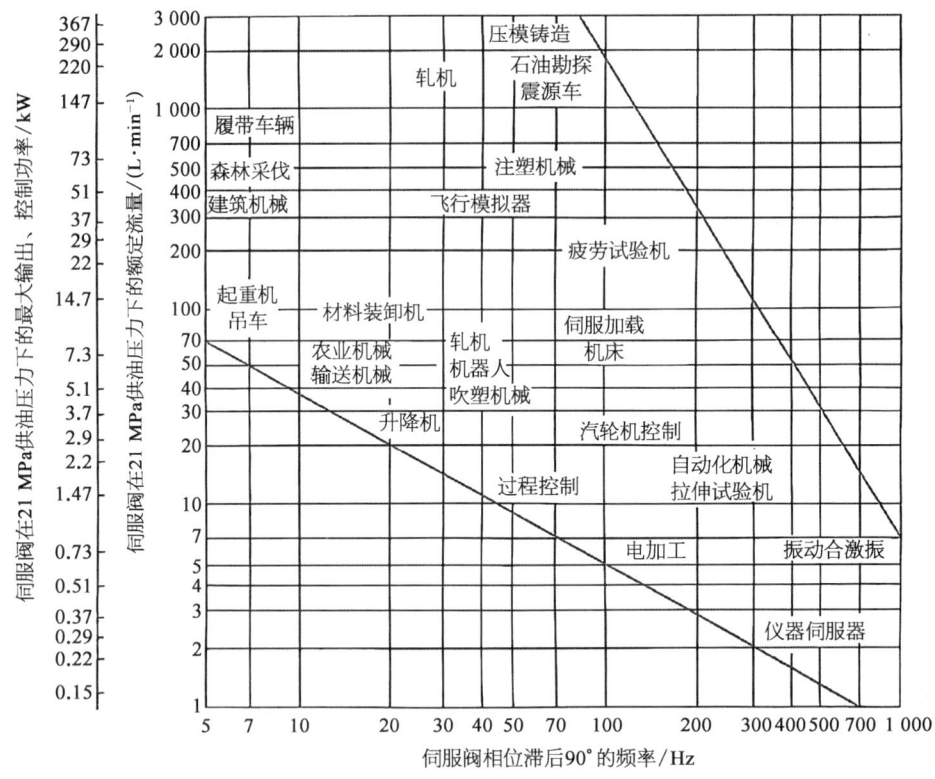

图 5-67 依传递功率大小和动态特性指标(以 $-90°$ 时的相频宽表示)的要求而使用电液伺服阀的情况

例 5-1 零开口四边电液伺服阀的额定流量为 $2.5\times10^{-4}~\text{m}^3/\text{s}$,供油压力 $p_P=14~\text{MPa}$,阀的流量放大系数 $K=1~\text{m}^2/\text{s}$,流量系数 $C_d=0.62$,油液密度 $\rho=900~\text{kg/m}^3$,试求阀芯的直径和开口量。

解:电液伺服阀的额定流量定义为当 $p_L=\dfrac{2}{3}p_P$ 时通过阀的流量。$p_P=14~\text{MPa}$,故 $p_L=\dfrac{2}{3}p_P=9.33~\text{MPa}$

依公式 $K_q=C_d\omega\sqrt{\dfrac{p_P-p_L}{\rho}}$ 代入数据得 $\omega=0.022~\text{m}$,设阀为全周界通油,则

$$d=\frac{\omega}{\pi}=\frac{0.022}{\pi}~\text{m}=0.007~\text{m}=7~\text{mm}$$

依公式 $q = C_d \omega x \sqrt{\dfrac{p_p - p_L}{\rho}}$ 可得阀的开口量为

$$x = \dfrac{q}{C_d \omega \sqrt{\dfrac{p_P - p_L}{\rho}}} = \dfrac{2.5 \times 10^{-4}}{0.62 \times 0.022 \times \sqrt{\dfrac{4.67 \times 10^6}{900}}} \text{ m} = 0.25 \text{ m}$$

注：由此例可见电液伺服阀的开口量是相当小的，它和换向阀不同，换向阀的开口量是较大的，达几个毫米，为的是让油液流过时不产生过大的压力损失。而电液伺服阀不仅控制液流的方向，而且利用开口的大小控制液流的流量，所以开口量较小。阀开口的微小变化，就可使通过阀的流量发生较大的变化。单位的阀开口变化能产生的流量变化，就是流量放大系数 K_q 的物理意义 K_q 越大，则阀越灵敏。

这里也应当注意，流量放大系数 K_q 和零位流量放大系数 K_{q0} 之间的区别 K_{q0} 是阀在零位，$p_L = 0$ 时的值，即 $K_{q0} = C_d \omega \sqrt{\dfrac{p_P}{\rho}}$，所以在题目中不注明零位时，$K_q$ 应用 $C_d \omega \sqrt{\dfrac{p_P}{\rho}}$ 来计算。

第七节 电液比例阀

一、概述

电液比例阀是一种按输入的电气信号连续、按比例地对油液的压力、流量或方向进行控制的液压阀。与手动调节的普通液压阀相比，它能提高系统参数的控制水平。与电液伺服阀相比，虽在某些性能方面稍逊色些，但它的结构简单，成本较低，所以广泛应用于要求对液压参数进行连续控制或程序控制，但对控制精度和动态特性要求一般的液压系统中。

电液比例阀按控制功能可以分为：电液比例压力阀、电液比例流量阀、电液比例方向阀和电液比例复合阀（如比例压力流量阀）；按液压放大级的级数可以分为：直动式和先导式；按阀内级间参数是否有反馈可以分为：不带反馈型和带反馈型。带反馈型又分为流量反馈、位移反馈和力反馈。也可以把一些反馈量转换成电量后再进行级间反馈，又可构成多种形式的反馈型比例控制阀，如位移电反馈、流量电反馈等。

二、电液比例阀的结构

电液比例阀的结构主要有电-机械转换器（比例电磁铁）和阀两部分。电液比例阀有开环控制的，也有闭环控制的。

比例电磁铁是在传统湿式直流阀用开关电磁铁的基础上发展起来的。目前所应用的耐高压直流比例电磁铁具有图 5-68(a) 所示的盆式结构。

由于磁路结构的特点，使之具有图 5-68(b) 所示的几乎水平的电磁力-行程特性，这有助

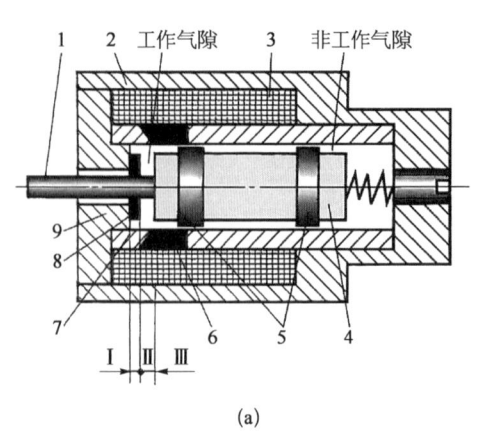
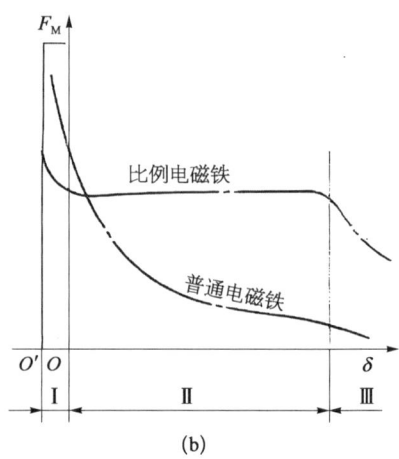

(a)   (b)

1—推杆；2—壳体；3—线圈；4—衔铁；5—轴承环；6—隔磁环；7—导套；8—限位片；9—极靴；Ⅰ—吸合区；Ⅱ—工作行程区；Ⅲ—空行程区。

图 5-68 比例电磁铁的结构与特性

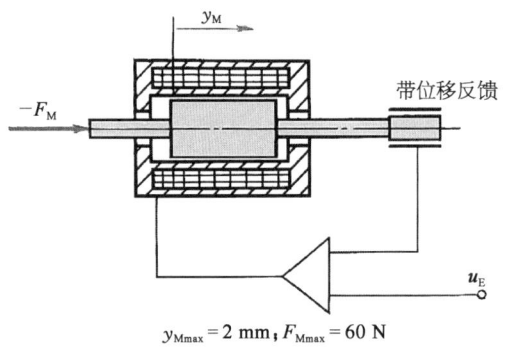

$y_{Mmax} = 2$ mm；$F_{Mmax} = 60$ N

图 5-69 位移反馈的比例电磁铁

于阀的稳定性。图 5-68 所示的电磁铁的输出是电磁推力，故称为力输出型，还有一种带位移反馈的位置输出型比例电磁铁，如图 5-69 所示。后者由于有衔铁位移的电反馈闭环，因此当输入控制电信号一定时，不管与负载相匹配的比例电磁铁输出电磁力如何变化，其输出位移仍保持不变。所以它能抑制摩擦力等扰动影响，使之具有极为优良的稳态控制精度和抗干扰特性。

与电液伺服阀相似，控制电液比例阀的比例放大器也是具有深度电流负反馈的电子控制放大器，其输出电流和输入电压成正比。比例放大器的构成与伺服放大器也相似，但一般要复杂一些，如比例放大器一般均带有颤振信号发生器，还有零区电流跳跃（比例方向阀）等功能。

（一）比例压力阀

1. 直动式比例压力阀

用比例电磁铁取代压力阀的手调弹簧力控制机构便可得到比例压力阀，如图 5-70 所示。图 5-70(a) 所示的比例压力阀采用普通力输出型比例电磁铁 1，其衔铁可直接作用于锥阀 4。图 5-70(b) 所示的则为位移反馈型比例电磁铁，必须借助弹簧转换为力后才能作用于锥阀 4 进行压力控制。后者由于有位移反馈闭环控制，可抑制电磁铁内的摩擦等扰动，因而控制精度显著高于前者，当然复杂性和价格也随之增加。这两种比例压力阀，可用作小流量时的直动式溢流阀，也可取代先导式溢流阀和先导式减压阀中的先导阀，组成先导式比例溢流阀和先导式比例减压阀。

图 5-71 所示为两个应用输出压力直接检测反馈和在先导级与主级级间动压反馈的比例压力阀。两种阀的先导阀阀芯 4 均为有直径差的两节同心滑阀，大、小端面积差与压力反馈推杆 5 面积相等，稳态时动态阻尼孔 R_2 两侧液压力相等，先导阀阀芯大端受压面积（大端面积减

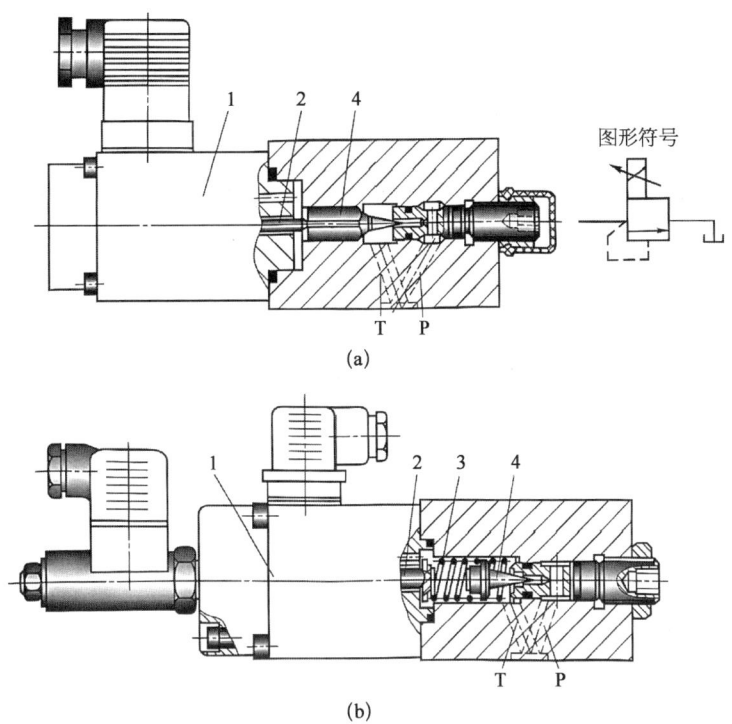

1—比例电磁铁；2—推杆；3—弹簧；4—锥阀。

图 5-70 直动式比例压力阀

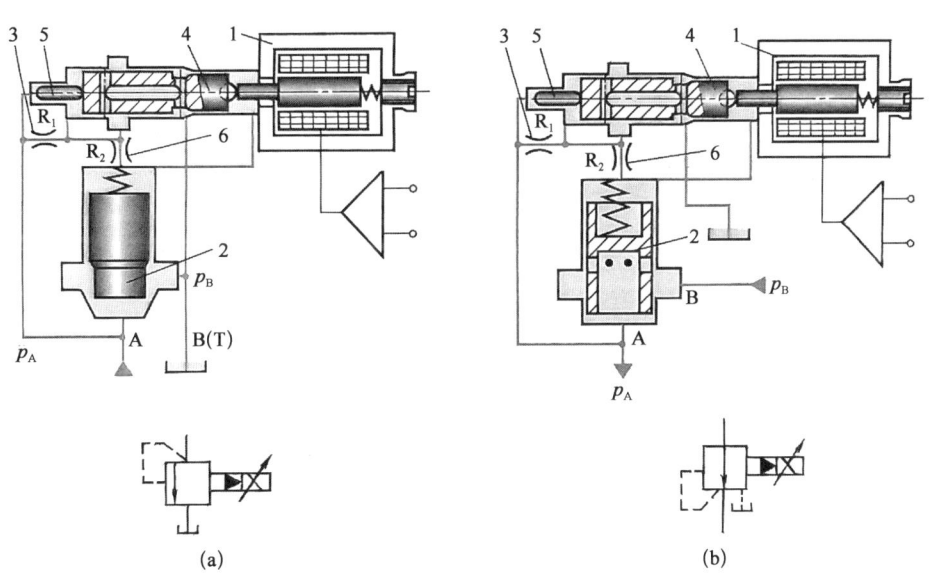

1—比例电磁铁；2—主阀阀芯；3—固定节流孔；4—先导阀芯；5—压力反馈推杆；6—固定节流孔。

图 5-71 先导式比例压力阀

去反馈推杆面积)和小端受压面积相等,因而先导阀阀芯两端静压平衡。

图 5-71(a)(b)所示主阀结构与传统先导式溢流阀和减压阀相同,均有 A、B 通口。如前所述,传统先导式压力阀的先导阀控制的是主阀上腔压力,先导阀输入的弹簧力和主阀上腔压力相平衡,因而流量变化引起主阀液动力的变化以及减压阀进口压力 p_B 变化时会产生调压偏

差。而图 5-71 所示的先导式压力阀,若忽略先导阀液动力、阀芯质量和摩擦力等影响,其输入电磁力主要与输出压力 p_A 作用在反馈推杆上的力相平衡,因而形成反馈闭环控制,当流量和减压阀的进口压力变化时控制输出压力 p_A 均能保持恒定。

所谓级间动压反馈原理是,主阀阀芯运动时在动态阻尼孔 R_2 两端产生的压差作用在先导阀阀芯两端面,经先导阀的控制对主阀阀芯的运动产生阻尼作用,应用此原理的比例压力阀动态稳定性显著提高,从未出现传统压力阀易产生的振荡和啸叫现象。同时,改变动态阻尼孔 R_2 的直径,可调节阀的快速性而对阀的稳态性能无任何影响。

2. 比例流量阀

比例流量阀包括比例节流阀和比例调速阀,也有直动式和先导式之分。它用电-机械转换器(如比例电磁铁)来调节阀口的通流面积,使输出流量与输入的电信号成比例。

图 5-72 所示为反馈型直动式比例流量阀的工作原理。图中实线表示利用弹簧来实现的位移-力反馈,虚线表示用位移传感器的直接位置反馈。采用两路反馈后,改善了比例阀的静、动态控制性能。

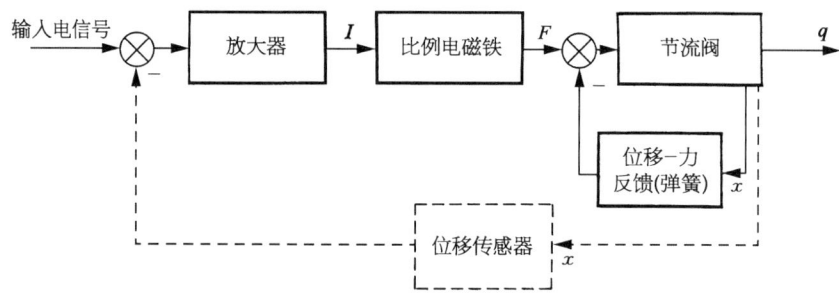

图 5-72 反馈型直动式比例流量阀的工作原理

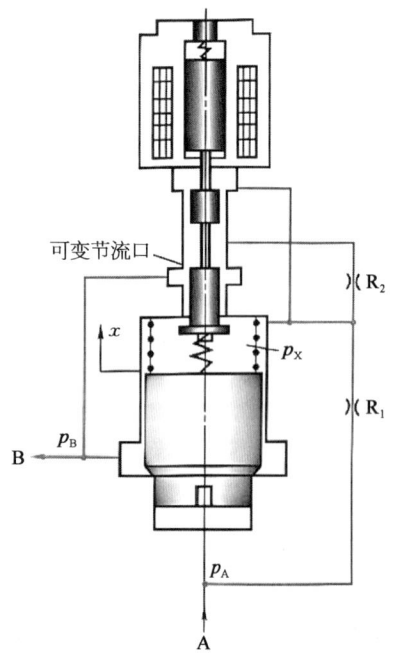

图 5-73 位移-力反馈型比例节流阀的工作原理

位移-力反馈型比例节流阀的先导阀与主阀之间的定位是通过反馈弹簧来实现的。它的工作原理如图 5-73 所示。当输入控制电流时,比例电磁铁产生相应的推力,使先导阀克服弹簧力下移,打开可变节流口。由于固定节流孔 R_1 的作用,使主阀上腔的压力 p_x 下降。在压差 $\Delta p = p_A - p_x$ 的作用下,主阀阀芯上移,并打开或增大主节流口。同时,主阀阀芯的位移经反馈弹簧转化为反馈力作用在先导阀阀芯下部,与电磁力相比较,两者相等时达到平衡,R_2 的作用是产生动态压力反馈。

对照图 5-72 所示的原理框图及上述分析可知,主阀阀芯上的摩擦力、液动力等干扰都受到位移-力反馈闭环的抑制。但作用在先导阀上的摩擦力和液动力等干扰仍然存在,未受抑制。可以通过合理选配材料、提高加工精度以及在控制电流上叠加颤振信号等措施减小摩擦力的影响。

3. 比例方向阀

比例方向阀也有直动式和先导式之分,并各有开环控制和阀芯位移反馈闭环控制两大类。有的比例方向阀还用定差减压阀或定差溢流阀对其阀口进行压差补偿,构成比例方向流量阀。

图 5-74 所示为先导式开环控制的比例方向(节流)阀,其先导阀及主阀均为四边滑阀。该阀的先导阀为双向控制的直动式比例减压阀,其外供油口为 X,回油口为 Y。比例电磁铁未通电时,先导阀芯 4 在左右两对中弹簧(图中未画出)作用下处于中位,四个阀口均关闭。当某一比例电磁铁如 A 通电时,先导阀芯左移,使其两个凸肩的右边的阀口开启,先导压力油从 X 口经先导阀芯的阀口和左固定阻尼孔 5 作用在主阀芯 8 左端面,压缩主阀对中弹簧 10 使主阀芯右移,主阀油口 P-B 及 A-T 开启,主阀芯的右端面的油则经右固定阻尼孔和先导阀芯的阀口进入先导阀回油口 Y;同时进入先导阀芯的压力油,又经阀芯的径向孔作用于阀芯的轴向孔,而其油压则形成对减压阀控制压力的反馈。若忽略先导阀和主阀的液动力、摩擦力、阀芯质量和弹簧力等的影响,先导式减压阀的控制压力与电磁力成正比,进而又与主阀阀芯位移成正比。同理也可分析比例电磁铁 B 通电时的情况。这样通过改变输入比例电磁铁的电流便可控制主阀阀芯的位移,这就是该比例方向阀的工作原理。图中两个固定阻尼孔仅起动态阻尼作用,目的是提高阀的稳定性。

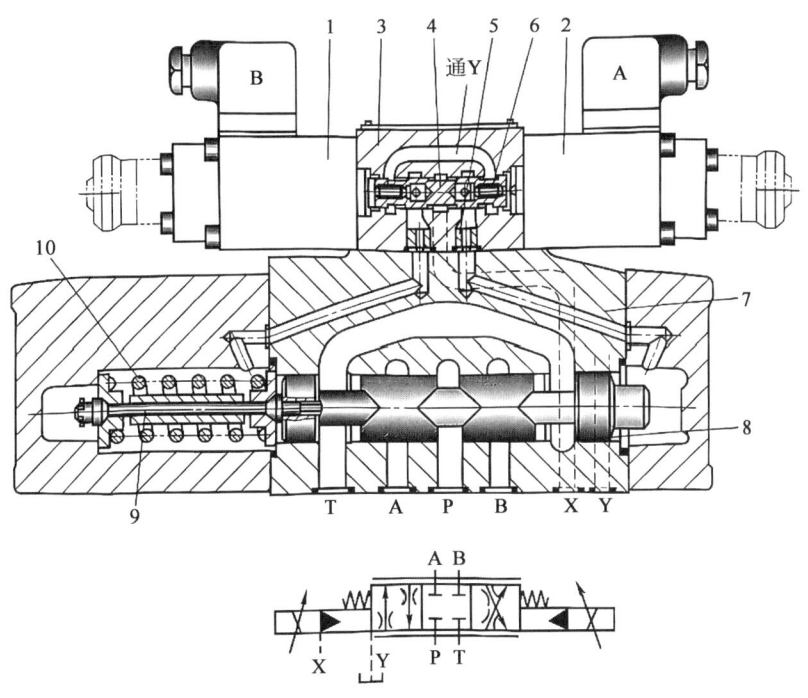

1、2—比例电磁铁;3—先导阀阀体;4—先导阀阀芯;5—左固定阻尼孔;6—反馈活塞;7—主阀阀体;8—主阀阀芯;9—弹簧座;10—主阀对中弹簧。

图 5-74 先导式开环控制的电液比例方向(节流)阀

(二) 电液比例阀的特点

电液比例阀是介于普通液压阀和电液伺服阀之间的一种控制阀,电液比例阀结构简单,制造精度要求和价格均比电液伺服阀低,抗污染性好,维护保养方便,虽动态快速性比电液伺服阀低,但在很多领域中已得到广泛的应用。电液比例阀和电液伺服阀的区别见表5-5。

表5-5 电液比例阀和电液伺服阀的比较

项 目	电液比例阀	电液伺服阀
阀的功能	压力控制、流量控制、方向控制	多为四通阀,同时控制方向和流量
电-位移转换器	功率较大(约50 W)的比例电磁铁,用来直接驱动阀芯或压缩弹簧	功率较小(0.1~0.3 W)的力矩马达,用来带动喷嘴-挡板或射流管放大器。其先导级的输出功率约为100 W
过滤精度(GB/T 14039—2002)	—/16/13~—/18/14 由于是由普通阀发展起来的,没有特殊要求	—/13/9~—/15/11 为了保护滑阀或喷嘴-挡板精密通流截面,要求进口过滤
线性度	在低压降(0.8 MPa)下工作,通过较大流量时,阀体内部的阻力对线性度有影响(饱和)	在高压降(7 MPa)下工作,阀体内部的阻力对线性度影响不大
滞环	1%~7%	0.1%~1%
遮盖	20% 一般精度,可以互换	0 极高精度,单件配作
响应时间	8~60 ms	2~10 ms
频率响应	10~150 Hz	100~500 Hz
电子控制	电子控制板与阀一起供应,比较简单	电子电路针对应用场合专门设计,包括整个闭环电路
应用领域	执行元件开环或闭环控制	执行元件闭环控制
价格	普通阀的3~6倍	普通阀的10倍以上

(三)电液比例阀的选用

如系统的某液压参数(如压力)的设定值超过三个,使用电液比例阀对其进行控制是最恰当的。

另外,利用斜坡信号作用在比例方向阀上,可以对机构的加速和减速实现有效的控制;利用比例方向阀和压力补偿器实现负载补偿,便可精确地控制机构的运动速度而不受负载的影响。

第八节 液压阀的连接

一个能完成一定功能的液压系统是由若干液压阀有机地组合在一起的,各液压阀间的连接方式有管式、板式、集成式等。集成式中又可分为集成块式、叠加阀式和插装阀式。插装阀式在上一节中已做了介绍,在此将介绍其他几种连接方式。

一、管式

管式连接即将各管式液压阀用管道互相连接起来,管道与阀一般用螺纹管接头连接起来,流量大的则用法兰连接。管式连接不需要其他专门的连接元件,系统中各阀间油液的运行路线一目了然,但是结构较分散,特别是对于较复杂的液压系统,所占空间较大,管路交错,接头繁多,既不便于装卸维修,在管接头处也容易造成漏油和进入空气,而且有时会产生振动和噪声,因此目前使用的场合已不太多见。

二、板式

为了解决管式连接中存在的问题,出现了板式液压元件,板式连接就是将系统中所需要的板式标准液压元件统一安装在连接板上,采用的连接板有以下几种形式:

(1) 单层连接板 阀装在竖立的连接板的前面,阀间油路在板后用油管连接,这种连接板较简单,检查油路较方便,但板上油管多,装配极为麻烦,占空间也大。

(2) 双层连接板在 两块板间加工出油槽以连接阀间油路,两块板再用黏结剂或螺钉固定在一起,这种方法工艺较简单、结构紧凑,但当系统中压力过高或产生液压冲击时,容易在两块板间形成缝隙,出现漏油串腔问题,以致使液压系统无法正常工作,而且不易检查故障。

(3) 整体连接板 在整体板中间钻孔或铸孔以连接阀间油路,这样工作可靠,但钻孔工作量大,工艺较复杂,如用铸孔则清砂又较困难,此外整体连接板和双层连接板都是根据一定的液压回路和系统设计的,不能随意更改系统,如系统有所改变,需重新设计和制造。

三、集成块式

由于前述几种连接方式中存在一些问题,在生产中发展了液压装置的集成化,集成块式是集成化中的一种方式,即借助于集成块把标准化的板式液压元件连接在一起,组成液压系统。

集成块式液压装置的示意图如图 5-75 所示,2 为集成块,它是一种代替管路把元件连接起来的六面连接体,在连接体内根据各控制油路设计加工出所需要的油路通道,阀 3 等装在集成块的周围,通常三面各装一个阀,有时在阀与集成块间还可以用垫板安装一个简单的阀,如单向阀、节流阀等,另一面则安装油管连接到液压执行元件。集成块的上、下面是块与块的接合面,在接合面上加工有相同位置的压力油孔、回油孔、泄漏油孔以及安装螺栓孔,有时还有测压油路孔,集成块与装在其周围的阀类元件构成一个集成块组,可以完成一定典型回路的功能,将

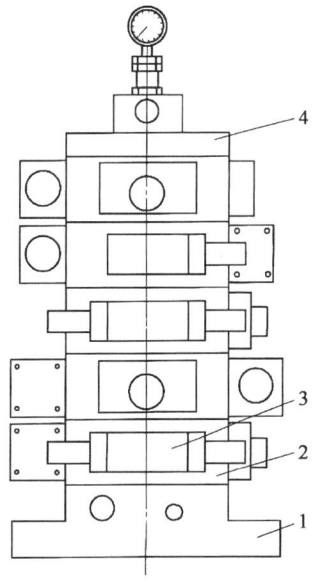

1—底板;2—集成块;3—阀;4—盖板。

图 5-75 集成块式液压装置的示意图

所需的几种集成块组叠加在一起,就可构成整个集成块式的液压传动系统。图 5-75 中 1 为底板,上面有进油口、回油口、泄漏油口等;4 为盖板,在盖板上可以装压力表开关,以便测量系统的压力。这种集成方式的优点是结构紧凑,占地面积小,便于装卸和维修,且具有标准化、系列化产品,可以组合选用,因而被广泛应用于各种中高压和中低压的液压系统中;但它也有设计工作量大,加工工艺复杂,不能随意修改系统等缺点。

四、叠加阀式

叠加阀式是液压装置集成化的另一种方式,它由叠加阀互相直接连接而成。如图 5-76 所示,叠加阀式液压装置的最下面一般为底板,在底板上有进油口、回油口以及通向液压执行元件的孔口,上面第一块一般为压力表开关,再向上依次叠加各种压力阀和流量阀,最上层为换向阀,一个叠加阀组一般控制一个液压执行元件。若系统中有几个液压执行元件需要集中控制,可将几个竖向叠加阀组并排安装在多联底板块上。用叠加阀组成的液压传动系统,元件间的连接不使用管子,也不使用其他形式的连接体,因而结构紧凑、体积小,尤其是液压系统的更改较为方便。叠加阀为标准化元件,设计中仅需按工艺要求绘制出叠加阀式液压系统原理图,即可进行组装,因而设计工作量小,目前已被广泛用于冶金、机械制造、工程机械等领域中。

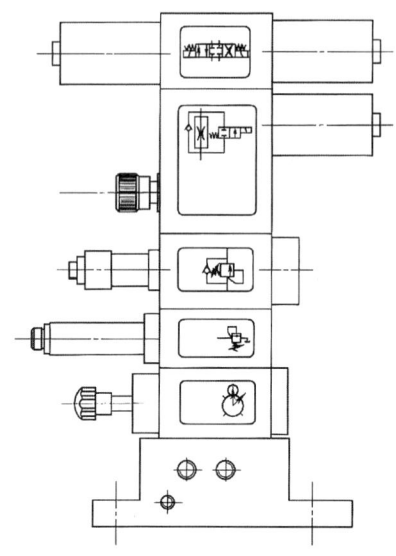

图 5-76 叠加阀式液压装置的示意图

习 题

5-1 什么是换向阀的"位"和"通"?换向阀有几种控制方式?

5-2 用 O 型、M 型、P 型、H 型中位机能电磁换向阀分别控制单活塞杆式液压缸,试说明所构成的油路在换向阀处于中位时,各具有怎样的工作特性。

5-3 画出直动式溢流阀、直动式减压阀及直动式顺序阀的图形符号。结合图形符号说明三者在结构和工作特性方面有何区别。

5-4 试说明节流阀和调速阀在结构及工作特性方面有何区别。

5-5 若将先导式溢流阀的遥控口误当成卸油口接回油箱,系统会出现什么现象?

5-6 画出以下各种方向阀的图形符号:

1) 二位二通电磁换向阀;

2) 二位二通行程换向阀(常开);

3) 二位三通液动换向阀;

4) 液控单向阀;

5) 三位四通(M型)电液换向阀；

6) 三位四通(Y型)电磁换向阀。

5-7 选用流量控制阀时应考虑哪些问题及应如何应对？

5-8 节流阀应满足哪些性能要求？节流阀为什么能改变流量？

5-9 为什么调速阀能够使执行元件的速度稳定？

5-10 简述插装阀的基本结构及工作原理。

5-11 根据工作性能，叠加阀可分为哪两类？它们各具备哪些功能？

5-12 如何选择电液伺服阀？

5-13 如图5-77所示液压缸，$A_1 = 30 \text{ cm}^2$，$A_2 = 120 \text{ cm}^2$，$F = 30\,000$ N，液控单向阀作用锁以防止液压缸下滑，阀的控制活塞面积 A_k 是阀芯承受面积 A 的3倍。若摩擦力、弹簧力均忽略不计，试计算需要多大的控制压力才能开启液控单向阀？开启前液压缸中最高压力为多少？

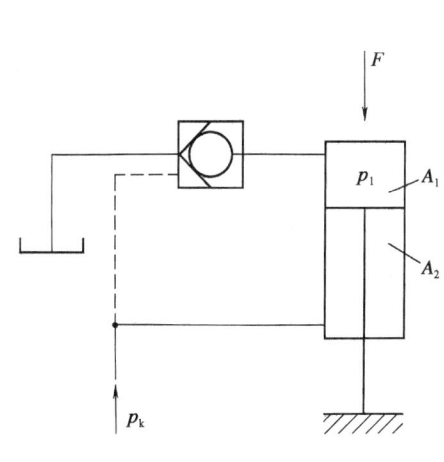

图5-77 题5-13图

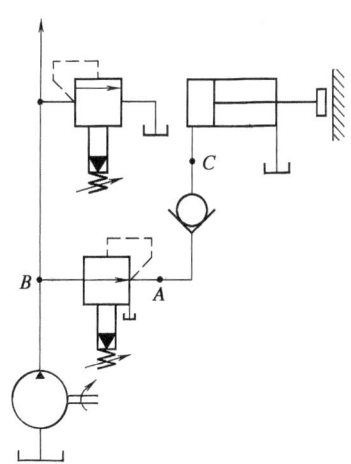

图5-78 题5-14图

5-14 如图5-78所示系统，溢流阀的调定压力为5 Mpa，减压阀的调定压力为2.5 Mpa。试分析下列各工况，并说明减压阀阀口处于什么状态：

1) 当泵口压力等于溢流阀调定压力时，夹紧缸使工件夹紧后，A、C点压力各为多少？

2) 当泵出口压力由于工作缸快进，系统压力降低到1.5 Mpa时（工件原处于夹紧状态），A、C点压力各为多少？

3) 夹紧缸在夹紧工件前作空载运动时，A、B、C点压力各为多少？

5-15 如图5-79所示的液压系统，液压缸的有效面积 $A_1 = A_2 = 100 \text{ cm}^2$，缸Ⅰ负载 $F_L = 35\,000$ N，缸Ⅱ运动时负载为零，不计摩擦阻力、惯性力和管路损失。溢流阀、顺序阀和减压阀的调定压力分别为4 MPa、3 MPa 和2 MPa，求下列三种工况下 A、B 和 C 处的压力：

1) 液压泵启动后，两换向阀处于中位；

2) 1YA 通电，液压缸Ⅰ运动时和到终端终止时；

3) 1YA 断电，2YA 通电，液压缸Ⅱ运动时和碰到挡块停止运动时。

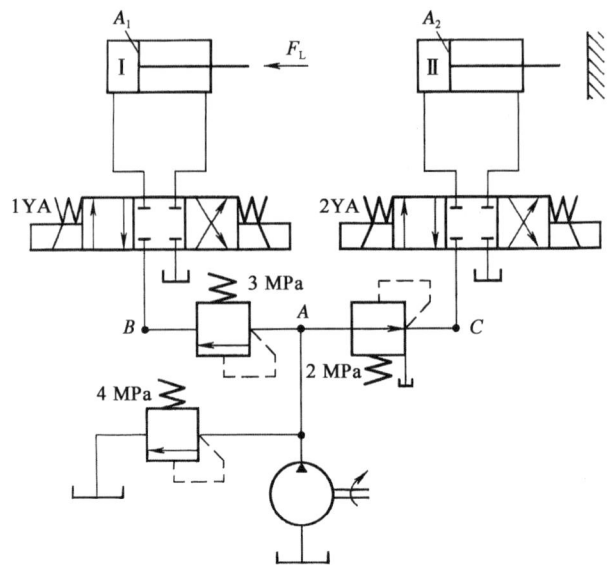

图 5-79 题 5-15 图

5-16 液压缸活塞面积 $A=100\ cm^2$，负载在 $500\sim 40\ 000\ N$ 的范围内变化，为使负载变化是活塞运动速度恒定，在液压缸进口处使用一个调速阀。如将泵的工作压力调到其额定压力 6.3 MPa，问这是否合适？

5-17 如图 5-80 所示为插装式锥阀组成换向阀的两个例子。如果阀关闭时 A、B 有压差，试判断电磁阀通电和断电时，图（a）和图（b）的压力油能否开启锥阀而流动，并分析各自是作何种换向阀使用的。

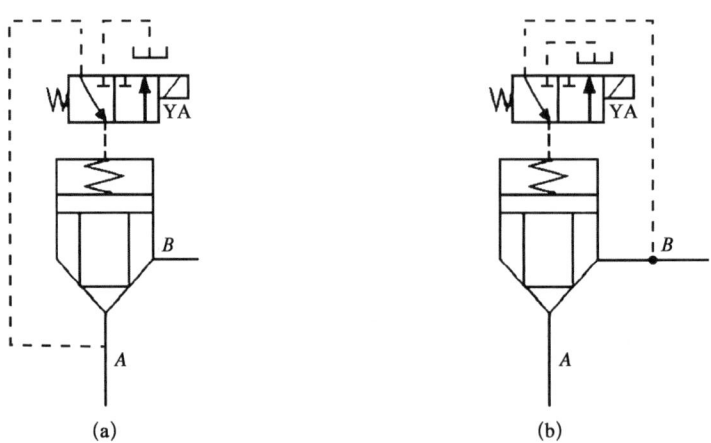

图 5-80 题 5-17 图

第六章 液压辅助元件

第一节 过 滤 器

一、过滤器的作用

在液压系统中,由于系统内的形成或系统外的侵入,液压油中难免会存在污染物,这些污染物的颗粒不但会加速液压元件的磨损,而且会堵塞阀件的小孔,卡住阀芯,划伤密封件,使液压阀失灵,系统产生故障。因此,必须对液压油中的杂质和污染物的颗粒进行清理。目前,控制液压油洁净程度的最有效方法就是采用过滤器。过滤器的主要功用就是对液压油进行过滤,控制油液的洁净程度。

二、过滤器的性能指标

过滤器的主要性能指标有过滤精度、通流能力、压力损失等,其中过滤精度为主要指标。

(1) 过滤精度　过滤器的工作原理是用具有一定尺寸过滤孔的滤芯对污染物进行过滤。过滤精度就是指过滤器从液压油中所过滤掉的杂质颗粒的最大尺寸(以污染物颗粒平均直径 d 表示)。

目前所使用的过滤器按过滤精度可分为四级:粗($d \geqslant 0.1$ mm)、普通($d \geqslant 0.01$ mm)、精($d \geqslant 0.001$ mm)和特精($d \geqslant 0.0001$ mm)。

过滤精度选用的原则是使所过滤污染物颗粒的尺寸要小于液压元件密封间隙尺寸的一半。系统压力越高,液压件内相对运动零件的配合间隙越小,需要的过滤器的过滤精度也就越高。液压系统的过滤精度主要取决于系统的压力。过滤器过滤精度推荐值见表6-1。

表6-1　滤器过滤精度推荐值

系统类型	润滑系统	传 动 系 统			伺服系统
压力/MPa	0~2.5	≤14	14<p≤21	>21	21
过滤精度/μm	100	25~50	25	10	5

(2) 通流能力　过滤器的通流能力一般用额定流量表示,它与过滤器滤芯的过滤面积成正比。

(3) 压力损失　压力损失是指过滤器在额定流量下的进出油口间的压差。一般,过滤器的通流能力越好,压力损失也越小。

(4) 其他性能　过滤器的其他性能主要指滤芯强度、滤芯寿命、滤芯耐蚀性等定性指标。不同过滤器的这些性能会有较大的差异,可以通过比较确定各自的优劣。

三、过滤器的典型结构

按照过滤机理,过滤器可分为机械过滤器和磁性过滤器两类。前者是使液压油通过滤芯的孔隙时将污染物的颗粒阻挡在滤芯的一侧;后者用磁性滤芯将所通过的液压油内铁磁颗粒吸附在滤芯上。在一般液压系统中常使用机械过滤器,在要求较高的系统中可将上述两类过滤器联合使用。在此着重介绍机械过滤器。

(1) 网式过滤器　图 6-1 所示为网式过滤器结构图。它由上端盖 1、下端盖 4 之间连接开有若干孔的筒形塑料骨架 3(或金属骨架)组成,在骨架外包裹一层或几层过滤网 2。过滤器工作时,液压油从过滤器外通过过滤网进入过滤器内部,再从上端盖管口处进入系统。此过滤器属于粗过滤器,其过滤精度为 0.04～0.13 mm,压力损失不超过 0.025 MPa,这种过滤器的过滤精度与铜丝网的网孔大小、铜网的层数有关。网式过滤器的特点是:结构简单,通油能力强,压力损失小,清洗方便;但是过滤精度低,一般安装在液压泵的吸油管口上用以保护液压泵。

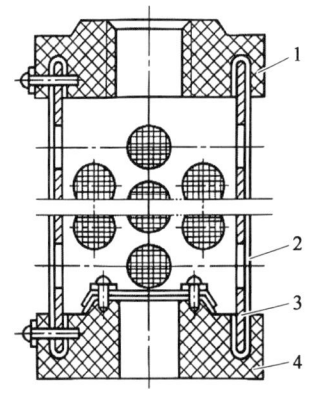
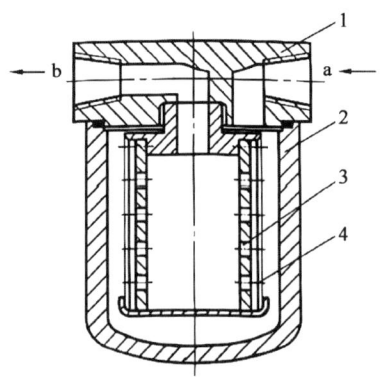

图 6-1　网式过滤器　　　　　图 6-2　线隙式过滤器

(2) 线隙式过滤器　图 6-2 所示为线隙式过滤器结构图。它由端盖 1、壳体 2、带孔眼的筒形骨架 3 和绕在骨架外部的金属绕线 4 组成。工作时,油液从孔 a 进入过滤器内,经线间的间隙、骨架上的孔眼进入滤芯中再由孔 b 流出。这种过滤器利用金属绕线间的间隙过滤,其过滤精度取决于间隙的大小。过滤精度有 30 μm、50 μm 和 80 μm 三种精度等级;其额定流量为 6～250 L/min,在额定流量下,压力损失为 0.03～0.06 MPa。线隙式过滤器分为吸油管用和压油管用两种。前者安装在液压泵的吸油管道上,其过滤精度为 0.05～0.1 mm,通过额定流量时压力损失小于 0.02 MPa;后者用于液压系统的压力管道上,过滤精度为 0.03～0.08 mm,压力损失小于 0.06 MPa。这种过滤器的优点是结构简单,通油性能好,过滤精度较高,所以应用较普遍;缺点是不易清洗,滤芯强度低,多用于中、低压系统。

(3) 纸芯式过滤器　纸芯式过滤器以滤纸为过滤材料,把厚度为 0.35～0.7 mm 的平纹或波纹的酚醛树脂或木浆的微孔滤纸环绕在带孔的镀锡铁皮骨架上,制成滤纸芯,如图 6-3 所示。油液从滤芯外面经滤纸进入滤芯内,然后从孔道 a 流出。为了增加滤纸 1 的过滤面积,纸芯一般都做成折叠式。这种过滤器过滤精度有 0.01 mm 和 0.02 mm 两种规格,压力损失为 0.01～0.04 MPa。其优点是过滤精度高;缺点是堵塞后无法清洗,需定期更换纸芯,强度低,一般用于精过滤系统。

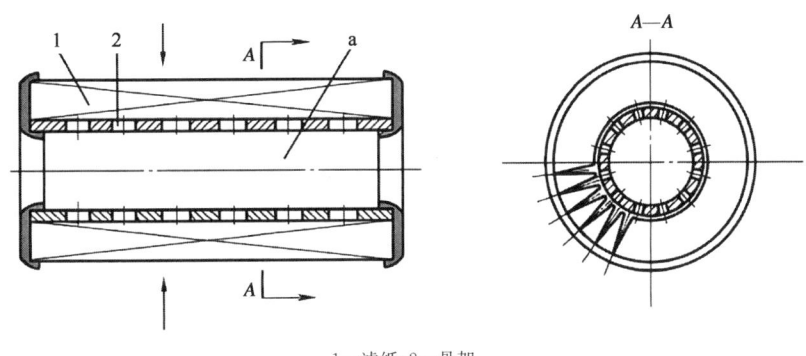

1—滤纸;2—骨架。

图 6-3　纸芯式过滤器

(4) 烧结式过滤器　图 6-4 所示为烧结式过滤器结构图。此过滤器由端盖 1、壳体 2、滤芯 3 组成,滤芯由颗粒状铜粉烧结而成。其过滤过程是:液压油从 a 孔进入,经铜颗粒之间的微孔进入滤芯内部,从 b 孔流出。烧结式过滤器的过滤精度与滤芯上铜颗粒之间的微孔尺寸有关,选择不同颗粒的粉末,制成厚度不同的滤芯,就可获得不同的过滤精度。烧结式过滤器的过滤精度为 0.001～0.01 mm,压力损失为 0.03～0.2 MPa。这种过滤器的优点是强度大,可制成各种形状,制造简单,过滤精度高;缺点是难清洗,金属颗粒易脱落,常用于需要精过滤的场合。

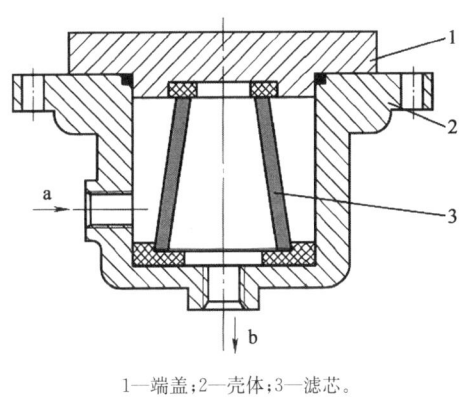

1—端盖;2—壳体;3—滤芯。

图 6-4　烧结式过滤器

四、过滤器的选用

选择过滤器时,主要根据液压系统的技术要求及过滤器的特点综合考虑来选择。主要考虑的因素有:

(1) 系统的工作压力　系统的工作压力是选择过滤器精度的主要依据之一。系统的压力越高,液压元件的配合精度越高,所需要的过滤精度也就越高。

(2) 系统的流量　过滤器的通流能力是根据系统的最大流量而确定的。过滤器的额定流量不能小于系统的流量,否则过滤器的压力损失会增加,过滤器易堵塞,寿命也缩短。但过滤器的额定流量越大,其体积也越大,造价也越高,因此应选择合适的流量。

(3) 滤芯的强度　过滤器滤芯的强度是一个重要指标;不同结构的滤芯有不同的强度。高压或冲击大的液压回路应选用强度高的滤芯。

五、过滤器的安装

过滤器的安装是根据系统的需要而确定的,一般可安装在图6-5所示的各种位置上:

(1) 安装在液压泵的吸油口　如图6-5(a)所示,在泵的吸油口安装过滤器,可以保护系统中的所有元件,但由于受泵吸油阻力的限制,只能选用压力损失小的网式过滤器。这种过滤器过滤精度低,泵磨损所产生的颗粒将进入系统,对系统其他液压元件无法完全保护,还需其他过滤器串接在油路上使用。

(2) 安装在液压泵的出油口　如图6-5(b)所示,这种安装方式可以有效地保护除泵以外的其他液压元件,但由于过滤器是在高压下工作,滤芯需要有较高的强度。为了防止过滤器堵塞而引起液压泵过载或过滤器损坏,常在过滤器旁设置堵塞指示器或旁路阀加以保护。

(3) 安装在回油路上　如图6-5(c)所示,将过滤器安装在系统的回油路上。这种方式可以把系统内油箱或管壁氧化层的脱落或液压元件磨损所产生的颗粒过滤掉,以保证油箱内液压油的清洁,使泵及其他元件受到保护。由于回油压力较低,所需过滤器强度不必过高。

(4) 安装在支路上　如图6-5(d)所示,过滤器主要安装在溢流阀的回油路上,这时不会增加主油路的压力损失,过滤器的流量也可小于泵的流量,比较经济合理。但不能过滤全部油液,也不能保证杂质不进入系统。

(5) 单独过滤　如图6-5(e)所示,用一个液压泵和过滤器单独组成一个独立于系统之外的过滤回路,这样可以连续清除系统内的杂质,保证系统内清洁。此种方式一般用于大型液压系统。

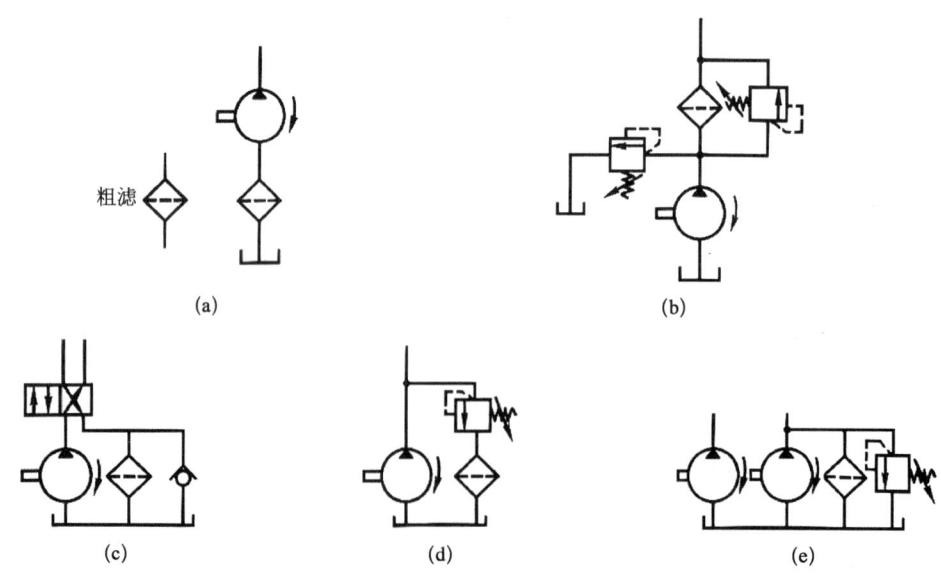

图6-5　过滤器的安装

第二节 蓄能器

蓄能器是在液压系统中储存和释放压力能的元件。它还可以用作短时供油和吸收系统的振动和冲击的液压元件。

一、蓄能器的类型和结构

蓄能器主要有重锤式、弹簧式和充气式三种类型。

1. 重锤式蓄能器

重锤式蓄能器的结构原理图如图6-6所示,它是利用重物的位置变化来储存和释放能量的。重物1通过活塞2作用于液压油3上,使之产生压力。当储存能量时,油液从孔a经单向阀进入蓄能器内,通过活塞推动重物上升;当释放能量时,活塞同重物一起下降,油液从b孔输出。这种蓄能器结构简单,压力稳定,但容量小,体积大,反应不灵活,易产生泄漏。目前只用于少数大型固定设备的液压系统中。

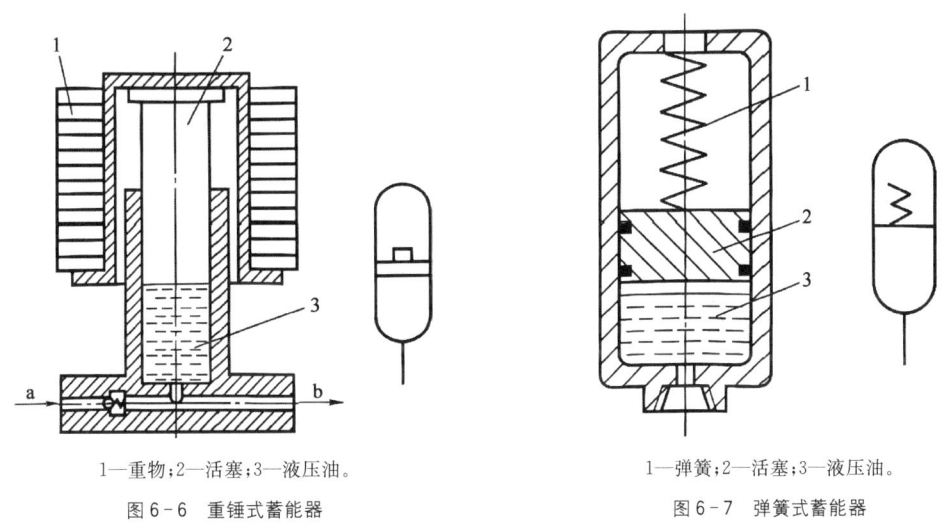

1—重物;2—活塞;3—液压油。
图6-6 重锤式蓄能器

1—弹簧;2—活塞;3—液压油。
图6-7 弹簧式蓄能器

2. 弹簧式蓄能器

图6-7所示为弹簧式蓄能器的结构原理图,它利用弹簧的伸缩来储存和释放能量。弹簧1的力通过活塞2作用于液压油3上。液压油的压力取决于弹簧的预紧力和活塞的面积。由于弹簧伸缩时弹簧力会发生变化,所形成的油压也会发生变化。为减少这种变化,一般弹簧的刚度不可太大,弹簧的行程也不能过大,从而限定了这种蓄能器的工作压力。这种蓄能器用于低压、小容量系统,常用于液压系统的缓冲。弹簧式蓄能器具有结构简单,反应较灵敏等特点;但容量较小,承压较低。

3. 充气式蓄能器

充气式蓄能器利用气体的压缩和膨胀来储存和释放能量。为安全起见,所充气体一般为惰性气体或氮气。常用的充气式蓄能器有活塞式和囊隔式两种，如图 6-8 所示。

(1) 活塞式充气蓄能器 图 6-8(a)所示为活塞式充气蓄能器结构图。液压油从 a 口进入推动活塞，压缩活塞上腔的气体储存能量；当系统压力低于蓄能器内压力时，气体推动活塞释放液压油，满足系统需要。这种蓄能器具有结构简单，工作可靠，维修方便等特点；但由于缸体的加工精度较高，活塞密封易磨损，活塞的惯性及摩擦力的影响，使之存在造价高、易泄漏、反应灵敏程度差等缺陷。

(2) 囊隔式充气蓄能器 图 6-8(b)所示为囊隔式充气蓄能器结构图。由图可知，气囊 2 安装在壳体 3 内，充气阀 1 为气囊充入氮气，液压油从入口顶开菌形限位阀 4 进入蓄能器压缩气囊，气囊内的气体被压缩而储存能量；当系统压力低于蓄能器压力时，气囊膨胀，液压油输出，蓄能器释放能量。菌形限位阀的作用是防止气囊膨胀时从蓄能器油口处凸出而损坏。这种蓄能器的特点是气体与油液完全隔开，气囊惯性小、反应灵活、结构尺寸小、重量轻、安装方便，是目前应用最为广泛的蓄能器之一。

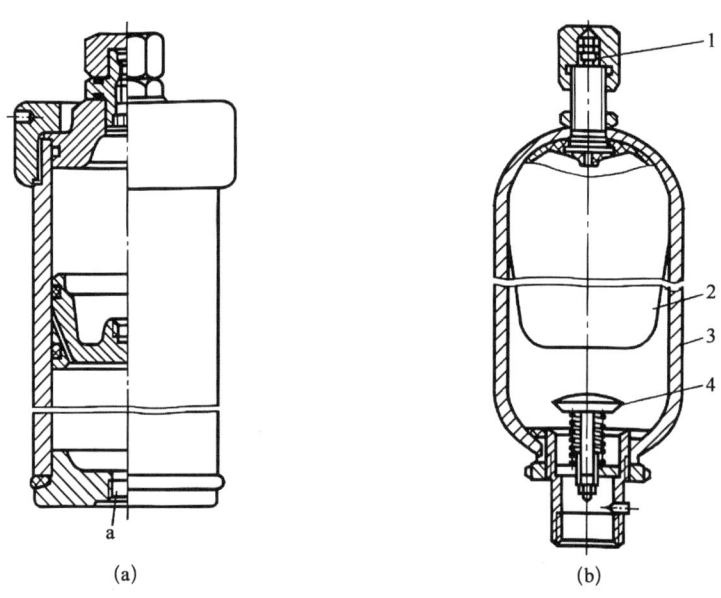

1—充气阀；2—气囊；3—壳体；4—菌形限位阀。

图 6-8 充气式蓄能器

二、蓄能器的容量计算

蓄能器的容量是选用蓄能器的主要指标之一。不同的蓄能器其容量的计算方法不同，在此仅对应用最为广泛的囊隔式充气蓄能器用作辅助能源时其容量的计算方法做一简要的介绍。

囊隔式充气蓄能器在工作前要先充气，当充气后气囊会占据蓄能器壳体的全部体积，假设此时气囊内的体积为 V_0，压力为 p_0；在工作状态下，液压油进入蓄能器，使气囊受到压缩，此时气囊内气体的体积为 V_1，压力为 p_1；液压油释放后，气囊膨胀，其体积变为 V_2，压力降为 p_2，如图 6-9 所示。根据波义耳气体定律可知

$$p_0 V_0^n = p_1 V_1^n = p_2 V_2^n = 常数 \tag{6-1}$$

式中，p_0、V_0 为蓄能器没有液压油输入时，气囊内预充气体的压力和体积；p_1、V_1 为蓄能器在工作状态下，气囊压缩后其内腔的压力和体积；p_2、V_2 为蓄能器在释放能量后，气囊内的压力和体积；n 为由蓄能器工作状态所确定的指数。

当蓄能器释放能量的速度较缓慢时，如用来保压或补偿泄漏，可以认为气体是在等温条件下工作，取 $n=1$；当蓄能器迅速释放能量时，如用来大量供油，可以认为是在绝热条件下工作，取 $n=1.4$。设蓄能器储存油液的最大容积为 V_W，则有

$$V_W = V_2 - V_1 \tag{6-2}$$

将式(6-2)与式(6-1)联立，可得

$$V_0 = \frac{V_W \left(\dfrac{p_2}{p_0}\right)^{\frac{1}{n}}}{\left[1 - \left(\dfrac{p_2}{p_1}\right)^{\frac{1}{n}}\right]} \tag{6-3}$$

或

$$V_W = V_0 p_0^{\frac{1}{n}} \left[\left(\dfrac{1}{p_2}\right)^{\frac{1}{n}} - \left(\dfrac{1}{p_1}\right)^{\frac{1}{n}}\right]$$

理论上，充气压力 p_0 与释放能量后的压力 p_2 应当相等，但由于系统中有泄漏，为了保证系统压力为 p_2 时蓄能器还能向系统供油，应使 $p_0 < p_2$。对于折合型气囊，取 $p_0 = (0.8 \sim 0.85) p_2$；对于波纹型气囊，取 $p_0 = (0.6 \sim 0.65) p_2$。

p_1 和 p_2 为系统的最高工作压力和维持系统工作的最低工作压力，它们均由系统的要求确定；V_0 为气囊的最大容积，也可认为是蓄能器的容积，在确定 V_0 时，应先由式(6-3)计算出 V_0，再查手册选取蓄能器容积标准值。

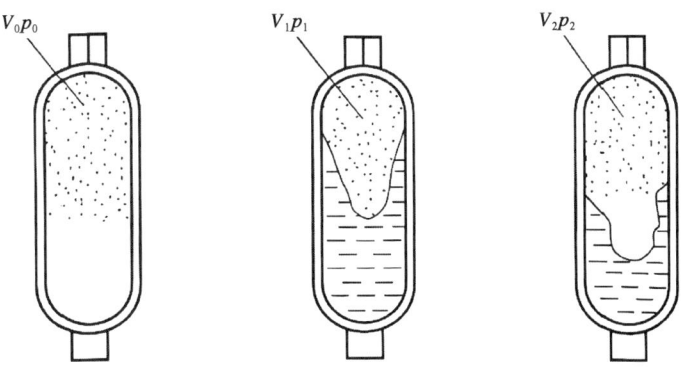

图 6-9 囊隔式充气储能器的工作状态

例 6-1 在一个最高和最低工作压力分别为 $p_1 = 20$ MPa、$p_2 = 10$ MPa 的液压系统中，若蓄能器的充气压力为 $p_0 = 9$ MPa，求满足输出 5 L 液体的蓄能器的容量。

解：当蓄能器慢速输油时，$n=1$，由式(6-3)有

$$V_0 = \frac{5 \times \frac{10}{9}}{1 - \frac{10}{20}} \text{ L} = 11.11 \text{ L}$$

当蓄能器快速输油时,$n=1.4$,由式(6-3)有

$$V_0 = \frac{5 \times \left(\frac{10}{9}\right)^{\frac{1}{1.4}}}{1 - \left(\frac{10}{20}\right)^{\frac{1}{1.4}}} \text{ L} = 13.81 \text{ L}$$

三、蓄能器的安装使用

蓄能器在液压系统中安装的位置由蓄能器的功能来确定。在使用和安装蓄能器时应注意以下问题:

1) 囊隔式充气蓄能器应当垂直安装,倾斜安装或水平安装会使蓄能器的气囊与壳体磨损,影响蓄能器的使用寿命。

2) 吸收压力脉动或冲击的蓄能器应该安装在振源附近。

3) 安装在管路中的蓄能器必须用支架或挡板固定,以承受因蓄能器蓄能或释放能量时所产生的动量反作用力。

4) 蓄能器与管道之间应安装止回阀,用于充气或检修。蓄能器与液压泵之间应安装单向阀,以防止停泵时液压油倒流。

第三节 油 箱

油箱的主要功用是储存油液,同时箱体还具有散热、沉淀污物、析出油液中渗入的空气以及作为安装平台等作用。

一、油箱的分类及典型结构

(一) 油箱的分类

油箱可分为开式结构和闭式结构两种:开式结构油箱中的油液具有与大气相通的自由液面,多用于各种固定设备;闭式结构的油箱中的油液与大气是隔绝的,多用于行走设备及车辆。

开式结构的油箱又分为整体式和分离式。整体式油箱通常利用主机的底座作为油箱,其特点是结构紧凑,液压元件的泄漏容易回收,但散热性能差,维修不方便,对主机的精度及性能有所影响。

分离式油箱单独成立一个供油泵站,与主机分离,其散热性、维护和维修性均好于整体式

油箱,但需增加占地面积。目前,精密设备多采用分离式油箱。

(二) 油箱的典型结构

图 6-10 所示为开式结构分离式油箱的结构简图。箱体一般用 2.5～4 mm 的薄钢板焊接而成,表面涂有耐油涂料;油箱中间有下隔板 7 和上隔板 9,用来将液压泵的吸油管 1 与回油管 4 分离开,以阻挡沉淀杂物及回油管产生的泡沫;油箱顶部的安装板 5 用较厚的钢板制造,用以安装电动机、液压泵、集成块等部件。在安装板上装有过滤网 2、防尘盖 3,用以注油时过滤,并防止异物落入油箱。防尘盖侧面开有小孔与大气相通,油箱侧面装有液位计 6 用以显示油量,油箱底部装有排油阀 8 用以换油时排油和排污。

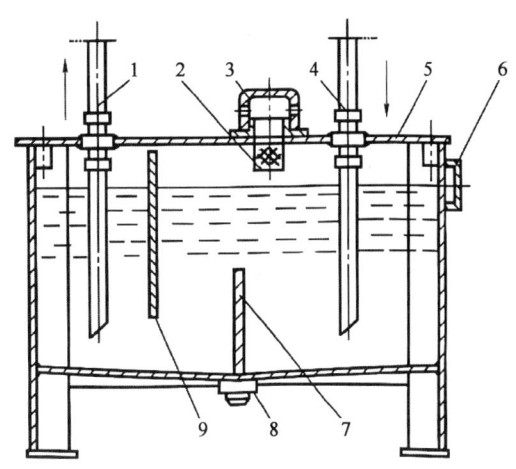

1—吸油管(注油器);2—过滤网;3—防尘盖(泄油管);4—回油管;5—安装板;6—液位计;7—下隔板;8—排油阀;9—上隔板。

图 6-10 油箱简图

二、油箱的设计

油箱属于非标准件,在实际情况下常根据需要自行设计。油箱设计时主要考虑油箱的容积、结构、散热等问题。限于篇幅,在此仅将设计思路简介如下。

(一) 油箱容积的估算

油箱容积是油箱设计时需要确定的主要参数。油箱体积大时散热效果好,但用油多,成本高;油箱体积小时占用空间少,成本降低,但散热条件不足。在实际设计时,可用经验公式初步确定油箱的容积,然后再验算油箱的散热量 Q_1,计算系统的发热量 Q_2,当油箱的散热量大于液压系统的发热量时 ($Q_1 > Q_2$),油箱容积合适;否则需增大油箱的容积或采取冷却措施(油箱散热量及液压系统发热量计算请查阅有关手册)。

油箱容积的估算经验公式为

$$V = \alpha q \qquad (6-4)$$

式中,V 为油箱的容积(L);q 为液压泵的总额定流量(L/min);α 为经验系数(min),对于低压系统,$\alpha = 2 \sim 4$ min,对于中压系统,$\alpha = 5 \sim 7$ min,对于中高压或高压大功率系统,$\alpha = 6 \sim 12$ min。

(二) 设计时的注意事项

在确定容积后,油箱的结构设计就成为实现油箱各项功能的主要工作。设计油箱结构时应注意以下几点:

1) 箱体要有足够的强度和刚度。油箱一般用 2.5～4 mm 的钢板焊接而成,尺寸大者要加焊加强肋。

2) 泵的吸油管上应安装 100～200 目的网式过滤器。过滤器与箱底间的距离不应小于 20 mm。过滤器不允许露出液面,防止泵卷吸空气产生噪声。系统的回油管要插入液面以下,防止回油冲溅产生气泡。

3) 吸油管与回油管应隔开,两者间的距离尽量远些,应当用几块隔板隔开,以增加油液的循环距离,使油液中的污染物和气泡充分沉淀或析出。隔板高度一般取液面高度的3/4。

4) 防污密封。为防止油液污染,盖板及窗口各连接处均需加密封垫,各油管通过的孔都要加密封圈。

5) 油箱底部应有坡度。箱底与地面间应有一定距离。箱底最低处要设置放油塞。

6) 油箱内壁表面要做专门处理。为防止油箱内壁涂层脱落,新油箱内壁要经喷丸、酸洗和表面清洗,然后可涂一层与工作液相溶的塑料薄膜或耐油清漆。

第四节 热交换器

液压系统在工作时,液压油的温度应保持在15～65℃之间,油温过高将使油液迅速变质,同时油液的黏度下降,系统的效率降低;油温过低则油液的流动性变差,系统压力损失加大,泵的自吸能力降低。因此,保持油温的数值是液压系统正常工作的必要条件。因受各种因素的限制,有时靠油箱本身的自然调节无法满足油温的需要,需要借助外界设施满足设备油温的要求。热交换器就是最常用的温控设施。热交换器分为冷却器和加热器两类。

一、冷却器

冷却器按冷却形式可分为水冷、风冷和氨冷等多种形式,其中水冷和风冷是常用的冷却形式。

图6-11(a)所示为常用的蛇形管式水冷却器,将蛇形管安装在油箱内,冷却水从管内流过,带走油液内产生的热量。这种冷却器结构简单,成本低,但热交换效率低,水耗大。

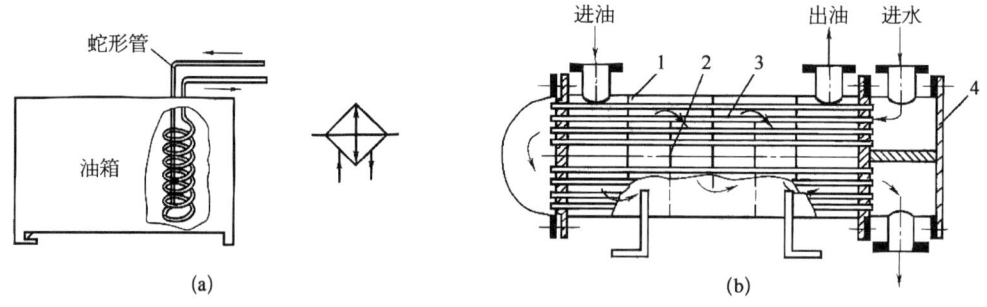

图6-11 冷却器

图6-11(b)所示为大型设备常用的壳管式冷却器,它是由壳体1、铜管3及隔板2组成。液压油从壳体1的左油口进入,经多条冷却铜管3外壁及隔板冷却后,从壳体右口流出。冷却水从壳体右隔箱4上部进水口流入,沿上部铜管3内腔到达壳体左封堵,然后再经下部铜管3内腔通道由壳体右隔箱4下部出水口流出。由于多条冷却铜管及隔墙的作用,这种冷却器热交换效率高,但体积大,造价高。

近年来出现了翅片式冷却器,冷却管外套用多个具有良好导热材料制成的散热翅片,以增加散热面积。

风冷式散热器在行走车辆的液压设备上应用较多。风冷式冷却器可以是排管式,也可以用翅片式(单层管壁),其体积小,但散热效率不及水冷式高。

冷却器一般安装在液压系统的回油路上或在溢流阀的溢流管路上。图 6-12 所示为冷却器安装位置的例子。液压泵输出的液压油直接进入系统,已发热的回油和溢流阀溢出的油一起经冷却器 1 冷却后回到油箱。单向阀 2 用以保护冷却器。截止阀 3 用于当不需要冷却器时打开,提供通道。

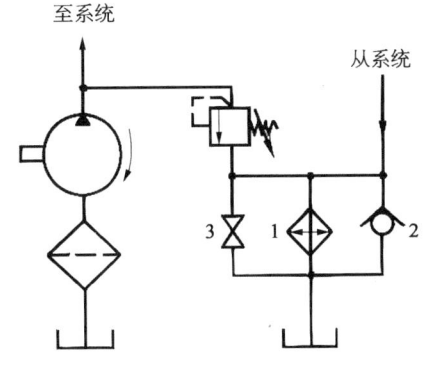

1—冷却器;2—单向阀;3—截止阀。

图 6-12 冷却器的安装位置

二、加热器

液压系统中所使用的加热器一般采用电加热方式。电加热器结构简单,控制方便,可以设定所需温度,温控误差较小。但电加热器的加热管直接与液压油接触,易造成箱体内油温不均匀,有时会加速油质老化。因此,可设置多个加热器,且控制加热温度不宜过高。图 6-13 所示为加热器的应用,加热器 2 安装在油箱 1 的箱体壁上,用法兰连接。

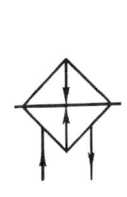 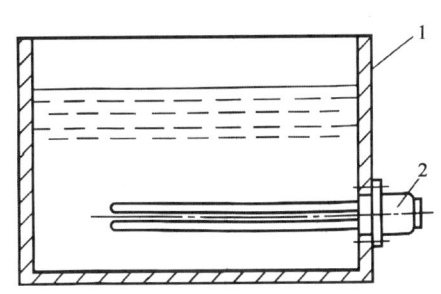

1—油箱;2—加热器。

图 6-13 加热器的安装

第五节 连 接 件

油管、管接头称为连接件,其作用是将分散的液压元件连接起来,构成一个完整的液压系统。连接件的性能与结构对液压系统的工作状态有直接的关系。在此介绍常用的液压连接件的结构,供设计液压装置选用连接件时参考。

一、油管

(一) 油管的种类

在液压系统中,所使用的油管种类较多,有钢管、铜管、尼龙管、塑料管、橡胶管等。

在选用时要考虑液压系统压力的高低、液压元件安装的位置、液压设备工作的环境等因素。

（1）钢管　钢管分为无缝钢管和焊接钢管两类。前者一般用于高压系统，后者用于中低压系统。钢管的特点是：承压能力强，价格低廉，强度高，刚度好，但装配和弯曲较困难。目前在各种液压设备中，钢管应用最为广泛。

（2）铜管　铜管分为黄铜管和纯铜管两类，多用纯铜管。铜管具有装配方便、易弯曲等优点，但也有强度低、抗振能力差、材料价格高、易使液压油氧化等缺点，一般用于液压装置内部难装配的地方或压力为 0.5～10 MPa 的中低压系统。

（3）尼龙管　这是一种乳白色半透明的新型管材，承压能力有 2.5 MPa 和 8 MPa 两种。尼龙管具有价格低廉、弯曲方便等特点，但寿命较短，多用于低压系统替代铜管使用。

（4）塑料管　塑料管价格低，安装方便，但承压能力低，易老化，目前只用于泄漏管和回油路。

（5）橡胶管　这种油管有高压和低压两种。高压管由夹有钢丝编织层的耐油橡胶制成，钢丝层越多，油管耐压能力越高；低压管的编织层为帆布或棉线。橡胶管用于具有相对运动的液压件的连接。

（二）油管的计算

油管的计算主要是确定油管内径和管壁的厚度。

油管内径的计算公式为

$$d = 2\sqrt{\frac{q}{\pi v}} \tag{6-5}$$

式中，q 为通过油管的流量；v 为油管中推荐的流速，吸油管取 0.5～1.5 m/s，压油管取 2.5～5 m/s，回油管取 1.5～2.5 m/s。

油管壁厚的计算公式为

$$\delta \geqslant \frac{pd}{2[\sigma]} \tag{6-6}$$

式中，p 为油管内压力；$[\sigma]$ 为油管材料的许用应力。$[\sigma] = \dfrac{R_m}{n}$，$R_m$ 为油管材料的抗拉强度，n 为安全系数。对于钢管，当 $p < 7$ MPa 时，取 $n = 8$；当 $p < 17.5$ MP 时，取 $n = 6$；当 $p > 17.5$ MP 时，取 $n = 4$。

二、管接头

管接头是连接油管与液压元件或阀板的可拆卸的连接件。管接头应满足拆装方便、密封性好、连接牢固、外形尺寸小、压降小、工艺性好等要求。

常用的管接头种类很多，按接头的通路分类，有直通式、角通式、三通式和四通式；按接头与阀体或阀板的连接方式分类，有螺纹式、法兰式等；按油管与接头的连接方式分类，有扩口式、焊接式、卡套式、扣压式、快换式等。以下仅对后一种分类做介绍。

(1) 扩口式管接头 图 6-14(a)所示为扩口式管接头,它利用油管 1 管端的扩口在卡套 2 的压紧下进行密封。这种管接头结构简单,适用于铜管、薄壁钢管、尼龙管和塑料管的连接。

(2) 焊接式管接头 图 6-14(b)所示为焊接式管接头,油管与接头内芯 3 焊接而成,接头内心的球面与接头体锥孔面紧密相连,具有密封性好、结构简单、耐压性强等优点。其缺点是焊接较麻烦,适用于高压厚壁钢管的连接。

(3) 卡套式管接头 图 6-14(c)为卡套式管接头,它利用弹性极好的卡套 2 卡住油管 1 进行密封。其特点是结构简单,安装方便,油管外壁尺寸精度要求较高。卡套式管接头适用于高压冷拔无缝钢管连接。

(4) 扣压式管接头 图 6-14(d)所示为扣压式管接头,这种管接头由接头外套 4 和接头芯子 5 组成。此接头适用于软管连接。

(5) 可拆卸式管接头 图 6-14(e)所示为可拆卸式管接头。此接头的结构是将外套 4 和接头芯子 5 做成六角形,便于经常拆卸软管,适用于高压小直径软管连接。

(6) 快换接头 图 6-14(f)所示为快换接头,此接头便于快速拆装油管。其原理为:当卡箍 9 向左移动时,钢珠 8 从插嘴 10 的环槽中向外退出,插嘴不再被卡住,可以迅速从插座 10 中抽出。此时管塞 7 和 11 在各自的弹簧力作用下将两个管口关闭,使油管内的油液不会流失。这种管接头适用于需要经常拆卸的软管连接。

(7) 伸缩管接头 图 6-14(g)所示为伸缩管接头,这种管接头由内管 13、外管 12 组成,内管可以在外管内自由滑动并用密封圈密封。内管外径必须经过精密加工。这种管接头适用于连接件有相对运动的管道的连接。

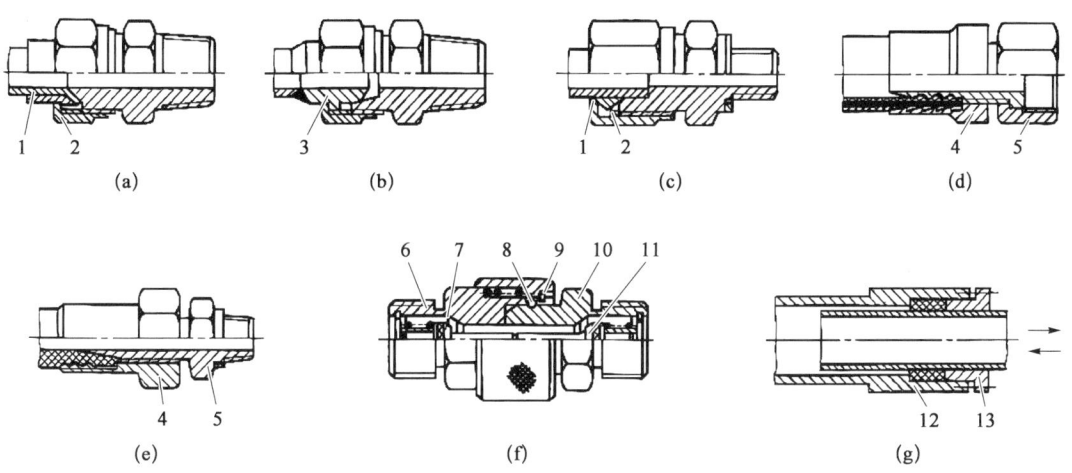

1—油管;2—卡套;3—接头内芯;4—接头外套;5—接头芯子;6—插座;7,11—管塞;8—钢珠;9—卡箍;10—插嘴;12—外管;13—内管。

图 6-14 常用管接头

第六节 密封装置

密封是解决液压系统泄漏问题的有效手段之一。当液压系统的密封不好时,会因外泄漏而污染环境,还会造成空气进入液压系统而影响液压泵的工作性能和液压执行元件运动的平稳性；当内泄漏严重时，造成系统容积效率过低及油液温升过高，导致系统不能正常工作。

一、对密封装置的要求

1）在工作压力和一定的温度范围内，应具有良好的密封性能，并随着压力的增加能自动提高密封性能。
2）密封装置和运动件之间的摩擦力要小，摩擦因数要稳定。
3）抗腐蚀能力强，不易老化，工作寿命长，耐磨性好，磨损后在一定程度上能自动补偿。
4）结构简单，使用、维护方便，价格低廉。

二、密封装置的类型和特点

密封按其工作原理可分为非接触式密封和接触式密封。前者主要指间隙密封，后者指密封件密封。

1. 间隙密封

间隙密封是靠相对运动件配合面之间的微小间隙来进行密封的。间隙密封常用于柱塞、活塞或阀的圆柱配合副中。

采用间隙密封的液压阀，在其阀芯的外表面开有几条等距离的均压槽，它的主要作用是使径向压力分布均匀，减少液压卡紧力，同时使阀芯在孔中对中性好。间隙密封以减少间隙的方法来减少泄漏。另外，均压槽所形成的阻力对减少泄漏也有一定的作用。所开均压槽的尺寸一般宽为 0.3~0.5 mm，深为 0.5~1.0 mm。圆柱面间的配合间隙与直径大小有关，对于阀芯与阀孔一般取 0.005~0.017 mm。这种密封的优点是摩擦力小，缺点是磨损后不能自动补偿，主要用于直径较小的圆柱面之间的配合，如液压泵内的柱塞与缸体之间、滑阀的阀芯与阀孔之间。

2. O 形密封圈

O 形密封圈一般用耐油橡胶制成，其横截面呈圆形，它具有良好的密封性能，内、外侧和端面都能起密封作用。它具有结构紧凑、运动件的摩擦阻力小、制造容易、装拆方便、成本低、高低压均可使用等特点，在液压系统中得到广泛的应用。

O 形密封圈的结构和工况如图 6-15 所示。图 6-15(a)所示为 O 形密封圈的外形截面图；图 6-15(b)所示为装入密封沟槽时的情况图，其中 δ_1、δ_2 为 O 形密封圈装配后的预压缩量，通常用压缩率 W 表示，即 $W = \dfrac{d_0 - h}{d_0} \times 100\%$。

对于固定密封、往复运动密封和回转运动密封，压缩率应分别达到 15%~20%、10%~20% 和 5%~10%，才能获得满意的密封效果。

当油液工作压力超过 10 MPa 时，O 形密封圈在往复运动中容易被油液压力挤入间隙而损坏，如图 6-15(c)所示。为此要在它的侧面安放 1.2~1.5 mm 厚的聚四氟乙烯挡圈，单向受力时在受力侧的对面安放一个挡圈，双向受力时则在两侧各安放一个挡圈，如图 6-15(d)(e)所示。

O 形密封圈的安装沟槽除矩形外，还有 V 形、燕尾形、半圆形、三角形等，实际应用中可查

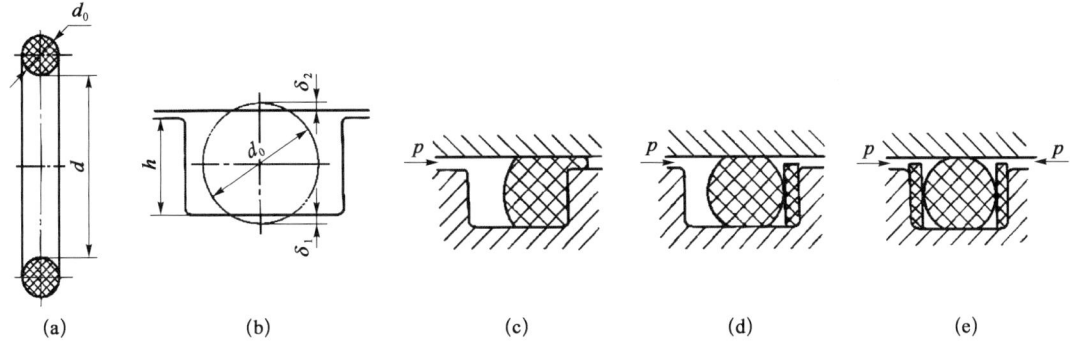

图 6-15 O 形密封圈的结构和工况

阅有关手册及国家标准。

3. 唇形密封圈

唇形密封圈根据截面的形状可分为 Y 形、V 形、U 形、L 形等,其工作原理如图 6-16 所示。液压力将密封圈的两唇边 h_1 压向形成间隙的两个零件表面。这种密封作用的特点是能随着工作压力的变化自动调整密封性能,压力越高则唇边被压得越紧,密封性越好;当压力降低时,唇边压紧程度也随之降低,从而减少了摩擦阻力和功率消耗。此外,还能自动补偿唇边的磨损。

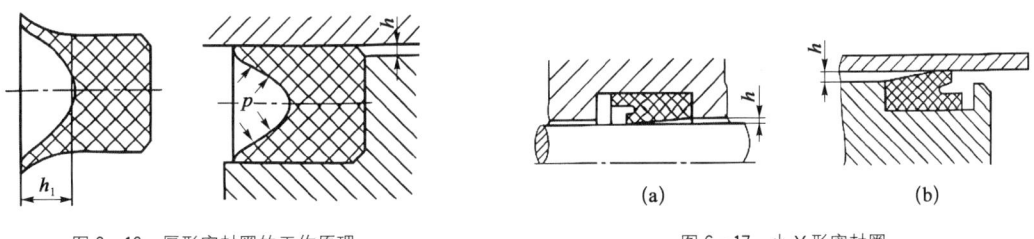

图 6-16 唇形密封圈的工作原理　　　　图 6-17 小 Y 形密封圈

目前,小 Y 形密封圈在液压缸中得到普遍的应用,主要用作活塞和活塞杆的密封。图 6-17(a)所示为轴用密封圈,图 6-17(b)所示为孔用密封圈。这种小 Y 形密封圈的特点是断面宽度和高度的比值大,增加了底部支承宽度,可以避免摩擦力造成的密封圈翻转和扭曲。

在高压和超高压情况下(压力大于 25 MPa)的轴密封多采用 V 形密封圈。V 形密封圈由多层涂胶织物压制而成,其形状如图 6-18 所示。V 形密封圈通常由支承环[图 6-18(a)]、密封环[图 6-18(b)]和压环[图 6-18(c)]三个圈叠在一起使用,此时已能保证良好的密封性,当压力更高时,可以增加中间密封环的数量。这种密封圈在安装时应预压紧,所以摩擦阻力较大。

唇形密封圈安装时,应使其唇边开口面对液压油,使两唇张开,分别贴紧在机件的表面上。

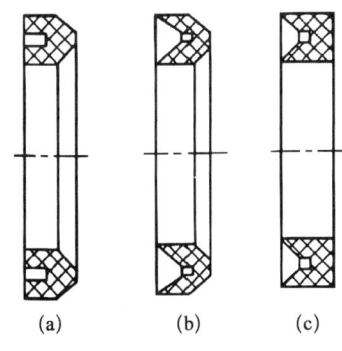

图 6-18 V 形密封圈

4. 组合式密封装置

随着技术的进步和设备性能的提高,液压系统对密封的要求越来越高,普通的密封圈单独使用已不能很好地满足需要。因此,人们研究和开发了由包括密封圈在内的两个以上元件组成的组合式密封装置。

图 6-19(a)所示为由 O 形密封圈与截面为矩形的聚四氟乙烯塑料滑环组成的组合密封装置。滑环 2 紧贴密封面,O 形密封圈 1 为滑环提供弹性预压力,在介质压力等于零时构成密封。由于密封间隙靠滑环,而不是 O 形密封圈,因此摩擦阻力小且稳定,可以用于 40 MPa 的高压;往复运动密封时,速度可达 15 m/s;往复摆动与螺旋运动密封时,速度可达 5 m/s。矩形滑环组合密封的缺点是抗侧倾能力稍差,在高低压交变的场合下工作时易泄漏。

图 6-19(b)所示为由滑环 2 和 O 形密封圈 1 组成的轴用组合密封装置。由于滑环 2 与被密封件 3 之间为线密封,故其工作原理类似于唇边密封。支承环采用一种经特别处理的合成材料,具有极佳的耐磨性、低摩擦和保形性,工作压力可达 80 MPa。

组合式密封装置充分发挥了橡胶密封圈和滑环各自的长处,不但工作可靠,摩擦力小,稳定性好,而且使用寿命比普通橡胶密封提高近百倍,在工程上得到广泛的应用。

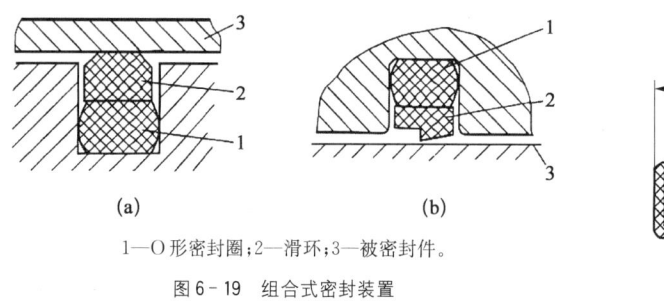

1—O 形密封圈;2—滑环;3—被密封件。

图 6-19 组合式密封装置

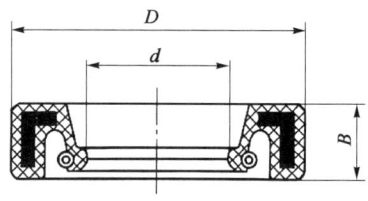

图 6-20 回转轴的密封装置

5. 回转轴的密封装置

回转轴的密封装置形式很多。图 6-20 所示的是用耐油橡胶制成的回转轴用密封圈,它的内部由直角形圆环铁骨架支承,密封圈的内边围着一条螺旋弹簧,把内边收紧在轴上进行密封。这种密封圈主要用作液压泵、液压马达和回转式液压缸的伸出轴的密封,以防止油液漏到壳体外部。它的工作压力一般不超过 0.1 MPa,最大允许线速度为 4~8 m/s,需在有润滑的情况下工作。

三、新型密封元件

随着材料工业的发展以及密封理论的完善与发展,近年来国内外都研发了许多新型密封元件,这些密封元件不仅在物理、化学、密封性能上有了明显提高,而且在结构上也有了很大变化,其功能也从单一型向组合型发展,下面介绍八种新型密封元件。

1. 星形密封件

图 6-21 所示为星形密封件,又称 X 形密封件,适用于液压气动执行元件的双向密封。星形密封件通过预压缩力和油液挤压力的共同作用达到密封的效果。

星形密封件适用于压力不大于 40 MPa、温度为 -60~200 ℃、运行

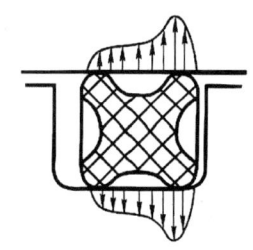

图 6-21 星形密封件及密封原理

速度不大于 0.5 m/s 的直线、旋转动密封和静密封场合。

2. 佐康-雷姆形密封件

佐康-雷姆形密封件为单向密封型密封件,所以必须成对使用才能实现双向密封。佐康-雷姆形密封件适用于压力小于 25 MPa、温度为 -30~100℃、运行速度为 5 m/s 的作直线往复运动的轴、孔动密封场合,如图 6-22 所示。

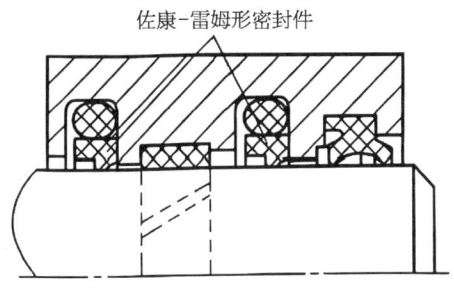

图 6-22 佐康-雷姆形密封件

图 6-23 特康-泛塞形密封件

3. 特康-泛塞形密封件

特康-泛塞形密封件借助自身弹簧预紧力和液压力的共同作用实现密封效果,其由 U 形特康圈和指形不锈钢施力弹簧组成,如图 6-23 所示。这种密封件的特点是摩擦力小,耐磨性好。

特康-泛塞形密封件适用于压力不大于 45 MPa、温度为 -70~260℃、运行速度在 15 m/s 以下的做直线往复运动的轴、孔间动密封场合。

4. 特康-格来密封件

特康-格来密封件是利用 O 形密封圈的弹性力对密封件产生压力起密封作用的,如图 6-24 所示。这种密封件的特点是摩擦力小,起动阻力小,耐磨性好,无挤出现象等。

特康-格来密封件适用于压力 80 MPa 以下、温度 -54~200℃、运行速度在 15 m/s 以下的直线往复运动的活塞与缸筒之间的密封。

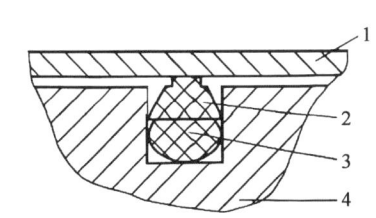

1—缸筒;2—特康-格来密封件;3—O 形密封圈;4—活塞。

图 6-24 特康-格来密封件

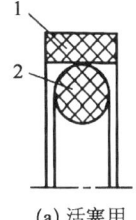 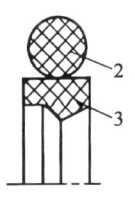

(a) 活塞用　　(b) 活塞杆用

1—格来圈;2—O 形密封圈;3—斯特封。

图 6-25 同轴密封件

5. 格来圈、斯特封

格来圈、斯特封是利用 O 形密封圈的弹性力和压缩力将其分别压在缸筒内表面和活塞杆外表面起密封作用的,如图 6-25 所示。这两种密封件适用于压力在 50 MPa 以下、温度为 -30~120℃、运行速度在 1 m/s 以下的液压缸动密封。

6. 韦氏金属密封圈

韦氏金属密封圈是由各种材料制成的实心的、空心充压的金属圆环,主要材料有钢、铜、因康镍合金、蒙乃尔合金等。外表面经常镀涂镉、银、金或聚四氟等。

图 6-26 所示为空心圆环韦氏金属密封圈,用于端面静密封,适用于压力在 100 MPa 以下、温度为 800℃的静密封。

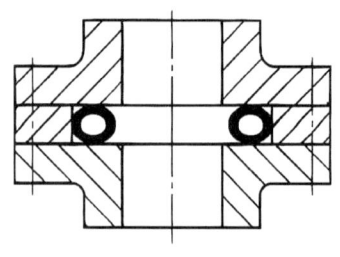

图 6-26 空心圆环韦氏金属密封圈

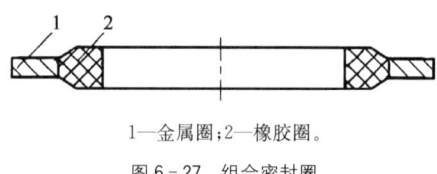

1—金属圈;2—橡胶圈。

图 6-27 组合密封圈

7. 组合密封圈

组合密封圈又称组合垫,是由金属圈 1 和橡胶圈 2 整体硫化而成的,如图 6-27 所示。其特点是使用方便,密封可靠。组合密封圈适用于压力在 100 MPa 以下、温度为 -30～200℃的两平整平面之间的静密封。

8. 组合式孔用密封(德氏密封)

组合式孔用密封是一个弹性密封环 3(丁腈橡胶)、两个挡环 2(聚酯弹性体)和两个导向环 1(聚甲醛)组成的五件套活塞密封件,如图 6-28 所示。在液压缸中,该密封既能作为活塞的双向密封,又能承受活塞的径向力。其安装尺寸紧凑,在低压下同样具有良好的密封效果。

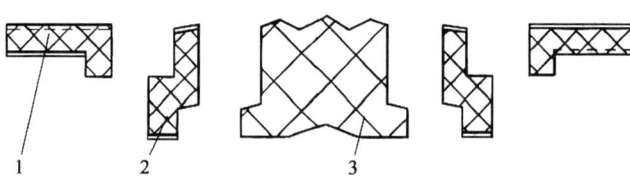

1—导向环;2—挡环;3—弹性密封环。

图 6-28 组合式孔用密封

组合式孔用密封适于压力在 40 MPa 以下、温度为 -30～100℃、运行速度在 0.5 m/s 以下的液压缸动密封。

习　题

6-1　简述过滤器的类型和工作特点。过滤器的使用和安装需注意什么?

6-2　油箱有哪些功能? 油箱设计时应考虑哪些问题?

6-3　简述蓄能器的功用。蓄能器使用注意事项有哪些?

6-4　液压系统中使用的油管有哪几种? 各有何特点及适用于何种场合?

6-5　液压系统中使用的管接头有哪几种? 各有何特点及适用于何种场合?

第七章 液压基本回路

第一节 压力控制回路

压力控制回路是利用压力控制阀来控制系统整体或某一部分的压力,以满足液压执行元件对力或转矩要求的回路。这类回路包括调压、减压、增压、卸荷和平衡等多种回路。

一、调压回路

调压回路的功用是使液压系统整体或部分的压力保持恒定或不超过某个数值。在定量泵系统中,液压泵的供油压力可以通过溢流阀来调节。在变量泵系统中,用安全阀来限定系统的最高压力,防止系统过载。若系统中需要两种以上的压力,则可采用多级调压回路。

(1) 单级调压回路 如图 7-1(a)所示,在液压泵 1 出口处设置并联的溢流阀 2,即可组成单级调压回路,从而控制了液压系统的最高压力值。

(2) 二级调压回路 图 7-1(a)所示为二级调压回路,可实现两种不同的系统压力控制。由先导式溢流阀 2 和直动式溢流阀 4 各调一级,当二位二通电磁阀 3 处于图示位置时,系统压力由阀 2 调定,当阀 3 得电后处于右位时,系统压力由阀 4 调定,但要注意:阀 4 的调定压力一定要小于阀 2 的调定压力,否则不能实现二级调压;当系统压力由阀 4 调定时,先导式溢流阀 2 的先导阀口关闭,但主阀开启,液压泵的溢流流量经主阀回油箱。

(3) 多级调压回路 如图 7-1(b)所示,由溢流阀 1、2、3 分别控制系统的压力,从而组成

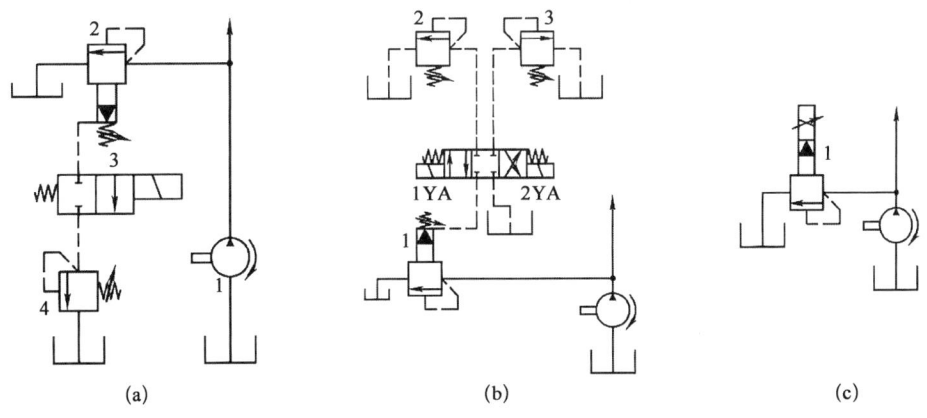

图 7-1 调压回路

了三级调压回路。当两电磁铁均不带电时,系统压力由阀1调定;当1YA得电,由阀2调定系统压力;当2YA带电时,系统压力由阀3调定。但在这种调压回路中,阀2和阀3的调定压力要小于阀1的调定压力,而阀2和阀3的调定压力之间没有什么一定的关系。

(4) 连续、按比例进行压力调节的回路　如图7-1(c)所示,调节先导型比例电磁溢流阀1的输入电流,即可实现系统压力的无级调节,这样不但回路结构简单,压力切换平稳,而且更容易使系统实现远距离控制或程序控制。

二、减压回路

减压回路的功用是使系统中的某一部分油路具有较低的稳定压力。最常见的减压回路通过定值减压阀与主油路相连,如图7-2(a)所示。回路中单向阀的作用是当主油路压力降低(低于减压阀调整压力)时防止油液倒流,起短时保压之用,减压回路中也可以采用类似两级或多级调压的方法获得两级或多级减压。图7-2(b)所示为利用先导式减压阀1的远控口接一远控溢流阀2,则可由阀1、阀2各调得一种低压,但要注意,阀2的调定压力值一定要低于阀1的调定压力值。

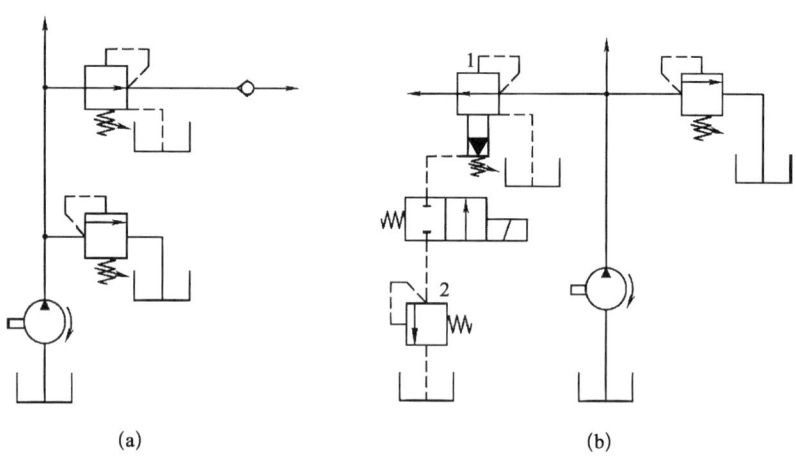

图7-2　减压回路

为了使减压回路工作可靠,减压阀的最低调整压力不应小于0.5 MPa,最高调整压力至少应比系统压力小0.5 MPa。当减压回路中的执行元件需要调速时,调速元件应放在减压阀的后面,以避免减压阀泄漏(指由减压阀泄油口流回油箱的油液)对执行元件的速度产生影响。

三、增加回路

当液压系统中的某一支油路需要压力较高但流量又不大的压力油,此时采用高压泵不经济,或者根本就没有这样高压力的液压泵时,就要采用增压回路。采用了增压回路,系统的工作压力仍然较低,不仅能节省能源,而且系统工作性能可靠、噪声小。

(1) 单作用增压缸的增压回路 图 7-3(a)所示为利用增压缸的单作用增压回路,当系统在图示位置工作时,系统的供油压力 p_1,进入增压缸的大活塞腔,此时在小活塞腔即可得到所需的较高压力 p_2;当二位四通电磁换向阀右位接入系统时,增压缸返回,辅助油箱中的油液经单向阀补入小活塞腔。因而该回路只能间歇增压,所以称为单作用增压回路。

(2) 双作用增压缸增压回路 图 7-3(b)所示为采用双作用增压缸的增压回路,能连续输出高压油,在图示位置,液压泵输出的压力油经换向阀 5 和单向阀 1 进入增压缸左端大、小活塞腔,右端大活塞腔的回油通油箱,右端小活塞腔增压后的高压油经单向阀 4 输出,此时单向阀 2、3 被关闭。当增压缸活塞移到右端时,换向阀得电换向,增压缸活塞向左移动。同理,左端小活塞腔输出的高压油经单向阀 3 输出,这样,增压缸的活塞不断往复运动,两端便交替输出高压油,从而实现了连续增压。

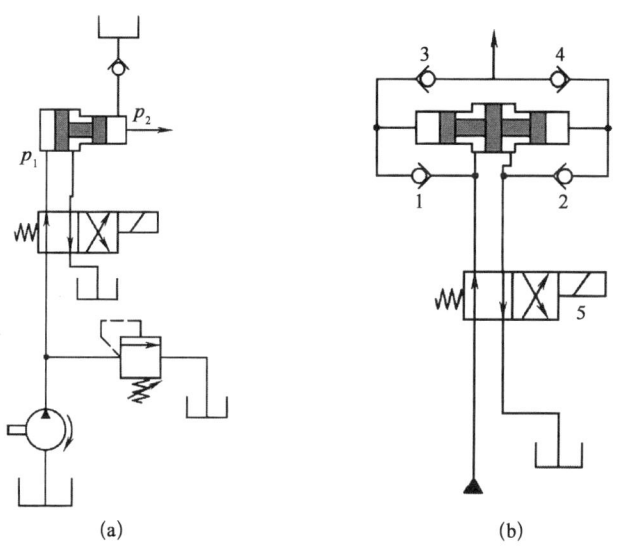

图 7-3 增压回路

四、卸荷回路

当液压系统中的执行元件短时间停止工作(如测量工件或装卸工件)时,应使液压泵卸荷进行空载运转,以减少功率损失,减少油液发热,延长泵的使用寿命而又不必经常起闭电动机。功率较大的液压泵应尽可能在卸荷状态下使电动机轻载起动。

常见的卸荷回路有以下几种方式:

(1) 利用主换向阀的卸荷回路 主换向阀卸荷是指利用三位换向阀的中位机能使泵和油箱连通进行卸荷。此时,换向阀的中位机能必须采用 M 型、H 型或 K 型等。图 7-4 所示是采用 M 型中位机能的三位四通换向阀的卸荷回路,这种卸荷回路结构简单,但当压力较高、流量大时容易产生冲击,故一般适用于压力较低和小流量的场合。当流量较大时,可使用液动或电液换向阀进行卸荷,但应在回路上安装单向阀(图 7-5),使泵在卸荷时仍能保持 0.3~0.5 MPa 的压力,以保证控制油路能获得必要的起动压力。

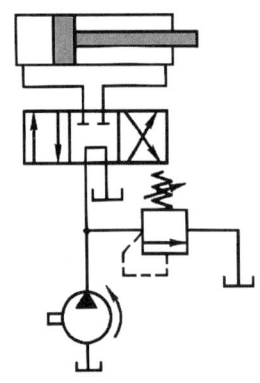
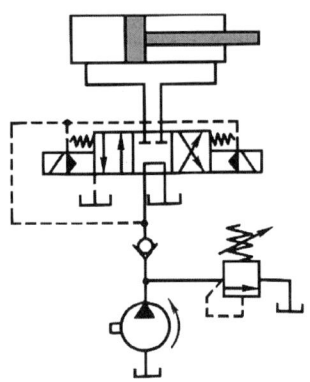

图 7-4　利用换向阀的卸荷回路　　　　　图 7-5　利用电液换向阀的卸荷回路

（2）利用二位二通阀的卸荷回路　图 7-6 所示是利用二位二通电磁阀的卸荷回路。当系统工作时，二位二通电磁阀通电，切断液压泵出口与油箱之间的通道，泵输出的液压油进入系统。当工作部件停止运动时，二位二通电磁阀断电，泵输出的油液经二位二通阀直接流回油箱，液压泵卸荷。在此回路中，二位二通电磁阀应通过泵的全部流量，选用的规格应与泵的公称流量相适应。

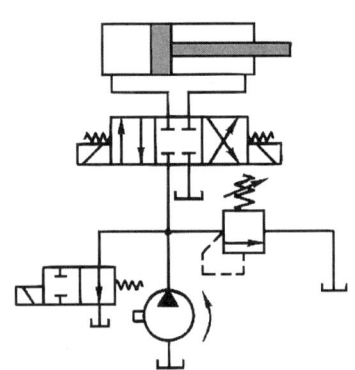
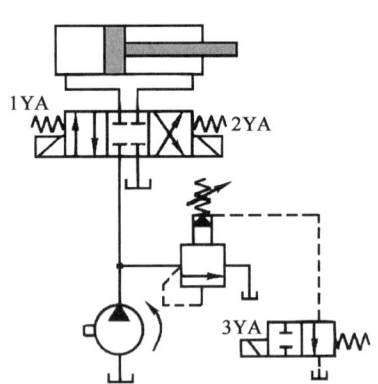

图 7-6　利用二位二通电磁阀的卸荷回路　　　图 7-7　利用先导式溢流阀和二位二通
　　　　　　　　　　　　　　　　　　　　　　　　电磁阀的卸荷回路

（3）利用溢流阀和二位二通阀组成的卸荷回路　图 7-7 所示是利用二位二通电磁阀与先导式溢流阀构成的卸荷回路。二位二通电磁阀通过管路和先导式溢流阀的远程控制口相连接，当工作部件停止运动时，二位二通阀的电磁铁 3YA 断电，使远程控制口接通油箱，此时溢流阀主阀阀芯的阀口全开，液压泵输出的油液以很低的压力经溢流阀流回油箱，液压泵卸荷。这种卸荷回路便于远距离控制，同时二位二通阀可选用小流量规格。这种卸荷方式要比直接利用二位二通电磁阀的卸荷方式平稳一些。

五、保压回路

有些机械设备在工作过程中，常常要求液压执行机构在其行程终止时，保持压力一段时间，这时需采用保压回路。所谓保压回路，也就是使系统在液压缸不动或仅有工件变形所产生的微小位移下稳定地维持住压力,最简单的保压回路是使用密封性能较好的液控单向阀的回路,但是阀类元件处的泄漏使得这种回路的保压时间不能维持太久。常用的保压回路有以下几种:

(1) 利用液压泵保压的保压回路　利用液压泵的保压回路也就是在保压过程中,液压泵仍以较高的压力(保压所需压力)工作,此时,若采用定量泵则压力油几乎全经溢流阀流回油箱,系统功率损失大,易发热,故只在小功率的系统且保压时间较短的场合下才使用;若采用变量泵,在保压时泵的压力较高,但输出流量几乎等于零。因而,液压系统的功率损失小,这种保压方法且能随泄漏量的变化而自动调整输出流量,因而其效率也较高。

(2) 利用蓄能器的保压回路　如图7-8所示的回路,在工作时,电磁铁1YA通电,泵向蓄能器和液压缸左腔供油,并推动活塞右移,接触工件后,系统压力升高,当压力升至压力继电器的调定值时,表示工件已经夹紧,压力继电器发出信号,3YA断电,油液通过先导式溢流阀使泵卸荷。此时,液压缸所需压力由蓄能器保持,单向阀关闭。在蓄能器向系统补油的过程中,若系统压力从压力继电器区间的最大值下降到最小值,压力继电器复位,3YA通电,使液压泵重新向系统及蓄能器供油。图7-9所示为多缸系统中的一缸保压回路,这种回路当主油路压力降低时,单向阀3关闭,支路由蓄能器保压并补偿泄漏,压力继电器5的作用是当支路中压力达到预定值时发出信号,使主油路开始动作。

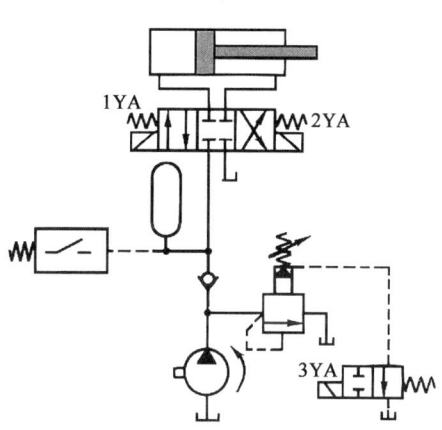

图7-8　利用蓄能器的保压卸荷回路

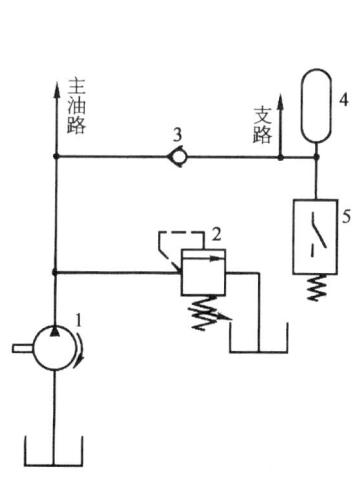

图7-9　多缸系统中的一缸保压回路

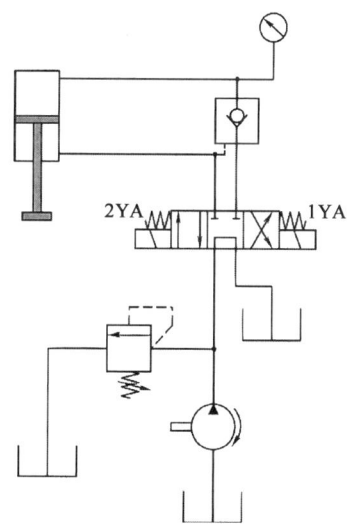

图7-10　自动补油式保压回路

(3) 自动补油式保压回路　图7-10所示为采用液控单向阀和电接触式压力表的自动补油式保压回路,其工作原理为:当1YA得电,换向阀右位接入回路,液压缸上腔压力上升至电接触式压力表的上限值时,上触点接电,使电磁铁1YA失电,换向阀处于中位,液压泵卸荷,液压缸由液控单向阀保压。当液压缸上腔压力下降到预定下限值时,电接触式压力表又发出信号,使 1YA 得电,液压泵再次向系统供油,使压力上升,当压力达到上限值时,上触点又发出信号,使 1YA 失电。因此,这一回路能自动地使液压缸补充压力油,使其压力能长期保持在一定范围内。

六、平衡回路

为了防止立式液压缸与垂直工作部件由于自重而自行下滑,或在下行运动中由于自重而造成超速运动,使运动不平稳,这时可采用平衡回路,即在立式液压缸下行的回油路上设置一顺序阀使之产生适当的阻力,以平衡自重。

(一) 采用单向顺序阀(也称平衡阀)组成的平衡回路

图 7-11 所示是采用单向顺序阀组成的平衡回路。单向顺序阀的调定压力应稍大于由工作部件自重在液压缸下腔中形成的压力。这样当液压缸不工作时,单向顺序阀关闭,而工作部件不会自行下滑;液压缸上腔通液压油,当下腔背压大于顺序阀的调定压力时,顺序阀开启。由于自重得到平衡,故不会产生超速现象。当液压油经单向阀进入液压缸下腔时,活塞上行。这种回路停止时会由于顺序阀的泄漏而使运动部件缓慢下降,所以要求顺序阀的泄漏量要小。由于回油腔有背压,故功率损失较大。

(二) 采用液控单向顺序阀的平衡回路

图 7-12 所示是采用液控单向顺序阀的平衡回路。它适用于所平衡的重量有变化的场合,如起重机的起重工作等。如图 7-12 所示,当换向阀切换至右位时,液压油通过单向阀进入液压缸的下腔,上腔回油直通油箱,使活塞上升吊起重物。当换向阀切换至左位时,液压油进入液压缸上腔,并进入液控顺序阀的控制口,打开顺序阀,使液压缸下腔回油,于是活塞下行放下重物。当由于重物作用而运动部件下降过快时,必然使液压缸上腔油压降低,于是液控顺序阀关小,阻力增大,阻止活塞迅速下降。如果要求工作部件停止运动时,只要将换向阀切换至中位,液压缸上腔卸压,使液控顺序阀迅速关闭,活塞即停止下降,并被锁紧。

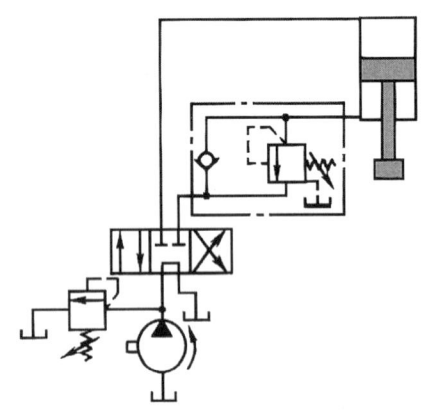

图 7-11 采用单向顺序阀组成的平衡回路

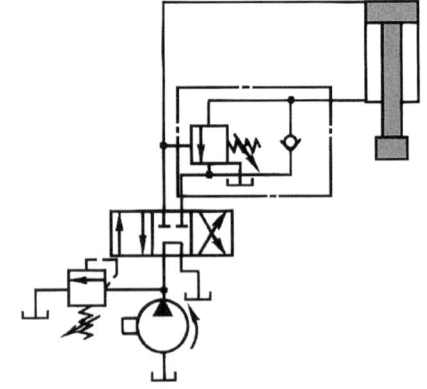

图 7-12 采用液控单向顺序阀的平衡回路

这种回路适用于负载变化的场合,较安全可靠;但活塞下行时,由于重力作用会使液控顺序阀的开口量处于不稳定状态,系统平稳性较差。

第二节　速度控制回路

一、调速回路

液压传动系统中的速度控制回路包括调节液压执行元件速度的调速回路、使之获得快速运动的快速运动回路、快速运动和工作进给速度以及工作进给速度之间的速度换接回路。

调速是为了满足液压执行元件对工作速度的要求,在不考虑液压油的压缩性和泄漏的情况下,液压缸的运动速度为

$$v = \frac{q}{A} \tag{7-1}$$

液压马达的转速为

$$n = \frac{q}{V_\mathrm{M}} \tag{7-2}$$

式中,q 为输入液压执行元件的流量;A 为液压缸的有效面积;V_M 为液压马达的排量。

由以上两式可知,改变输入液压执行元件的流量 q 或改变液压缸的有效面积(或液压马达的排量 V_M)均可以达到改变速度的目的。但改变液压缸工作面积的方法在实际中是不现实的,因此,只能用改变进入液压执行元件的流量或用改变变量液压马达排量的方法来调速。为了改变进入液压执行元件的流量,可采用变量液压泵来供油,也可采用定量泵和流量控制阀,以改变通过流量阀流量的方法。用定量泵和流量阀来调速时,称为节流调速;用改变变量泵或变量液压马达的排量调速时,称为容积调速;用变量泵和流量阀来调速时,则称为容积节流调速。

(一) 节流调速回路

节流调速回路的工作原理是通过改变回路中流量控制元件(节流阀和调速阀)通流截面积的大小来控制流入执行元件或自执行元件流出的流量,以调节其运动速度。根据流量阀在回路中的位置不同,节流调速回路分为进油节流调速、回油节流调速和旁路节流调速三种回路。前两种调速回路由于在工作中回路的供油压力不随负载变化而变化,又被称为定压式节流调速回路;而旁路节流调速回路由于回路的供油压力随负载的变化而变化,又被称为变压式节流调速回路。

1. 进油节流调速回路

如图 7-13(a)所示,节流阀串联在液压泵和液压缸之间。液压泵输出的油液一部分经节流阀进入液压缸工作腔,推动活塞运动,液压泵多余的油液经溢流阀排回油箱,这是这种调速回路能够正常工作的必要条件。由于溢流阀有溢流,泵的出口压力 p_p 就是溢流阀的调整压力并基本保持恒定(定压)。调节节流阀的通流面积,即可调节通过节流阀的流量,从而调节液压缸的运动速度。

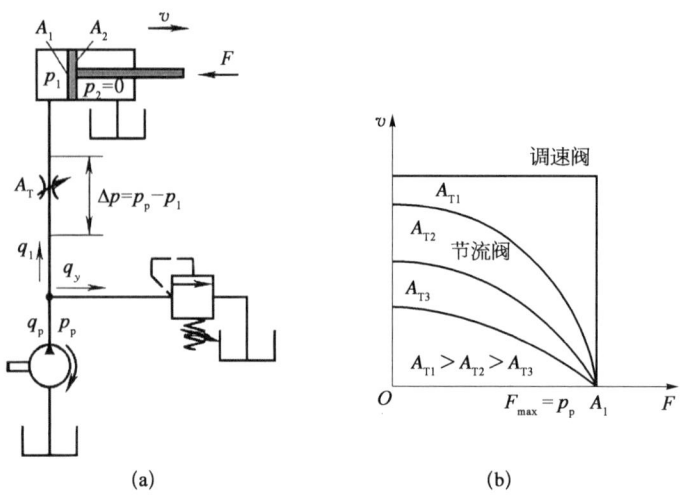

图 7-13 进油节流调速回路

（1）速度负载特性　液压缸在稳定工作时，其受力平衡方程式为

$$p_1 A_1 = F + p_2 A_2$$

式中，p_1、p_2 分别为液压缸进油腔和回油腔的压力，由于回油腔通油箱，故 $p_2 \approx 0$；F 为液压缸的负载；A_1、A_2 分别为液压缸无杆腔和有杆腔的有效面积。

所以

$$p_1 = \frac{F}{A_1}$$

因为液压泵的供油压力 p_p 为定值，则节流阀两端的压差为

$$\Delta p = p_p - p_1 = p_p - \frac{F}{A_1}$$

由式（1-51）可知，经节流阀进入液压缸的流量为

$$q_1 = KA_T \Delta p^m = KA_T \left(p_p - \frac{F}{A_1} \right)^m$$

故液压缸的运动速度为

$$v = \frac{q}{A_1} = \frac{KA_T}{A_1} \left(p_p - \frac{F}{A_1} \right)^m \tag{7-3}$$

式（7-3）即为进油节流调速回路的负载特性方程。由该式可知，液压缸的运动速度 v 和节流阀通流面积 A_T 成正比。调节 A_T 可实现无级调速，这种回路的调速范围较大（速比最高可达 100）。当 A_T 调定后，液压缸的速度随负载的增大而减小，故这种调速回路的速度负载特性较"软"。

若按式（7-3）选用不同的 A_T 值作 v-F 坐标曲线图，可得一组曲线，即为该回路的速度负载特性曲线，如图 7-13（b）所示。速度负载特性曲线表明液压缸运动速度随负载变化的规

律,曲线越陡,说明负载变化对速度的影响越大,即速度刚性差。由式(7-7)和图7-13(b)还可看出,当节流阀通流面积 A_T 一定时,重载区域比轻载区域的速度刚性差;在相同负载条件下,节流阀通流面积大的比小的速度刚性差,即速度高时速度刚性差。所以这种调速回路适用于低速轻载的场合。

(2) 最大承载能力 由式(7-3)可知,无论节流阀的通流面积 A_T 为何值,当 $F=p_p A_1$ 时,节流阀两端压差 Δp 为零,活塞运动也就停止,此时液压泵输出的流量全部经溢流阀流回油箱。所以该点的 F 值即为该回路的最大承载值,即 $F_{\max}=p_p A_1$。

(3) 功率和效率 在节流阀进油节流调速回路中,液压泵的输出功率为 $P_p = p_p q_p =$ 常量,而液压缸的输出功率为

$$P_1 = Fv = F\frac{q_1}{A_1} = p_1 q_1$$

所以该回路的功率损失为

$$\Delta P = P_p - P_1 = p_p q_p - p_1 q_1 = p_p(q_1+q_y)-(p_p-\Delta p)q_1 = p_p q_y + \Delta p q_1$$

式中,q_y 为通过溢流阀的溢流量,$q_y = q_p - q_1$。

由上式可知,这种调速回路的功率损失由两部分组成,即溢流损失功率 $\Delta q_y = p_p q_y$,和节流损失功率 $\Delta P_T = \Delta p q_1$。

回路的效率为

$$\eta = \frac{P_1}{P_p} = \frac{Fv}{p_p q_p} = \frac{p_1 q_1}{p_p q_p} \tag{7-4}$$

由于存在两部分的功率损失,故这种调速回路的效率较低。当负载恒定或变化很小时,η 可达 $0.2\sim 0.6$;当负载变化时,回路的效率 η 一般在 0.2 左右,$\eta_{\max}=0.385$。机械加工设备常有快进→工进→快退的工作循环,工进时泵的大部分流量溢流,所以回路效率极低,而低效率导致温升和泄漏增加,进一步影响了速度稳定性和效率。回路功率越大,问题越严重。

2. 回油节流调速回路

如图 7-14 所示,把节流阀串联在液压缸的回油路上,借助于节流阀控制液压缸的排油量 q_2 来实现速度调节。由于进入液压缸的流量 q_1 受回油路上排出流量 q_2 的限制,因此用节流阀来调节液压缸的排油量 q_2,也就调节了进油量 q_1,定量泵多余的油液仍经溢流阀流回油箱,溢流阀调整压力(p_p)基本稳定(定压)。

(1) 速度负载特性 类似于式(7-4)的推导过程,由液压缸的力平衡方程($p_2 \neq 0$),流量阀的流量方程($\Delta p = p_2$),进而可得液压缸的速度负载特性为

$$v = \frac{q_2}{A_2} = \frac{KA_T\left(p_p\dfrac{A_1}{A_2}-\dfrac{F}{A_2}\right)^m}{A_2} \tag{7-5}$$

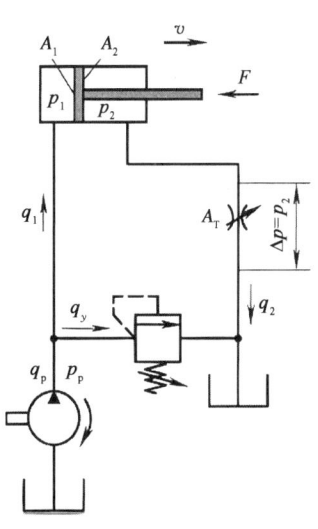

图 7-14 回油节流调速回路

式中，A_1、A_2 分别为液压缸无杆腔和有杆腔的有效面积；F 为液压缸的负载；p_p 为溢流阀调定压力；A_T 为节流阀通流面积。

比较式(7-3)和式(7-5)可以发现，回油节流调速和进油节流调速的速度负载特性以及速度刚性基本相同，若液压缸两腔有效面积相同(双出杆液压缸)，那么两种节流调速回路的速度负载特性和速度刚度就完全一样。因此对进油节流调速回路的一些分析对回油节流调速回路完全适用。

(2) 最大承载能力　回油节流调速的最大承载能力与进油节流调速相同，即 $F_{max} = p_p A_1$。

(3) 功率和效率　液压泵的输出功率与进油节流调速相同，即 $P_p = p_p q_p$ 且等于常数；液压缸的输出功率为 $P_1 = Fv = (p_p A_1 - p_2 A_2)v = p_p q_1 - p_2 q_2$；则该回路的功率损失为

$$\Delta P = P_p - P_1 = p_p q_p - p_p q_1 + p_2 q_2 = p_p(q_p - q_1) + p_2 q_2 = p_p q_y + \Delta p q_2$$

式中，$p_p q_y$ 为溢流损失功率；$\Delta p q_2$ 为节流损失功率。所以它与进油节流调速回路的功率损失相同。

回路的效率为

$$\eta = \frac{Fv}{p_p q_p} = \frac{p_p q_1 - p_2 q_2}{p_p q_p} = \frac{\left(p_p - p_2 \dfrac{A_2}{A_1}\right) q_1}{p_p q_p} \tag{7-6}$$

当使用同一个液压缸和同一个节流阀，而负载 F 和活塞运动速度相同时，则式(7-4)和式(7-6)是相同的，因此可以认为进油节流调速回路的效率和回油节流调速回路的效率相同。但是，应当指出，在回油节流调速回路中，液压缸工作腔和回油腔的压力都比进油节流调速回路高，特别是在负载变化大，尤其是当 $F=0$ 时，回油腔的背压有可能比液压泵的供油压力还要高，这样会使节流功率损失大大提高，且加大泄漏，因而其效率实际上比进油节流调速回路要低。

从以上分析可知，进油节流调速回路与回油节流调速回路有许多相同之处，但是，它们也有不同之处：

(1) 承受负值负载的能力　回油节流调速回路的节流阀使液压缸回油腔形成一定的背压，在负值负载时，背压能阻止工作部件的前冲，即能在负值负载下工作，而进油节流调速由于回油腔没有背压力，因而不能在负值负载下工作。

(2) 停车后的起动性能　长期停车后液压缸油腔内的油液会流回油箱，当液压泵重新向液压缸供油时，在回油节流调速回路中，由于进油路上没有节流阀控制流量，会使活塞前冲；而在进油节流调速回路中，由于进油路上有节流阀控制流量，故活塞前冲很小，甚至没有前冲。

(3) 实现压力控制的方便性　进油节流调速回路中，进油腔的压力将随负载而变化，当工作部件碰到止挡块而停止后，其压力将升到溢流阀的调定压力，利用这一压力变化来实现压力控制是很方便的；但在回油节流调速回路中，只有回油腔的压力才会随负载而变化，当工作部件碰到止挡块后，其压力将降至零，虽然也可以利用这一压力变化来实现压力控制，但其可靠性差，一般均不采用。

(4) 发热及泄漏的影响　在进油节流调速回路中，经过节流阀发热后的液压油将直接进入液压缸的进油腔；而在回油节流调速回路中，经过节流阀发热后的液压油将直接流回油箱冷却。因此，发热和泄漏对进油节流调速的影响均大于对回油节流调速的影响。

(5) 运动平稳性　在回油节流调速回路中,由于有背压力存在,它可以起到阻尼作用,同时空气也不易渗入,而在进油节流调速回路中则没有背压力存在,因此,可以认为回油节流调速回路的运动平稳性好一些;但是,从另一个方面讲,在使用单出杆液压缸的场合,无杆腔的进油量大于有杆腔的回油量。故在缸径、缸速均相同的情况下,进油节流调速回路的节流阀通流面积较大,低速时不易堵塞。因此,进油节流调速回路能获得更低的稳定速度。

为了提高回路的综合性能,一般常采用进油节流调速,并在回油路上加背压阀的回路,使其兼具两者的优点。

3. 旁路节流调速回路

图 7-15(a)所示为采用节流阀的旁路节流调速回路,节流阀调节液压泵溢回油箱的流量,从而控制进入液压缸的流量,调节节流阀的通流面积,即可实现调速,由于溢流已由节流阀承担,故溢流阀实际上是安全阀,常态时关闭,过载时打开,其调定压力为最大工作压力的 1.1~1.2 倍,故液压泵工作过程中的压力完全取决于负载而不恒定,所以这种调速方式又称变压式节流调速。

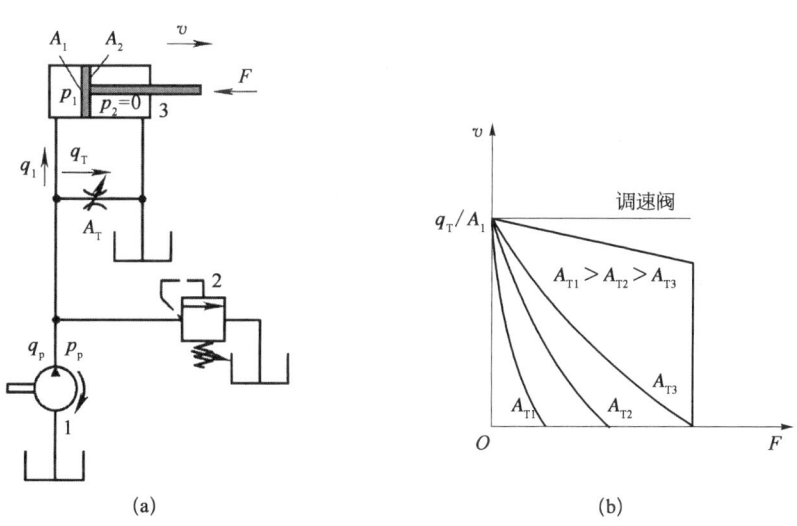

图 7-15　旁路节流调速回路

(1) 速度负载特性　按照式(7-3)的推导过程,可得到旁路节流调速的速度负载特性方程。与前述不同之处主要是进入液压缸的流量 q_1 为泵的流量 q_p 与节流阀溢走的流量 q_T 之差,由于在回路中泵的工作压力随负载而变化,泄漏正比于压力也是变量(前两种回路中为常量),对速度产生了附加影响,因而泵的流量中要计入泵的泄漏流量 Δq_p,所以有

$$q_1 = q_p - q_T = (q_t - \Delta q_p) - KA_T \Delta p^m = q_t - k_1\left(\frac{F}{A_1}\right) - KA_T\left(\frac{F}{A_1}\right)^m$$

式中,q_t 为泵的理论流量;k_1 为泵的泄漏系数;其他符号意义同前。

所以液压缸的速度负载特性为

$$v = \frac{q_1}{A_1} = \frac{q_t - k_1\left(\frac{F}{A_1}\right) - KA_T\left(\frac{F}{A_1}\right)^m}{A_1} \tag{7-7}$$

根据式(7-7),选取不同的 A_T 值可作出一组速度负载特性曲线,如图 7-15(b)所示,由曲线可见,当节流阀通流面积一定而负载增加时,速度显著下降,即特性很软;但当节流阀通流面积一定时,负载越大,速度刚度越大;当负载一定时,节流阀通流面积 A_T 越小(即活塞运动速度高),速度刚度越大,因而该回路适用于高速重载的场合。

(2) 最大承载能力　由图 7-15(b)可知,速度负载特性曲线在横坐标上并不汇交,其最大承载能力随节流阀通流面积 A_T 的增加而减小,即旁路节流调速回路的低速承载能力很差,调速范围也小。

(3) 功率与效率　旁路节流调速回路只有节流损失而无溢流损失,泵的输出压力随负载而变化,即节流损失和输入功率随负载而变化,所以比前两种调速回路效率高。

这种旁路节流调速回路负载特性很软,低速承载能力又差,故其应用比前两种回路少,只用于高速、重载、对速度平稳性要求不高的较大功率系统中,如牛头刨床主运动系统、输送机械液压系统等。

4. 采用调速阀的节流调速回路

采用节流阀的节流调速回路,速度负载特性都比较"软",变载荷下的运动平稳性都比较差,为了克服这个缺点,回路中的节流阀可用调速阀来代替,由于调速阀本身能在负载变化的条件下保证节流阀进、出油口间的压差基本不变,因而使用调速阀后,节流调速回路的速度负载特性将得到改善,如图 7-13(b)和图 7-15(b)所示,旁路节流调速回路的承载能力也不因活塞速度降低而减小,但所有性能上的改进都是以加大整个流量控制阀的工作压差为代价的,调速阀的工作压差一般最小需 0.5 MPa,高压调速阀需 1.0 MPa 左右。

(二) 容积调速回路

容积调速回路是用改变液压泵或液压马达的排量来实现调速的。其主要优点是没有节流损失和溢流损失,因而效率高,油液温升小,适用于高速、大功率调速系统;缺点是变量泵和变量马达的结构较复杂,成本较高。

根据油路的循环方式,容积调速回路可以分为开式回路和闭式回路。在开式回路中,液压泵从油箱吸油,液压执行元件的回油直接回油箱,这种回路结构简单,油液在油箱中能得到充分冷却,但油箱体积较大,空气和脏物易进入回路。在闭式回路中,执行元件的回油直接与泵的吸油腔相连,结构紧凑,只需很小的补油箱,空气和脏物不易进入回路,但油液的冷却条件差,需附设辅助泵补油、冷却和换油。补油泵的流量一般为主泵流量的 10%～15%,压力通常为 0.3～1.0 MPa。

容积调速回路通常有三种基本形式:变量泵和定量液压执行元件组成的容积调速回路,定量泵和变量马达组成的容积调速回路,以及变量泵和变量马达组成的容积调速回路。

1. 变量泵和定量液压执行元件组成的容积调速回路

图 7-16 所示为变量泵和定量液压执行元件组成的容积调速回路。其中,图 7-16(a)中的执行元件为液压缸;图 7-16(b)中的执行元件为液压马达,该回路是闭式回路,溢流阀 3 起安全阀作用,用以防止系统过载,为了补充泵和液压马达的泄漏,增加了补油泵 2 和溢流阀 4,溢流阀 4 用来调节补油泵的补油压力,同时置换部分已发热的油液,降低系统的温升。

在图 7-16(a)中,改变变量泵的排量即可调节活塞的运动速度 v,2 为安全阀,限制回路中的最大压力。当不考虑液压泵以外的元件和管道的泄漏时,这种回路的活塞运动速度为

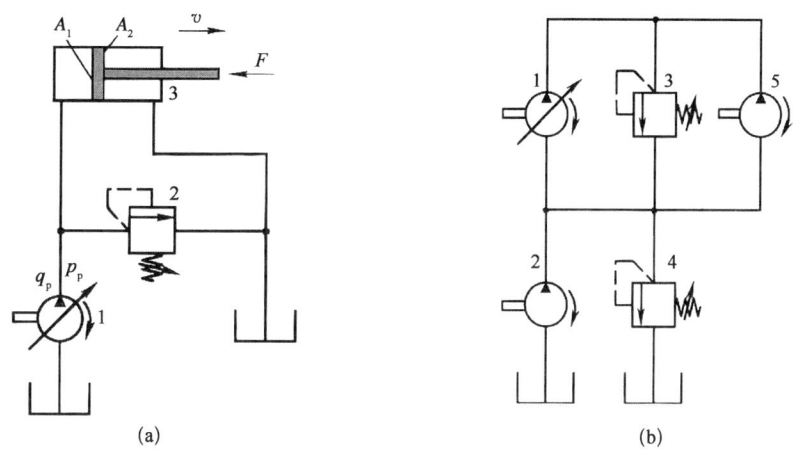

图 7-16 变量泵和定量液压执行元件组成的容积调速回路

$$v=\frac{q_\mathrm{p}}{A_1}=\frac{q_\mathrm{t}-k_1\dfrac{F}{A_1}}{A_1} \tag{7-8}$$

式中，q_t 为变量泵的理论流量；k_1 为变量泵的泄漏系数；其余符号意义同前。

将式(7-8)按不同的 q_t 值作图，可得一组平行直线，如图 7-17(a)所示。由于变量泵有泄漏，活塞运动速度会随负载的加大而减小。负载增大至某值时，在低速下会出现活塞停止运动的现象[图 7-17(a)中 F' 点]，这时变量泵的理论流量等于泄漏量，可见这种回路在低速下的承载能力是很差的。

在图 7-16(b)所示的变量泵定量液压马达的调速回路中，若不计损失，马达的转速 $n_\mathrm{M}=q_\mathrm{p}/V_\mathrm{M}$。因液压马达排量为定值，故调节变量泵的流量 q_p 即可对马达的转速 n_M 进行调节，同样当负载转矩恒定时，马达的输出转矩 $T=\Delta p_\mathrm{M}V_\mathrm{M}/(2\pi)$ 和回路工作压力 p 都恒定不变，所以马达的输出功率 $P=\Delta p_\mathrm{M}V_\mathrm{M}/n_\mathrm{M}$ 与转速 n_M 成正比关系变化，故该回路的调速方式又称为恒转矩调速，该回路的调速特性如图 7-17(b)所示。

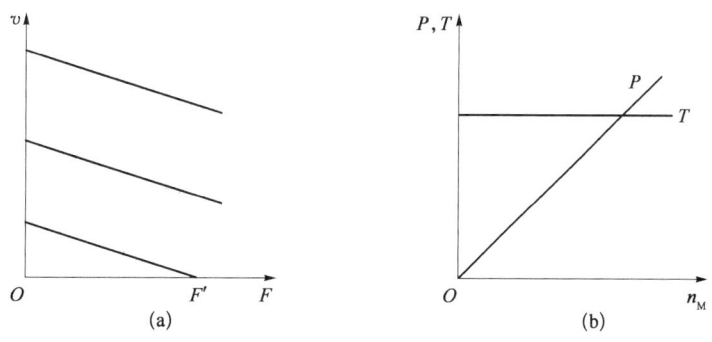

图 7-17 变量泵定量执行元件调速特性

2. 定量泵和变量马达组成的容积调速回路

图 7-18(a)所示为定量泵和变量马达组成的容积调速回路。定量泵 1 输出流量不变，改变变量马达的排量 V_M 就可以改变液压马达的转速。2 是安全阀，3 是变量马达，4 是用以向系

统补油的辅助泵，5 为调节补油压力的溢流阀。在这种调速回路中，由于液压泵的转速和排量均为常数，当负载功率恒定时，马达输出功率 p_M 和回路工作压力 p 都恒定不变，因为马达的输出转矩 $T_M = \Delta p_M V_M/(2\pi)$ 与马达的排量 V_M 成正比，马达的转速 ($n_M = q_p/V_M$) 则与 V_M 成反比。所以这种回路称为恒功率调速回路，其调速特性如图 7-18(b)所示。这种回路调速范围很小，且不能用来使马达实现平稳地反向。因为反向时，双向液压马达的偏心量(或倾角)必然要经历一个变小→为零→反向增大的过程，也就是马达的排量变小→为零→变大的过程，输出转矩就要经历转速变高→输出转矩太小而不能带动负载转矩，甚至不能克服摩擦转矩而使转速为零→反向高速的过程，调节很不方便，所以这种回路目前已很少单独使用。

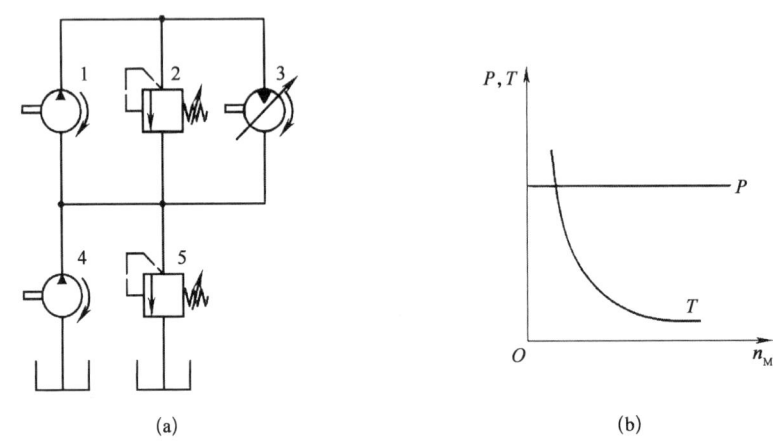

图 7-18 泵和变量马达组成的容积调速回路

3. 变量泵和变量马达组成的容积调速回路

图 7-19(a)所示为双向变量泵和双向变量马达组成的容积调速回路。变量泵 1 正向或反向供油，马达即正向或反向旋转。单向阀 6 和 8 用于使辅助泵 4 能双向补油，单向阀 7 和 9 使安全阀 3 在两个方向都能起过载保护作用。这种调速回路是上述两种调速回路的组合，由于液压泵和液压马达的排量均可改变，故扩大了调速范围，并扩大了液压马达转矩和功率输出的选择余地，其调速特性曲线如图 7-19(b)所示。

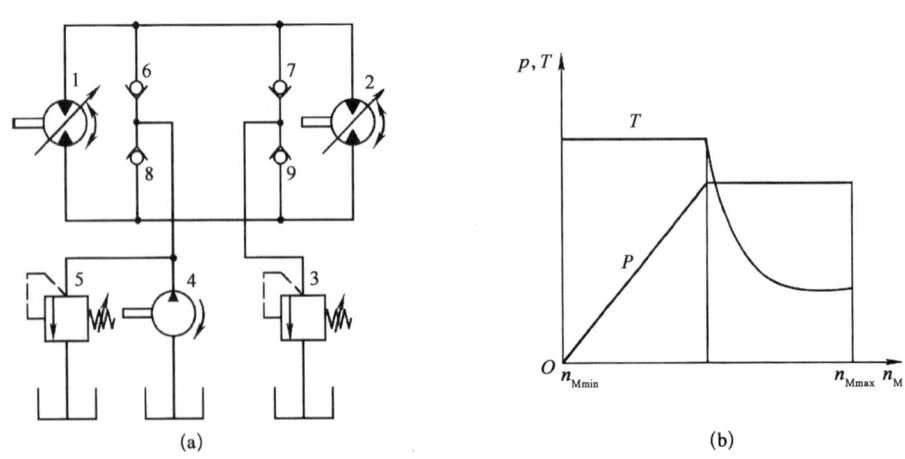

图 7-19 双向变量泵和双向变量马达组成的容积调速回路

一般工作部件都在低速时要求有较大的转矩,因此,这种系统在低速范围内调速时,先将液压马达的排量调为最大(使马达能获得最大输出转矩),然后改变泵的输油量,当变量泵的排量由小变大,直至达到最大输油量时,液压马达的转速也随之升高,输出功率随之线性增加,此时液压马达处于恒转矩状态;若要进一步加大液压马达转速,则可将变量马达的排量由大调小,此时输出转矩随之降低,而泵则处于最大功率输出状态不变,故液压马达也处于恒功率输出状态。

(三) 容积节流调速回路

容积节流调速回路的工作原理是采用压力补偿型变量泵供油,用流量控制阀调定进入液压缸或由液压缸流出的流量来调节液压缸的运动速度,并使变量泵的输油量自动地与液压缸所需的流量相适应,这种调速回路没有溢流损失,效率较高,速度稳定性也比单纯的容积调速回路好,常用在调速范围大、中小功率的场合,例如组合机床的进给系统等。

1. 限压式变量泵和调速阀组成的容积节流调速回路

图 7-20(a)所示为限压式变量泵和调速阀组成的容积节流联合调速回路。该系统由限压式变量泵 1 供油,压力油经调速阀 3 进入液压缸工作腔,回油经背压阀 4 返回油箱,液压缸运动速度由调速阀中的节流阀的通流面积 A_T 来控制。设泵的流量为 q_p,则稳态工作时 $q_p = q_1$。可是在关小调速阀的一瞬间,q_1 减小,而此时液压泵的输油量还未来得及改变,于是出现了 $q_p > q_1$,因回路中没有溢流(阀 2 为安全阀),多余的油液使泵和调速阀间的油路压力升高,也就是泵的出口压力升高,从而使限压式变量泵输出流量减小,直至 $q_p = q_1$;反之,开大调速阀的瞬间,将出现 $q_p < q_1$,从而会使限压式变量泵出口压力降低,输出流量自动增加,直至 $q_p = q_1$。由此可见,调速阀不仅能保证进入液压缸的流量稳定,而且可以使泵的供油流量自动地和液压缸所需的流量相适应,因而也可使泵的供油压力基本恒定(该调速回路也称定压式容积节流调速回路)。这种回路中的调速阀也可装在回油路上,它的承载能力、运动平稳性、速度刚性等与对应的节流调速回路相同。

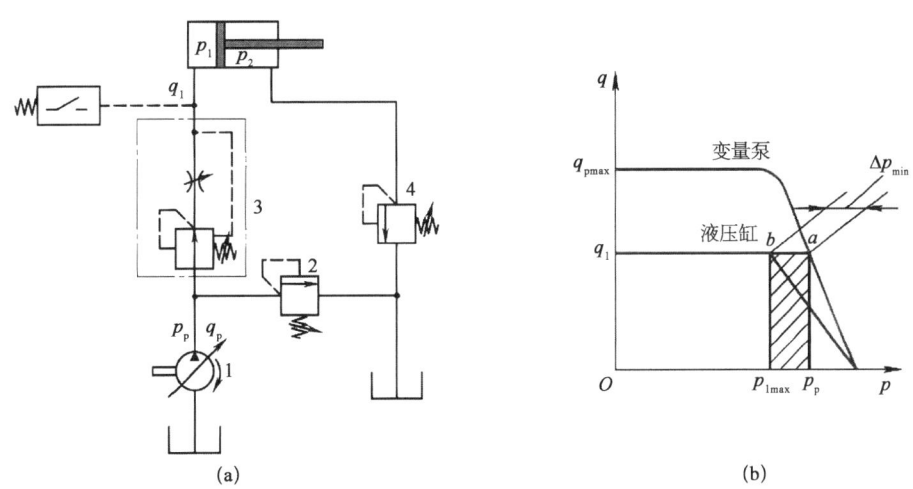

图 7-20 限压式变量泵和调速阀组成的容积节流调速回路

图 7-20(b)所示为调速回路的调速特性曲线,由图可见,这种回路虽无溢流损失,但仍有节流损失,其大小与液压缸工作腔压力 p_1 有关。当进入液压缸的工作流量为 q_1 时,泵的供油流量应为 $q_p = q_1$,供油压力为 p_p,此时液压缸工作腔压力 p_1 的正常工作范围是

$$p_2 \frac{A_2}{A_1} \leqslant p_1 \leqslant p_p - \Delta p \qquad (7-9)$$

式中,Δp 为保持调速阀正常工作所需的压差,一般应在 0.5 MPa 以上;其他符号意义同前。当 $p_1 = p_{\max}$ 时,回路中的节流损失为最小[图 7-20(b)],此时液压泵工作点为 a,液压缸的工作点为 b;若 p_1 减小(b 点向左移动),节流损失加大。这种调速回路的效率为

$$\eta = \frac{\left(p_1 - p_2 \dfrac{A_2}{A_1}\right) q_1}{p_p q_p} = \frac{p_1 - p_2 \dfrac{A_2}{A_1}}{p_p} \qquad (7-10)$$

式中没有考虑泵的泄漏损失,当限压式变量叶片泵达到最高压力时,其泄漏量为 8% 左右。泵的输出流量越小,泵的压力就越高;负载越小,则式(7-10)中的压力 p_1 便越小。因而在速度小(q_p 小)、负载小(p_1 小)的场合下,这种调速回路效率就很低。

2. 差压式变量泵和节流阀组成的容积节流调速回路

图 7-21 所示为差压式变量泵和节流阀组成的容积节流调速回路。该回路的工作原理与上述回路基本相似:节流阀控制进入液压缸的流量 q_1,并使变量泵输出流量 q_p 自动地和 q_1 相适应。当 $q_p > q_1$ 时,泵的供油压力上升,泵内左、右两个控制柱塞便进一步压缩弹簧,推动定子向右移动,减小泵的偏心距,使泵的供油量下降到 $q_p = q_1$;反之,当 $q_p < q_1$ 时,泵的供油压力下降,弹簧推动定子和左、右柱塞向左,加大泵的偏心距,使泵的供油量增大到 $q_p \approx q_1$。

在这种调速回路中,作用在液压泵定子上的力的平衡方程为

$$p_p A_1 + p_p (A - A_1) = p_1 A + F_s$$

即

$$p_p - p_1 = \frac{F_s}{A} \qquad (7-11)$$

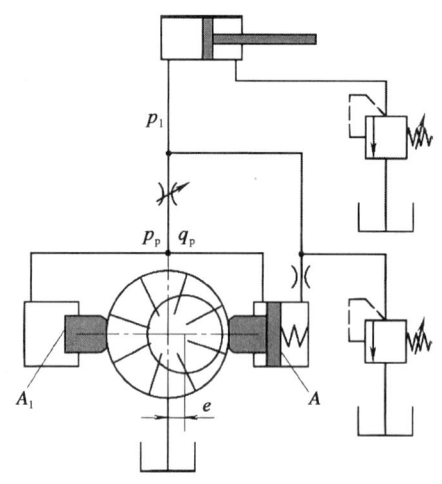

图 7-21 差压式变量泵和节流阀组成的容积节流调速回路

式中,A、A_1 分别为控制缸无柱塞腔的面积和柱塞的面积;p_p、p_1 分别为液压泵供油压力和液压缸工作腔压力;F_s 为控制缸中的弹簧力。

由式(7-11)可知,节流阀前后压差 $\Delta p = p_p - p_1$ 基本上由作用在泵控制柱塞上的弹簧力来确定,由于弹簧刚度小,工作中伸缩量也很小,所以 F_s 基本恒定,则 Δp 也近似为常数,所以通过节流阀的流量就不会随负载而变化,这和调速阀的工作原理相似。因此,这种调速回路的性能和上述回路不相上下,它的调速范围也只受节流阀调节范围的限制。此外,这种回路因能补偿由负载变化引起的泵的泄漏变化,因此它在低速小流量的场合使用性能尤佳。

在这种调速回路中,不但没有溢流损失,而且泵的供油压力随负载而变化,回路中的功率损失也只有节流处压降 Δp 所造成的节流损失一项,因而它的效率较限压式变量泵和调速阀组成的调速回路要高,且发热少。这种回路的效率表达式为

$$\eta = \frac{p_1 q_1}{p_p q_p} = \frac{p_1}{p_1 + \Delta p} \tag{7-12}$$

由式(7-12)可知,只要适当控制 Δp(一般 $\Delta p \approx 0.3$ MPa),就可以获得较高的效率。这种回路宜用在负载变化大、速度较低的中小功率场合,如某些组合机床的进给系统中。

二、快速运动回路

为了提高生产率,设备上的空行程一般都需做快速运动。根据 $v = q/A$ 可知,增加进入液压缸的流量和缩小液压缸的有效工作面积,都能提高活塞的运动速度。常见的快速运动回路有以下几种。

1. 差动连接的快速运动回路

图7-22 所示是采用差动式液压缸实现差动连接的快速运动回路。图中采用二位三通电磁阀连接成差动回路,当电磁铁不通电时,阀连通液压缸的左右腔,并且同时接通液压油,由于活塞左端面上所受的油液作用力大于右端面上所受的作用力,因此活塞向右运动。此时液压缸右腔的油液也同时流入左腔,于是达到了快进的目的。工进时,电磁铁通电,二位三通电磁阀的左位工作,液压油进入液压缸左腔,右腔的回油通过二位三通电磁阀直接流回油箱。这种液压回路简单经济,应用较多;但液压缸的速度加快得不多,当 $A_1 = 2A_2$ 时,差动连接只比非差动连接的最大速度快一倍,有时不能满足主机快速运动的要求,因此常常要和其他方法联合使用。

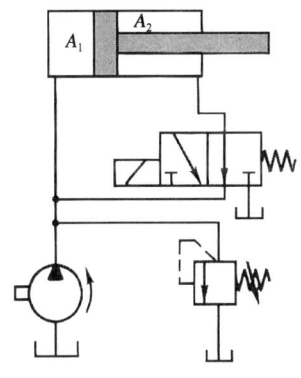

图7-22 连接的快速运动回路

2. 双泵供油的快速运动回路

图7-23 所示是双泵供油的快速运动回路。液压泵2为高压小流量泵,泵的流量按工作进给速度需要来选取,工作压力由溢流阀6调定。液压泵1为低压大流量泵,它和液压泵2的流量加在一起应等于快速运动时所需的流量。液控顺序阀7的开启压力应比快速运动时所需的压力大 0.8×10^6 Pa。

快速运动时,由于负载小,系统压力小于液控顺序阀7的开启压力,则阀关闭。液压泵1的油液通过单向阀3与液压泵2的油液汇合在一起进入液压缸,以实现快速运动。工作进给时,负载加大,系统压力升高,液控顺序阀7打开,并关闭单向阀3,使低压大流量液压泵1卸荷。此时,系统仅由高压小流量液压泵2供油,实现工作进给。

用双泵供油的快速运动回路在工作进给时,由于泵1卸荷,所以效率较高,功率利用合理,在组合机床液压系统中应用较多。其缺点是回路比较复杂,成本较高。

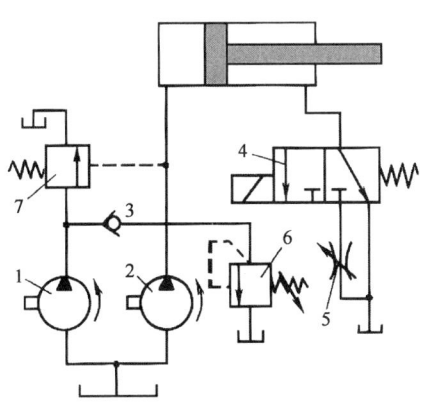

1、2—液压泵;3—单向阀;4—电磁阀;5—节流阀;6—溢流阀;7—液控顺序阀。

图7-23 供油的快速运动回路

3. 采用蓄能器的快速运动回路

图7-24(a)所示是采用蓄能器的快速运动回路。这种回路适用于系统短期需要大流量的场合。当系统停止工作时,换向阀处于中位,这时液压泵便经单向阀2向蓄能器3充油。蓄能器油压达到规定值时,液控顺序阀1被打开,液压泵卸荷。当换向阀处于左端或右端位置时,液压泵和蓄能器3共同向液压缸供油,实现快速运动,图7-24(b)所示是卸荷阀结构图。由于采用蓄能器和液压泵同时向系统供油,故可以用较小流量的液压泵来获得快速运动。医用牵引床的快速牵引和快速旋转动作就是这种回路的典型应用。

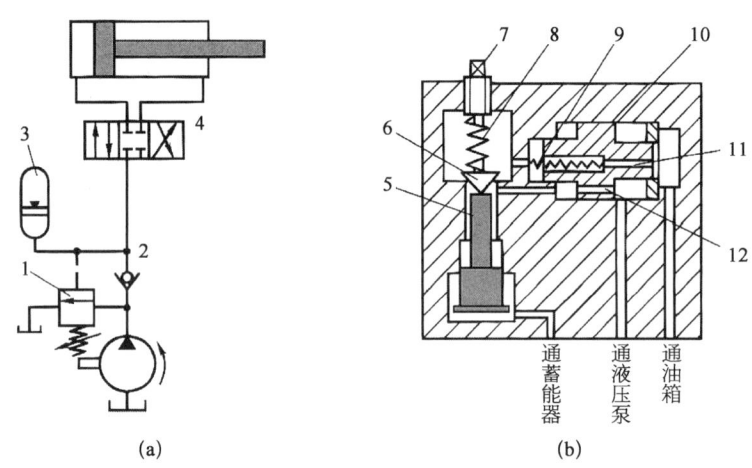

1—液控顺序阀;2—单向阀;3—蓄能器;4—换向阀;5—柱塞;6—先导阀;7—调节螺钉;
8—先导阀弹簧;9—主阀弹簧;10—主阀;11—中心孔;12—阻尼孔。

图7-24 采用蓄能器的快速运动回路

4. 增速缸式快速运动回路

图7-25所示是通过增速缸来实现快速运动的回路,其工作原理如下:在活塞缸7中装有柱塞式增速缸6,增速缸的外壳与活塞缸的活塞部件做成一体。当换向阀2和3都以左位接入回路时,液压油进入增速缸6,推动活塞快速向右移动;活塞缸7右腔的油经换向阀2流向油箱,活塞缸左腔则经液控单向阀5从副油箱4吸油。这时如换向阀3改用右位接入回路,则液压单向阀5关闭,液压油同时进入活塞缸左腔和增速缸,活塞慢速向右移动。当换向阀2右位接入回路时,液压油进入活塞缸右腔,增速缸接通油箱,液控单向阀打开,活塞缸左腔的油除通过液控单向阀流入副油箱外,也可以经换向阀3的右位接通油箱,这时活塞快速向左返回。这种回路可以在不增加液压泵流量的情况下获得较快的速度(因为增速缸的柱塞有效面积比活塞缸活塞面积小得多),使功率利用比较合理;其缺点是结构比较复杂,液压缸需特制。它大多用在空行程速度要求较快的卧式液压机上。

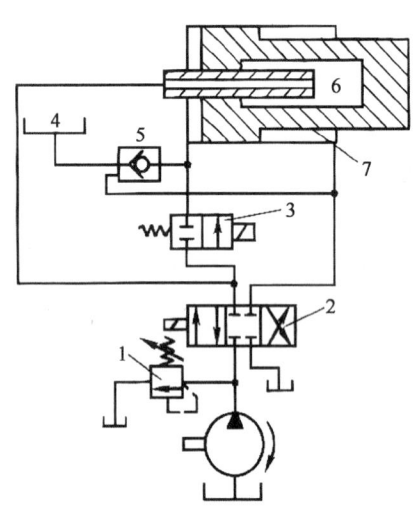

1—溢流阀;2、3—换向阀;4—副油箱;5—液控单向阀;6—增速缸;7—活塞缸。

图7-25 增速缸式快速运动回路

三、速度换接回路

在设备的工作部件实现自动工作循环的过程中,需要进行速度切换,如从快速运动转换成慢速的工作进给、从一种进给速度变换为另一种进给速度等。并且在速度切换过程中,尽可能使切换平稳,不出现前冲现象。

1. 快速运动和工作进给的换接回路

图 7-26 所示是采用行程阀与节流阀并联的快慢速换接回路。这种回路能实现快进→工进→快退→停止的工作循环,当换向阀 1 的右位工作时,液压泵的流量通过阀 1 全部进入液压缸,回油则经行程阀 2 直接进入油箱,工作部件实现快速运动。当工作台移动一定距离后,触动行程阀 2,使其上位工作,行程阀关闭,回油只能经节流阀 3 流回油箱。这时,进入液压缸的流量便受到节流阀的控制,多余的油经溢流阀流回油箱,快速运动切换成工作进给运动。当工作进给结束时,换向阀 1 左位工作,液压油经换向阀 1、单向阀 4 进入液压缸右腔,工作部件快速退回。采用行程阀的快速切换回路,由于切换时阀的开口是逐渐关闭的换接比较平稳,比采用电气元器件动作可靠。但是行程阀必须安装在运动部件附近,有时管路要接得很长,压力损失就较大。

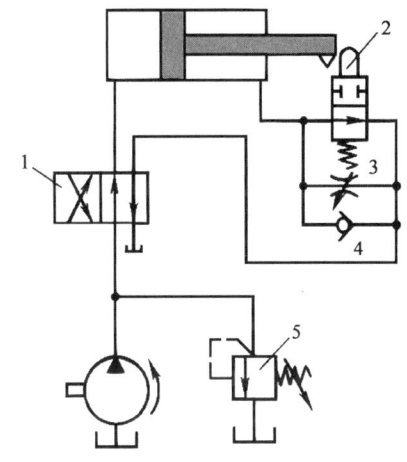

1—换向阀;2—行程阀;3—节流阀;4—单向阀;5—溢流阀。

图 7-26 采用行程阀与节流阀并联的快慢速换接回路

图 7-23 所示回路是用二位三通电磁阀 4 实现快、慢速切换的回路。电磁阀断电,快进;电磁阀通电,工进。这种快、慢速切换回路,调节行程比较灵活,阀的安装也比较方便,并且换接迅速,但平稳性较差。

2. 两种工进速度的换接回路

一些设备的进给部件有时需要有两种工进速度。一般第一种工进速度较大,大多用于粗加工;第二种工进速度较小,大多用于半精加工或精加工。两种工进速度是由两个调速阀(或节流阀)来分别调节的。回路有串联和并联两种方式。

图 7-27(a)所示为两个调速阀并联的两工进回路,其速度可以进行单独调节,两个调速阀工作的先后顺序和开口大小均不受限制。

当电磁阀 4 断电时,液压油经调速阀 2 和二位三通电磁阀进入液压缸左腔,实现一工进。此时,调速阀 3 的通路被二位三通电磁阀 4 切断,不起作用。当电磁阀 4 通电时,则调速阀 2 的通路被切断,液压油经调速阀 3 和二位三通电磁阀 4 进入液压缸,实现二工进。这种回路的第二次进给速度和第一次进给速度可进行单独调节。

采用上述回路在两种进给速度的切换过程中,容易形成突然前冲。因为在调速阀 2 工作时,调速阀 3 的通路被封闭,调速阀 3 的进出口压力相等;此时,调速阀 3 中的减压阀不起减压作用,阀口全开。当转入二工进时,调速阀 3 的出口压力突然下降,在减压阀阀口还没有关小前,调速阀 3 中节流阀前后的压差很大,瞬时流量增加,造成前冲现象。同样,调速阀 2 由断开换接至工作状态时,也会出现上述情况。

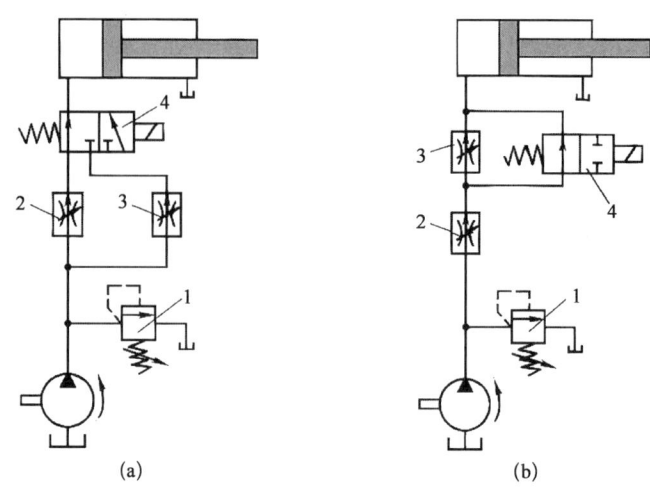

1—溢流阀;2、3—调速阀;4—电磁阀。

图 7-27　采用两个调速阀的速度换接回路

为了避免并联调速阀换接回路的前冲现象,可将图 7-27 中二位三通阀换为二位五通阀。当一个调速阀在工作时,另一调速阀仍有油液通过(出口接油箱),这时调速阀前后保持一定压差,使减压阀开口较少,转入工进时,不会造成节流阀两端压差的瞬时增大,因此克服了前冲现象,换接比较平稳,但是回路中有一定的能量损失。

图 7-27(b)所示是由调速阀 2 和调速阀 3 串联的两工进回路,调速阀 2 用于一工进,调速阀 3 用于二工进。当电磁阀 4 断电时,液压油经调速阀 2 和二位二通电磁阀进入液压缸左腔,此时调速阀 3 被短接,进给速度由调速阀 2 控制,实现一工进。当电磁阀 4 通电时,则液压油先经调速阀 2,再经调速阀 3 进入液压缸左腔,速度由调速阀 3 控制,实现二工进。在串联调速阀的二工进回路中,调速阀 3 的开口必须小于调速阀 2 的开口。否则,在二工进时,调速阀 3 将不起作用。

3. 双向进给回路

双向进给回路是指工作部件在前进和后退时都能实现工作进给的回路。在一般情况下,只要在泵的出油口和换向阀之间或者在换向阀至油箱之间的管路上设置一个调速阀(或节流阀),控制进入或排出液压缸的流量,便能实现双向进给速度的调节。这种回路对单杆液压缸不适用,因为当流量一定时,活塞后退速度和前进速度不同。并且由于受到换向阀泄漏的影响,调速精度也较低。

第三节　方向控制回路

在液压系统中,控制执行元件的起动、停止及换向的回路称为方向控制回路。方向控制回路包括换向回路和锁紧回路。

一、换向回路

运动部件的换向一般可采用各种换向阀来实现。在容积调速的闭式回路中,也可以利用双向变量泵控制油流的方向来实现液压缸(或液压马达)的换向。

依靠重力或弹簧返回的单作用液压缸可以采用二位三通换向阀进行换向。双作用液压缸的换向一般都可采用二位四通(或五通)及三位四通(或五通)换向阀来进行换向。按不同用途可选用不同控制方式的换向回路。

电磁换向阀的换向回路应用最为广泛,尤其在自动化程度要求较高的组合机床液压系统中被普遍采用。这种换向回路曾多次出现于前述内容介绍过的许多回路中,这里不再赘述。对于流量较大和换向平稳性要求较高的场合,电磁换向阀的换向回路已不能适应上述要求,往往采用手动换向阀或机动换向阀作为先导阀而以液动换向阀作为主阀的换向回路,或者采用电液动换向阀的换向回路。

往复直线运动换向回路的功用是使液压缸和与之相连的主机运动部件在其行程终端处迅速、平稳、准确地变换运动方向。简单的换向回路只需采用标准的普通换向阀,但是在换向要求高的主机(如各类磨床)上换向回路中的换向阀就需进行特殊设计。这类换向回路还可以按换向要求的不同而分成时间控制制动式和行程控制制动式两种。

图 7-28 所示是一种比较简单的时间控制制动式换向回路。这个回路中的主油路只受换向阀 3 控制。在换向过程中,当图中先导阀 2 在左端位置时,控制油路中的液压油经单向阀 I_2 通向换向阀 3 右端,换向阀左端的油经节流阀 J_1 流回油箱,换向阀阀芯向左移动,阀芯上的锥面逐渐关小回油通道,活塞速度逐渐减慢,并在换向阀 3 的阀芯移过距离 l 后将通道闭死,使活塞停止运动。当节流阀 J_1 和 J_2 的开口大小调定之后,换向阀阀芯移过距离 l 所需的时间(使活塞制动所经历的时间)就确定不变。因此,这种制动方式称为时间控制制动方式。时间控制制动式换向回路的主要优点是它的制动时间可以根据主机部件运动速度的快慢、惯性的大小通过节流阀 J_1 和 J_2 的开口量得到调节,以便控制换向冲击,提高工作效率;其主要缺点是换向过程中的冲出量受运动部件的速度和其他一些因素的影响,换向精度不高。所以,这种换向回路主要用于工作部件运动速度较高但换向精度要求不高的场合,如平面磨床的液压系统中。

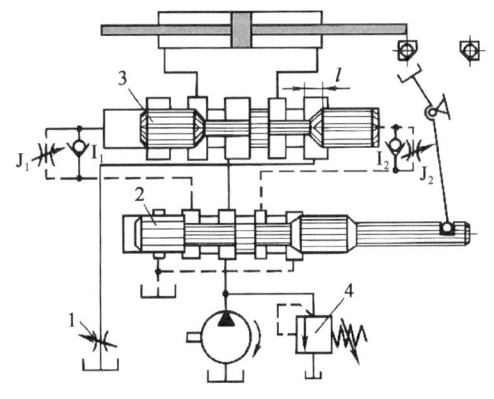

1—节流阀;2—先导阀;3—换向阀;4—溢流阀。
图 7-28 时间控制制动式换向回路

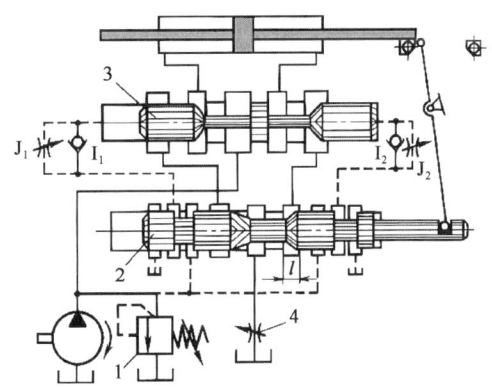

1—溢流阀;2—先导阀;3—换向阀;4—节流阀。
图 7-29 一种行程控制制动式换向回路

图 7-29 所示是一种行程控制制动式换向回路,这种回路的结构和工况与时间控制制动式的主要差别在于这里的主油路除了受换向阀 3 控制外,还要受先导阀 2 控制。当图示位置的先导阀 2 在换向过程中向左移动时,先导阀阀芯的右制动锥将液压缸右腔的回油通道逐渐

关小,使活塞速度逐渐减慢,对活塞进行预制动。当回油通道被关得很小、活塞速度变得很慢时,换向阀 3 的控制油路才开始切换,换向阀阀芯向左移动,切断主油路通道,使活塞停止运动,并随即使它在相反的方向起动。这里,不论运动部件原来的速度快慢如何,先导阀总是要移动一段固定的行程 l,将工作部件先进行预制动后,再由换向阀来使它换向。所以,这种制动方式称为行程控制制动方式。行程控制制动式换向回路的换向精度较高,冲出量较小;但是由于先导阀的制动行程恒定不变,制动时间的长短和换向冲击的大小将受运动部件速度快慢的影响。所以,这种换向回路宜用在主机工作部件运动速度不大但换向精度要求较高的场合,例如内、外圆磨床的液压系统中。

二、锁紧回路

为了使工作部件能在任意位置上停留,以及在停止工作时,防止在受力的情况下发生移动,可以采用锁紧回路。

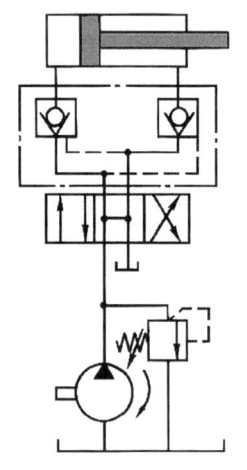

图 7-30 采用液控单向阀的双向锁紧回路

采用 O 型或 M 型机能的三位换向阀,当阀芯处于中位时,液压缸的进、出口都被封闭,可以将活塞锁紧。这种锁紧回路由于受到滑阀泄漏的影响,锁紧效果较差。

图 7-30 所示是采用液控单向阀的双向锁紧回路。在液压缸的进、回油路中都串接液控单向阀(又称液压锁),活塞可以在行程的任何位置锁紧。其锁紧精度只受液压缸内少量的内泄漏的影响,因此锁紧精度较高。在造纸机械中常采用这种典型回路。

采用液控单向阀的锁紧回路,其换向阀的中位机能应使液控单向阀的控制油液卸压(换向阀采用 H 型或 Y 型)。此时,液控单向阀便立即关闭,活塞停止运动。假如采用 O 型机能,在换向阀处于中位时,由于液控单向阀的控制腔液压油被闭死而不能使其立即关闭,直至由换向阀的内泄漏使控制腔泄压后,液控单向阀才能关闭,影响其锁紧精度。

第四节 多缸控制回路

一、顺序动作回路

在多缸液压系统中,往往需要按照一定要求的顺序动作。例如,自动车床中刀架的纵、横向运动,夹紧机构的定位和夹紧等均为顺序动作。

顺序动作回路按其控制方式不同可分为压力控制、行程控制和时间控制三类,其中前两类用得较多。

(一) 采用压力控制的顺序动作回路

压力控制就是利用油路本身的压力变化来控制液压缸的先后动作顺序,它主要利用压力继电器和顺序阀作为控制元件来控制动作顺序。

图 7-31 所示是采用两个单向顺序阀的压力控制顺序动作回路。其中单向顺序阀 6 控制两液压缸前进时的先后顺序，单向顺序阀 3 控制两液压缸后退时的先后顺序。当换向阀 2 左位工作时，液压油进入液压缸 4 的左腔，右腔经单向顺序阀 3 中的单向阀回油，此时由于压力较低，单向顺序阀 6 关闭，液压缸 4 的活塞先动。当液压缸 4 的活塞运动至终点时，油压升高，达到单向顺序阀 6 的调定压力时，单向顺序阀 6 开启，液压油进入液压缸 5 的左腔，右腔直接回油，液压缸 5 的活塞向右移动。当液压缸 5 的活塞右移到达终点后，换向阀右位接通，此时液压油进入液压缸 5 的右腔，左腔经单向顺序阀 6 中的单向阀回油，使液压缸 5 的活塞向左返回，到达终点时，液压油升高打开单向顺序阀 3，再使液压缸 4 的活塞返回。

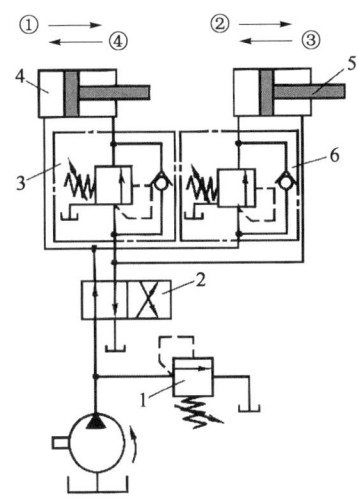

1—溢流阀；2—换向阀；3、6—单向顺序阀；4、5—液压缸。

图 7-31 采用两个单向顺序阀的压力控制顺序动作回路

这种顺序动作回路的可靠性在很大程度上取决于顺序阀的性能及其压力调整值。顺序阀的调整压力应比先动作的液压缸的工作压力高 0.8～1.0 MPa，以免在系统压力波动时发生误动作。

（二）采用行程控制的顺序动作回路

行程控制顺序动作回路是利用工作部件到达一定位置时，发出信号来控制液压缸的先后动作顺序的回路。它可以利用行程开关、行程阀等来实现。

图 7-32 所示是利用行程开关控制的顺序动作回路。其动作顺序是按起动按钮，电磁铁 1YA 通电，液压缸 2 的活塞右行；当挡铁触动行程开关 4 时，使 1YA 断电、3YA 通电，液压缸 5 的活塞右行；液压缸 5 的活塞右行至行程终点触动行程开关 7，使 3YA 断电、2YA 通电，液压缸 2 的活塞后退；退至左端，触动行程开关 3，使 2YA 断电、4YA 通电，液压缸 5 的活塞退回，触动行程开关 6，4YA 断电。至此完成了两缸的全部顺序动作的自动循环。

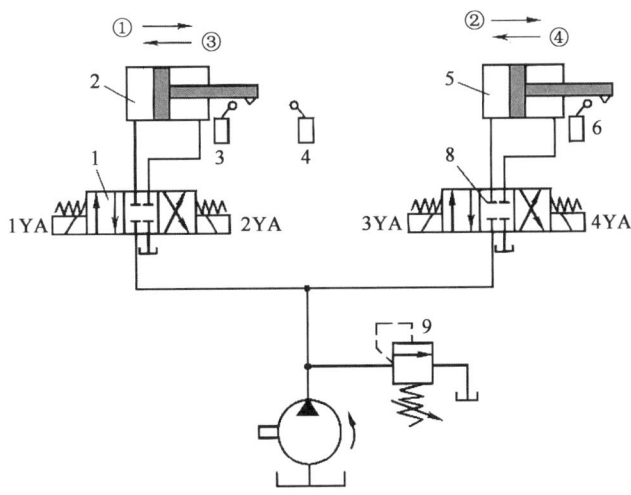

1、8—换向阀；2、5—液压缸；3、4、6、7—行程开关；9—溢流阀。

图 7-32 利用行程开关控制的顺序动作回路

采用电气行程开关控制的顺序回路,其调整行程大小和改变动作顺序均很方便,且可利用电气互锁使动作顺序可靠。

二、同步回路

使两个或两个以上的液压缸在运动中保持相同位移或相同速度的回路称为同步回路。

在一泵多缸的系统中,尽管液压缸的有效工作面积相等,但是运动中所受负载的不均衡,摩擦阻力的不相等,泄漏量的不同以及制造上的误差等,均会阻碍液压缸同步动作。同步回路的作用即克服这些影响,补偿它们在流量上造成的变化。

(一) 串联液压缸的同步回路

图7-33所示是串联液压缸的同步回路。图中第一个液压缸回油腔排出的油液被送入第二个液压缸的进油腔。如果串联油腔活塞的有效面积相等,便可实现同步运动。这种回路两缸能承受不同的负载,但泵的供油压力要大于两缸工作压力之和。

由于泄漏和制造误差影响了串联液压缸的同步精度,当活塞往复多次后,会产生严重的失调现象,为此要采取补偿措施。为了达到同步运动,液压缸5与液压缸7的有效面积相等。在活塞下行过程中,如果液压缸5的活塞先运动到底,触动行程开关4,使电磁铁1YA通电,此时液压油便经过换向阀3、液控单向阀6,向液压缸7的上腔补油,使液压缸7的活塞继续运动到底。如果液压缸7的活塞先运动到底,触动行程开关8,使电磁铁2YA通电,此时液压油便经过换向阀3进入液控单向阀的控制油口液控单向阀6反向导通,使液压缸5能通过液控单向阀6和换向阀3回油,令液压缸5的活塞继续运动到底,对不同步现象进行补偿。

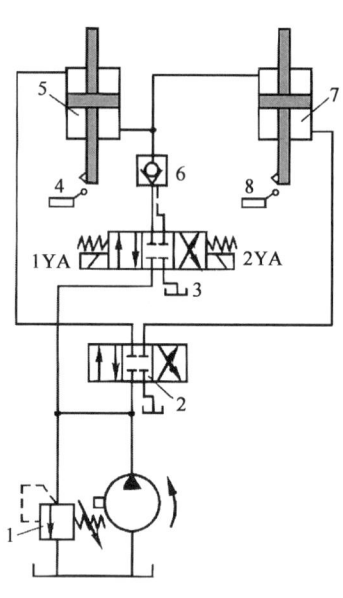

1—溢流阀;2、3—换向阀;4、8—行程开关;5、7—液压缸;6—液控单向阀。

图7-33 串联液压缸的同步回路

(二) 流量控制式同步回路

(1) 用调速阀控制的同步回路 图7-34所示是两个并联的液压缸分别用调速阀控制的同步回路。两个调速阀分别调节两缸活塞的运动速度,若两缸有效面积相等,则流量也调整得相同;若两缸面积不等,那么改变调速阀的流量也能达到同步运动。

用调速阀控制的同步回路,其结构简单,并且可以调速,但是由于受到油温变化以及调速阀性能差异等的影响,同步精度较低,一般为5%~7%。

(2) 用电液伺服阀控制的同步回路 图7-35所示为采用电液伺服阀实现同步运动的回路。回路中电液伺服阀6根据两个位移传感器3和4的反馈信号持续不断地控制其阀口的开度,使通过的流量与通过换向阀2的流量相同,从而保证了两个液压缸获得双向的同步运动。

采用电液伺服阀控制的同步回路的同步精度很高,能满足大多数工作部件所要求的同步精度。但由于伺服阀必须通过与换向阀相同的较大流量,规格尺寸要选得很大,因此价格昂贵,适用于两个液压缸相距较远而同步精度又要求很高的场合。

第七章　液压基本回路

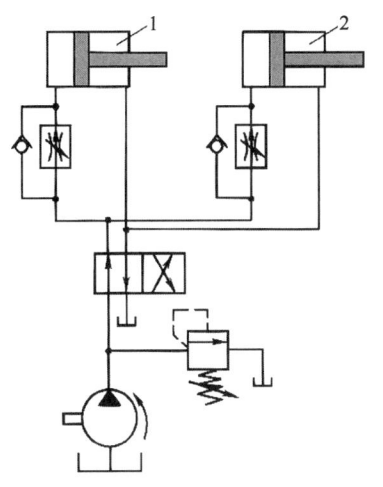

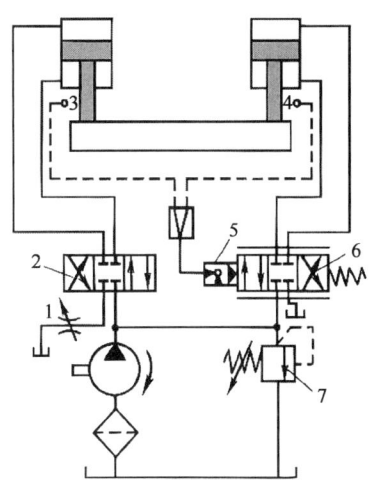

1—节流阀；2—换向阀；3、4—位移传感器；5—伺服放大器；6—电液伺服阀；7—溢流阀。

图 7-34　调速阀控制的同步回路

图 7-35　采用电液伺服阀控制的同步回路

（三）用同步缸或同步马达的同步回路

图 7-36(a)所示为用同步缸的同步回路。同步缸 A、B 两腔的有效面积相等，且两工作缸面积也相同，则能实现同步。这种同步回路的同步精度取决于液压缸的加工精度和密封性，一般精度可达到 98%～99%。由于同步缸一般不宜做得过大，所以这种回路仅适用于小容量的场合。

图 7-36(b)所示为用相同结构、相同排量的液压马达作为等流量分流装置的同步回路。两个液压马达轴刚性连接，把等量的油液分别输入两个尺寸相同的液压缸中，使两液压缸实现同步。图中与马达并联的节流阀用于修正同步误差。影响这种回路同步精度的主要因素有：由于马达制造上的误差而引起排量的差别，由于作用于液压缸活塞上的负载不同而引起的泄漏以及摩擦阻力不同等，但这种同步回路的同步精度比节流控制的要高，由于所用马达一般为容积效率较高的柱塞式马达，所以费用较高。

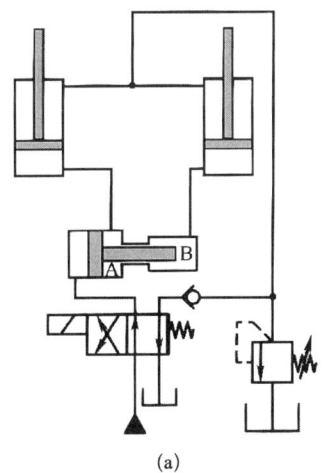
(a)

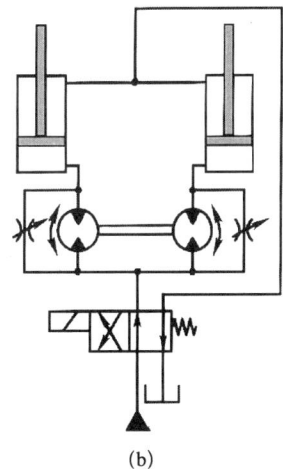
(b)

图 7-36　用同步缸或同步马达的同步回路

同步控制回路也可采用分流阀(同步阀)控制同步。对于同步精度要求较高的场合,可以采用由比例调速阀和电液伺服阀组成的同步回路。

三、多缸快慢互不干扰回路

在一泵多缸的液压系统中,往往会由于其中一个液压缸快速运动时造成系统的压力下降而影响其他液压缸工作进给的稳定性。因此,在工作进给要求比较稳定的多缸液压系统中,必须采用快慢速互不干涉回路。

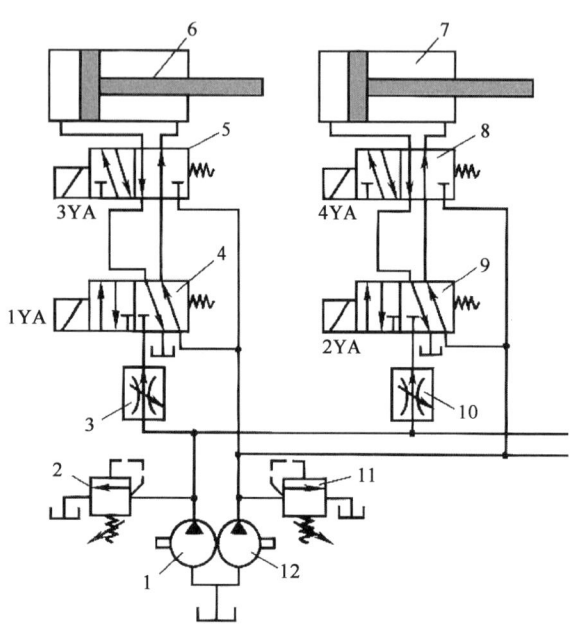

1、12—液压泵;2、11—溢流阀;3、10—调速阀;4、5、8、9—换向阀;6、7—液压缸。

图 7-37 双泵供油多缸快慢速互不干涉回路

在图 7-37 所示的回路中,各液压缸分别要完成快进、工作进给和快速退回的自动循环。回路采用双泵的供油系统,液压泵 1 为高压小流量泵,供给各缸工作进给所需的液压油;液压油,它们的压力分别由溢流阀 2 和 11 调定。

当开始工作时,电磁阀 1YA、2YA 断电,3YA、4YA 通电,液压泵 12 输出的液压油同时与两液压缸的左、右腔连通,两缸都做差动连接,使活塞快速向右运动,高压油路分别被换向阀 4、换向阀 9 关闭。这时若某一个液压缸(如液压缸 6)先完成了快速运动,实现了快慢速换接(电磁铁 1YA 通电、3YA 断电),换向阀 4 和换向阀 5 将低压油路关闭,所需液压油由液压泵 1 供给,由调速阀 3 调节流量获得工进速度。当两缸都转换为工进且都由液压泵 1 供油之后,如某个液压缸(如液压缸 6)先完成工进运动,实现反向换接(1YA、3YA 都通电),换向阀 5 将高压油关闭,大流量液压泵 12 输出的低压油经换向阀 5 进入液压缸 6 的右腔,左腔的回油经换向阀 5、换向阀 4 流回油箱,活塞快速退回。这时液压缸 7 仍由液压泵 1 供油继续进行工进,速度由调速阀 10 调节,不受液压缸 6 运动的影响。当所有电磁铁都断电时,两缸才都停止运动。这种回路可以用在具有多个工作部件各自分别运动的机床液压系统中。

习 题

7-1 什么是液压基本回路?基本回路一般分为几种类型?各种类型包括哪些回路?

7-2 举例阐述减压回路、增压回路、缓冲制动和补油回路的应用场合。

7-3 举例说明三种使液压泵在原动机不停的情况下自动卸荷的工作形式。

7-4　利用节流阀的三种节流调速回路各有什么优缺点？各应用在何种场合？

7-5　采取什么措施可以限制液压执行机构的意外超速？如何使运动着的液压执行机构在想要的位置上停止并锁紧？

7-6　如何实现两液压缸的同步运动？

7-7　如何实现两液压执行机构的顺序动作？

7-8　在图 7-38 所示回路中，若溢流阀的调整压力分别为 $p_{y1} = 6$ Mpa，$p_{y2} = 4.5$ Mpa。泵出口处的负载阻力为无限大，试问在不计管道损失和调压偏差时：

1) 换向阀下位接入回路时，泵的工作压力为多少？B 点和 C 点的压力各为多少？

2) 换向阀上位接入回路时，泵的工作压力为多少？B 点和 C 点的压力各为多少？

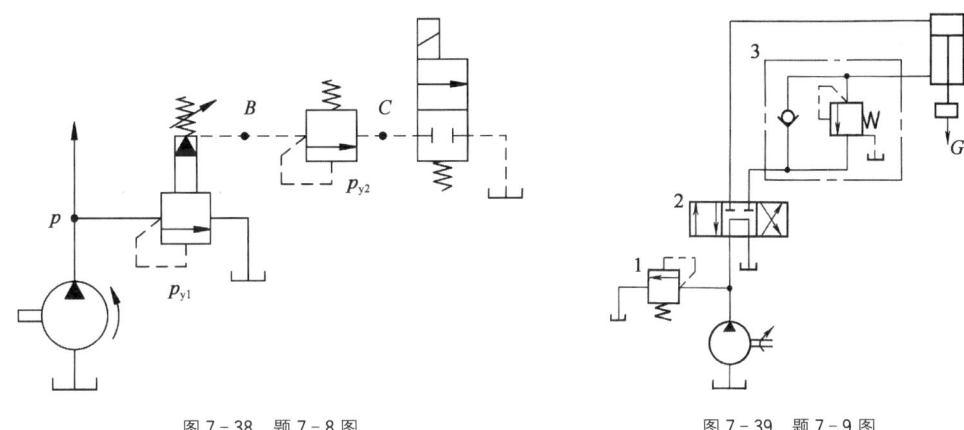

图 7-38　题 7-8 图　　　　　　　　图 7-39　题 7-9 图

7-9　如图 7-39 所示的平衡回路中，若液压缸无杆腔面积为 $A_1 = 80 \times 10^{-4}$ m²，有杆腔面积 $A_2 = 40 \times 10^{-4}$ m²，活塞与运动部件自重 $G = 6\,000$ N，运动时活塞上的摩擦力为 $F_f = 2\,000$ N，向下运动时要克服负载阻力为 $F_L = 24\,000$ N，试问顺序阀和溢流阀的最小调整压力各为多少？

7-10　如图所示的调速阀节流调速回路中已知 $q_p = 25$ L/min，$A_1 = 100 \times 10^{-4}$ m²，$A_2 = 50 \times 10^{-4}$ m²，F 由 0 增至 30 000 N 时活塞向右移动速度基本无变化，$v = 0.2$ m/min，若调速阀要求的最小压差为 $\Delta p_{\min} = 0.5$ Mpa，试求：

1) 不计调压偏差时溢流阀调整压力 p_y 是多少？泵的工作压力是多少？

2) 液压缸所能达到的最高工作压力是多少？

3) 回路的最高效率为多少？

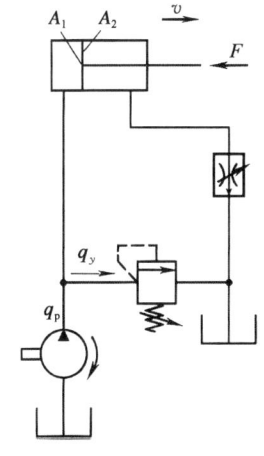

图 7-40　题 7-10 图

第八章 典型液压系统

第一节 液压系统图的阅读和分析

一、液压系统图的阅读

要能正确而又迅速地阅读液压系统图,首先必须掌握液压元件的结构、工作原理、特点和各种基本回路的应用,了解液压系统的控制方式、图形符号及其相关标准。其次,结合实际液压设备及其液压原理图多读多练,掌握各种典型液压系统的特点,对于今后阅读新的液压系统,可起到以点带面、触类旁通和熟能生巧的作用。

阅读液压系统图一般可按以下步骤进行:

1) 全面了解设备的功能、工作循环和对液压系统提出的各种要求。例如组合机床液压系统图,它是以速度转换为主的液压系统,除了能实现液压滑台的"快进→工进→快退"的基本工作循环外,还要特别注意速度转换的平稳性等指标。同时,要了解控制信号的转换以及电磁铁动作表等,这有助于我们能够有针对性地进行阅读。

2) 仔细研究液压系统中所有液压元件及它们之间的联系,弄清各个液压元件的类型、原理、性能和功用。对一些用半结构图表示的专用元件,要特别注意它们的工作原理,要读懂各种控制装置及变量机构。

3) 仔细分析并写出各执行元件的动作循环和相应的油液所经过的路线。

为便于阅读,最好先将液压系统中的各条油路分别进行编码,然后按执行元件划分读图单元,每个读图单元先看动作循环,再看控制回路、主油路。要特别注意系统从一种工作状态转换到另一种工作状态时,是由哪些元件发出的信号,又是使哪些控制元件动作并实现的。

阅读液压系统图的具体方法有传动链法、电磁铁工作循环表法和等效油路图法等。

二、液压系统图的分析

在读懂液压系统图的基础上,还必须进一步对该系统进行一些分析,这样才能评价液压系统的优缺点,使设计的液压系统性能不断完善。

液压系统图的分析可考虑以下几个方面:

1) 液压基本回路的确定是否符合主机的动作要求。

2) 各主油路之间、主油路与控制油路之间有无矛盾和干涉现象。

3) 液压元件的代用、变换和合并是否合理、可行。

4) 液压系统性能的改进方向。

第二节　YT4543型液压动力滑台液压系统

一、概述

组合机床是一种高效率的专用机床，它由通用部件和部分专用部件组成，其工艺范围广，自动化程度高，在成批和大量生产中得到了广泛的应用。液压动力滑台是组合机床上的一种通用部件，根据加工要求，滑台台面上可设置动力箱、多轴箱或各种用途的切削头等工作部件，以完成钻削、扩削、铰削、镗削、刮端面、倒角、铣削及攻螺纹等工序。

为了缩短加工的辅助时间，满足各种工序的进给速度要求，动力滑台的液压系统必须具有良好的速度换接性能与调速特性。对组合机床动力滑台液压系统的要求如下：

1) 在电气和机械装置的配合下，可以根据不同的加工要求，实现多种工作循环，如"快进→工进→快退→原位"或者"快进→一工进→二工进→快退→原位"等工作循环。

2) 能实现快进和快退，YT4543型动力滑台的快速运动速度为6.5 m/min。

3) 有较大的工进调速范围，以适应不同工序的工艺要求。YT4543型动力滑台的进给范围为6.6～660 mm/min。在变负载或断续负载下，能保证动力滑台进给速度的稳定。

4) 进给行程终点的重复位置精度要求较高。根据不同的工艺要求，可选择相应的行程终点控制方法。

5) 合理解决快进速度和工进速度相差悬殊的问题，提高系统效率，减少发热。

6) 有足够的承载能力。YT4543型动力滑台的最大进给力为45kN。

二、YT4543型动力滑台液压系统的工作原理

图8-1所示为YT4543型动力滑台液压系统图。下面以实现二次工作进给的自动循环为例，说明其工作原理。

1. 快进

按下起动按钮，电磁铁1YA通电，电液换向阀7的先导阀A左位工作，液动换向阀B在控制液压油作用下将左位接入系统。

进油路：油箱→过滤器1→液压泵2→单向阀3→电液换向阀7→行程阀11→液压缸左腔。

回油路：液压缸右腔→电液换向阀7→单向阀6→行程阀11→液压缸左腔。

液压缸两腔连通，实现差动快进。由于快进阻力小，系统压力低，变量泵输出最大流量。

2. 第一次工作进给

当滑台快进到预定位置时，挡块压下行程阀11，切断快进通道，这时液压油经调速阀8、电磁阀12进入液压缸左腔。由于液压泵供油压力高，顺序阀5已被打开。

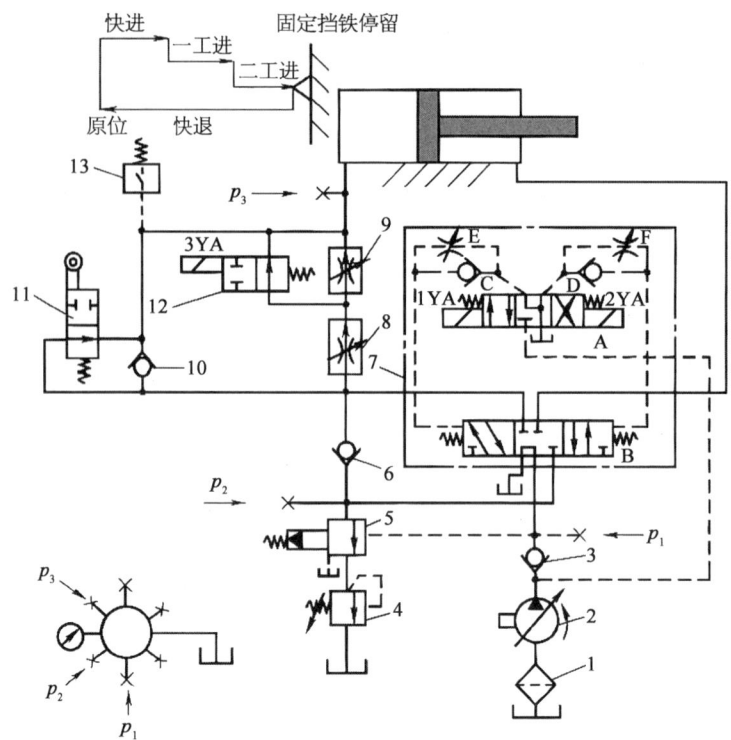

1—过滤器；2—液压泵；3、6、10—单向阀；4—溢流阀；5—顺序阀；7—电液换向阀；8、9—调速阀；11—行程阀；12—电磁阀；13—压力继电器。

图 8-1 YT4543 型动力滑台液压系统图

进油路：油箱→过滤器 1→液压泵 2→单向阀 3→电液换向阀 7→调速阀 8→电磁阀 12→液压缸左腔。

回油路：液压缸右腔→电液换向阀 7→顺序阀 5→溢流阀 4→油箱。

工进时系统压力升高，变量泵自动减小其输出流量，且与调速阀 8 的开口相适应。

3. 第二次工作进给

一工进终了时，挡块压下行程开关使 3YA 通电，这时液压油经调速阀 8 和 9 进入液压缸的左腔。液压缸右腔的回油路线与一工进时相同。此时，变量泵输出的流量自动与调速阀 9 的开口相适应。

4. 固定挡铁停留

当滑台以二工进速度行进碰到固定挡铁时，滑台即停留在固定挡铁处，此时液压缸左腔压力升高，使压力继电器 13 动作，发出电信号给时间继电器。停留时间由时间继电器调定。

5. 快退

停留结束后，时间继电器发出信号，使电磁铁 1YA、3YA 断电，2YA 通电，这时电液换向阀 7 的电磁阀 A 右位工作，液动换向阀 B 在控制液压油作用下将右位接入系统。

进油路：液压泵 2→单向阀 3→电液换向阀 7→液压缸右腔。

回油路：液压缸左腔→单向阀 10→电液换向阀 7→油箱。

滑台返回时负载小，系统压力下降，变量泵流量自动恢复到最大，且液压缸右腔的有效作用面积较小，故滑台快速退回。

6. 原位停止

当滑台快退到原位时,挡块压下终点行程开关,使电磁铁 2YA 断电,电磁阀 A 和液动换向阀 B 都处于中位,液压缸两腔油路封闭,滑台停止运动。这时泵输出的油液经单向阀 3 和电液换向阀 7 排回油箱,液压泵在低压下卸荷。

滑台液压系统的上述工况也可用电磁铁工作循环表或等效油路图等来描述。

三、YT4543 型动力滑台液压系统的特点

1) 采用容积节流调速回路,无溢流功率损失,系统效率较高,且能保证稳定的低速运动、较好的速度刚性和较大的调速范围。

在回油路上设置溢流阀,提高了滑台运动的平稳性。把调速阀设置在进油路上,具有起动冲击小、便于压力继电器发信控制、容易获得较低速度等优点。

2) 限压式变量泵和差动连接的快速回路,既解决了快慢速度相差悬殊的难题,又使能量利用经济合理。

3) 采用行程阀实现快慢速换接,其动作的可靠性、转换精度和平稳性都较高。一工进和二工进之间的转换,由于通过调速阀 8 的流量很小,采用电磁阀式换接已能保证所需的转换精度。

4) 限压式变量泵本身就能按预先调定的压力限制其最大工作压力,故在采用限压式变量泵的系统中,一般不需要另外设置安全阀。

5) 采用换向阀式低压卸荷回路,可以减少能量损耗,结构也比较简单。

6) 采用三位五通电液换向阀,其换向性能好,滑台可在任意位置停止,快进时构成差动连接。

第三节 YB32—200 型压力机的液压系统

一、概述

压力机是工业部门广泛使用的压力加工设备,其中四柱式压力机最为典型,常用于可塑性材料的压制工艺,如冲压、弯曲、翻边、薄板拉深等,也可进行校正、压装及粉末制品的压制成形工艺。

对压力机液压系统的基本要求是:

1) 为完成一般的压制工艺,要求主缸(上液压缸)驱动上滑块实现"快速下行→慢速加压→保压延时→快速返回→原位停止"的工作循环;要求顶出缸(下液压缸)驱动下滑块实现"向上顶出→向下退回→原位停止"的工作循环,如图 8-2 所示。

2) 液压系统中的压力要经常变换和调节,为了产生较大的压制力以满足工作要求,系统的压力较高,一般工作压力范围为 10~40 MPa。

3) 液压系统功率大,空行程和加压行程的速度差异大,因此要求功率利用合理。

4) 液压机为高压大流量系统,对工作平稳性和安全性要求较高。

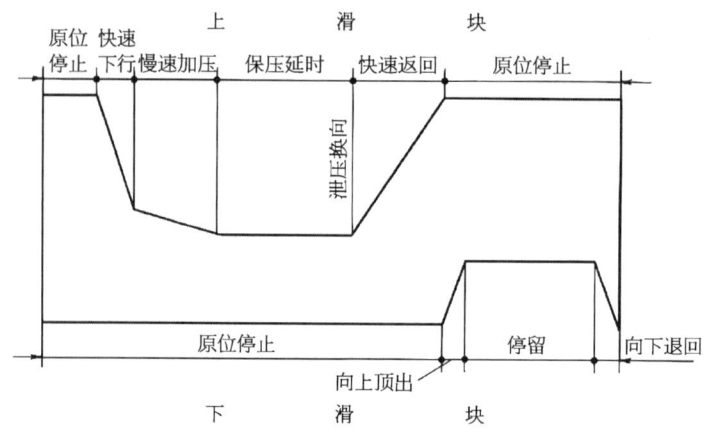

图 8-2 YB32—200 型压力机的工作循环图

二、液压系统的工作原理

图 8-3 所示为 YB32—200 型压力机的液压系统。液压泵为恒功率式变量轴向柱塞泵，用来供给系统以高压油，其压力由远程调压阀调定。

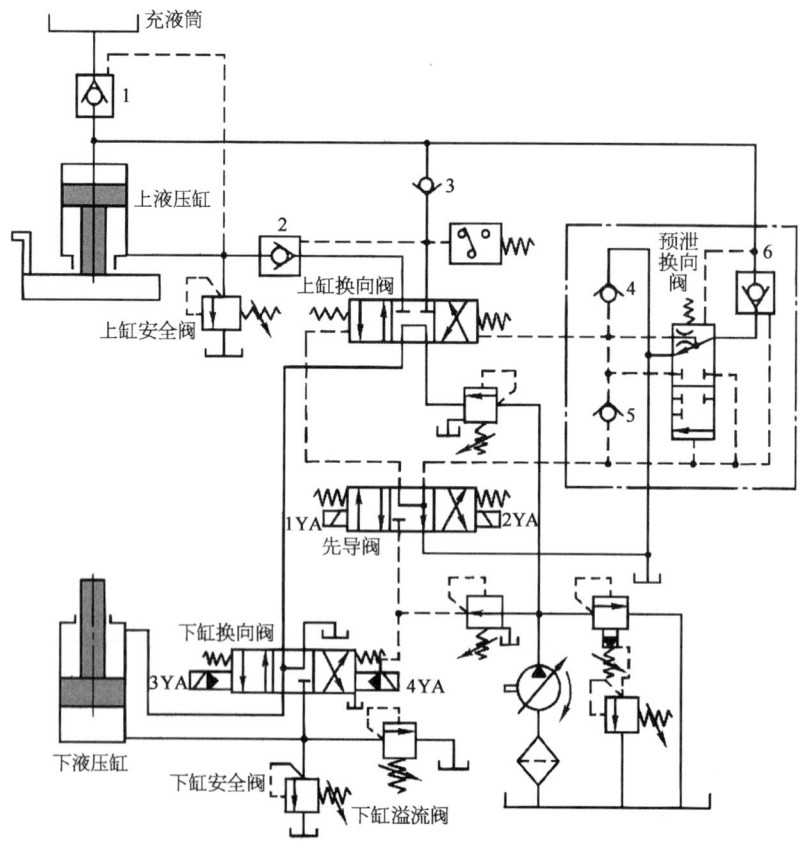

1—充液阀；2、6—液控单向阀；3、4、5—单向阀。

图 8-3 YB32—200 型压力机的液压系统

1. 主缸活塞快速下行

按下起动按钮，电磁铁 1YA 通电，先导阀和主缸换向阀左位接入系统。其主油路为：

进油路：液压泵→顺序阀→主缸换向阀→单向阀 3→主缸上腔。

回油路：主缸下腔→液控单向阀 2→主缸换向阀→下缸换向阀→油箱。

这时，主缸活塞连同上滑块在自重作用下快速下行，尽管泵已输出最大流量，但主缸上腔仍因油液不足而形成负压，吸开充液阀 1，充液筒内的油便补入主缸上腔。

2. 主缸活塞慢速加压

上滑块快速下行接触工件后，主缸上腔压力升高，充液阀 1 关闭，变量泵通过压力反馈输出流量自动减小，此时上滑块转入慢速加压。

3. 主缸保压延时

当系统压力升高到压力继电器的调定值时，压力继电器发出信号使 1YA 断电，先导阀和主缸换向阀恢复到中位。此时，液压泵通过换向阀中位卸荷，主缸上腔的高压油被活塞密封环和单向阀所封闭，处于保压状态。接受电信号后的时间继电器开始延时，保压延时的时间可在 0～24 min 内调整。

4. 主缸泄压后快速返回

由于主缸上腔油压高、直径大、行程长，缸内油液在加压过程中储存了很多能量。为此，主缸必须先泄压后再回程。

保压结束后，时间继电器使电磁铁 2YA 通电，先导阀右位接入系统，控制油路中的液压油打开液控单向阀 6 内的卸荷小阀芯，使主缸上腔的油液开始泄压。压力降低后预泄换向阀阀芯向上移动，以其下位接入系统，控制油路即可使主缸换向阀处于右位工作，从而实现上滑块的快速返回。其主油路为：

进油路：液压泵→顺序阀→主缸换向阀→液控单向阀 2→主缸下腔。

回油路：主缸上腔→充液阀 1→充液筒。

充液筒内液面超过预定位置时，多余油液由溢流管流回油箱。单向阀 4 用于主缸换向阀由左位回到中位时补油。单向阀 5 用于主缸换向阀由右位回到中位时排油至油箱。

5. 主缸活塞原位停止

上滑块回程至挡块压下行程开关，电磁铁 2YA 断电，先导阀和主缸换向阀都处于中位，这时上滑块停止不动，液压泵在较低压力下卸荷。

6. 顶出缸活塞向上顶出

电磁铁 4YA 通电时，顶出缸换向阀右位接入系统。其油路为：

进油路：液压泵→顺序阀→主缸换向阀→顶出缸换向阀→顶出缸。

回油路：顶出缸上腔→顶出缸换向阀→油箱。

7. 顶出缸活塞向下退回和原位停止

4YA 断电、3YA 通电时油路换向，顶出缸活塞向下退回。当挡块压下原位开关时，电磁铁 3YA 断电，顶出缸换向阀处于中位，顶出缸活塞原位停止。

8. 顶出缸活塞浮动压边

做薄板拉深压边时，要求顶出缸既保持一定压力，又能随着主缸上滑块一起下降。这时 4YA 先通电、再断电，顶出缸下腔的油液被顶出缸换向阀封住。当主缸上滑块下压时，顶出缸活塞被迫随之下行,顶出缸下腔回油经下缸溢流阀流回油箱,从而建立起所需的压边力。

三、液压系统的主要特点

1) 采用高压大流量恒功率式变量泵供油,既符合工艺要求又节省能量,这是压力机液压系统的一个特点。

2) 液压机是典型的以压力控制为主的液压系统。本机具有远程调压阀控制的调压回路、使控制油路获得稳定低压(2 MPa)减压回路、高压泵的低压(约 2.5 MPa)卸荷回路、利用管道和油液的弹性变形及靠阀和缸密封的保压回路、采用液控单向阀的平衡回路;此外,系统中还采用了专用的泄压回路。

3) 本液压机利用上滑块的自重作用实现快速下行,并用充液阀对主缸上腔充液。这一系统结构简单,液压元件少,常用于中小型液压机。

4) 采用电液换向阀,适合高压大流量液压系统的要求。

5) 系统中的两个液压缸各有一个安全阀进行过载保护。两缸换向阀采用串联接法,这也是一种安全措施。

第四节 盘式热分散机比例压力和流量复合控制液压系统

一、概述

盘式热分散机是处理废纸的专用设备,它能有效地对废纸浆料中的胶粘物、油脂、石蜡、塑料、橡胶或油墨粒子等杂质进行分散处理,以改进纸张的外观质量,提高纸张性能。

工作过程中将浓缩至 30% 以上的废纸浆经动静磨盘之间的间隙分散并细化至粉末状,然后送至下一造纸工序。造纸工艺要求移动磨盘实现精确的定位控制,其定位精度要求在 ±0.02 mm 以内,动静盘间隙调节范围在 0~15 mm 内,同时具有维修时机体进退功能。盘式热分散机自动化程度高,其控制部分要求磨盘定位系统采用双闭环(即功率负荷闭环和间隙调整闭环)恒间隙控制,并保证在主电动机功率调节范围内准确地调整间隙。

二、工作原理

盘式热分散机的液压原理如图 8-4 所示。液压泵起动后,由于电磁阀的电磁铁均处于断电状态,因此动盘进给液压缸 12、机体维修液压缸 17 均停留在原始位置;此时,液压泵经比例溢流阀 8(此时比例溢流阀的控制电压为零)卸荷。当比例溢流阀 8 的控制电压在 2 V(目的是避开比例阀的死区)以上并且 1YA 通电时,电磁换向阀 9 换向处于左位,动盘进给液压缸 12 的无杆腔经双液控单向阀 10、单向节流阀 11 进油,有杆腔经比例流量阀 13、冷却器 14 回油,活塞杆伸出;当 2YA 通电时,电磁换向阀 9 处于右位,动盘进给液压缸 12 的有杆腔进油,无杆腔回油,活塞杆缩回,完成动盘进给液压缸 12 的工作循环。应当说明的是:在实际工作过程中,两条动盘进给液压缸 12 经刚性连接将位移信号经位移传感器、A-D 转换器输送到 PLC,通过 PLC 的处理,再经 D-A 转换器转换,控制比例流量阀的开度大小,从而实现对液压缸 12 的实时控制恒间隙的目的;同理,根据主电动机电流的反馈信号,控制比例压力阀的压力大小,实现对主电动机的恒功率(恒电流)控制。

在该工作循环过程中,比例流量阀 13 控制热分散机的位移和间隙大小,比例溢流阀 8 根据负载大小控制主电动机工作在恒功率状态。当 3YA 通电时,电磁换向阀 16 换向处于左位,机体维修液压缸 17 的无杆腔进油,有杆腔回油,活塞杆伸出;当 4YA 通电时,电磁换向阀 16 换向处于右位,机体维修液压缸 17 有杆腔进油,无杆腔回油,活塞杆缩回,完成工作全过程。应当注意的是:系统压力只有在比例溢流阀 8 有控制电压的情况下才能随着控制电压的变化而变化,液压执行元件才能工作;溢流阀 7 起安全阀的作用,其目的是当比例溢流阀 8 本身或其控制器有故障时,整个液压系统的压力不至于突然大幅升高,以保护磨片和主电动机。

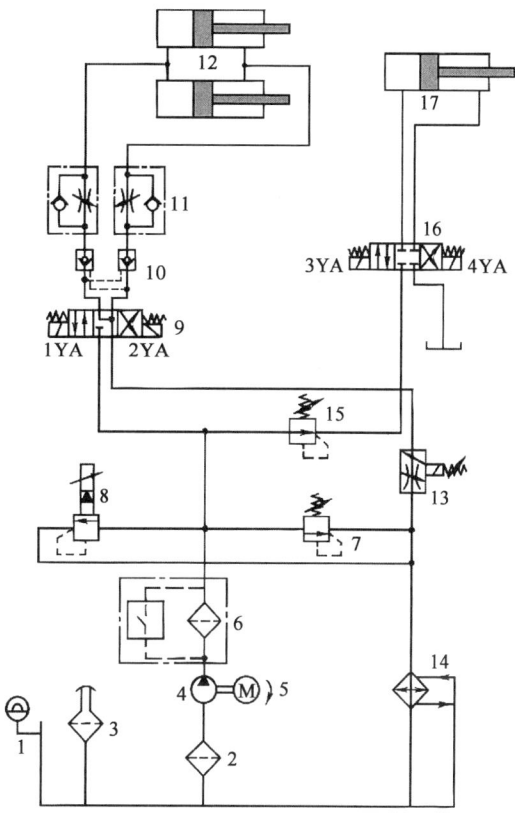

1—液位计;2—过滤器;3—空气过滤器;4—液压泵;5—电动机;6—精密过滤器;7—溢流阀;8—比例溢流阀;9、16—电磁换向;10—双液控单向阀;11—单向节流阀;12—动盘进给液压缸;13—比例流量阀;14—冷却器;15—减压阀;17—机体维修液压缸。

图 8-4 盘式热分散机的液压原理图

三、系统特点

1) 盘式热分散机液压系统采用了比例压力和比例流量复合控制,大大简化了系统结构和元件数量,通过比例控制阀和 PLC 的结合,实现了磨盘定位系统双闭环(即功率负荷闭环和间隙调整闭环)恒间隙控制,并保证了主电动机功率在其调节范围内准确地调整间隙。

2) 比例流量阀采用了反比例控制,即电压信号为零时,其开口量最大,电压信号为 10 V 时,比例流量阀完全关闭,便于系统调试。

3) 采用单向节流阀的目的是便于粗调执行元件的速度。采用液控单向阀的目的是保证液压系统的电磁换向阀处于断电状态时磨盘间隙保持不变。

4) 整个液压系统采用了叠加式液压元件,应特别注意液控单向阀与单向节流阀的位置,以及与液控单向阀相叠加的电磁换向阀的中位机能(必须是 Y 型或 H 型)。

5) 由于液压系统 24 h 连续工作,所以液压泵的排量要在满足使用要求的前提下尽量小,同时配有冷却器,以确保系统温升在规定范围内。

习 题

8-1 简述复杂液压系统分析的步骤。

8-2 根据图 8-1 所示的 YT4543 型动力滑台液压系统,完成:

1) 写出差动快进时液压缸左腔压力 p_1 与右腔压力 p_2 的关系式。

2) 说明当滑台进入工进状态,但切削刀具尚未触及被加工工件时,什么原因使系统压力升高并将液控顺序阀 5 打开?

3) 在限压式变量泵的 p-q 曲线上定性标明动力滑台在差动快进、第一次工进、第二次工进、止挡铁停留、快退及原位停止时限压式变量叶片泵的工作点。

8-3 如图 8-5 所示的压力机液压系统能实现"快进→慢进→保压→快退→停止"的动作循环。试读懂此液压系统图,并写出:

1) 包括油液流动情况的动作循环表;

2) 标号元件的名称和功能。

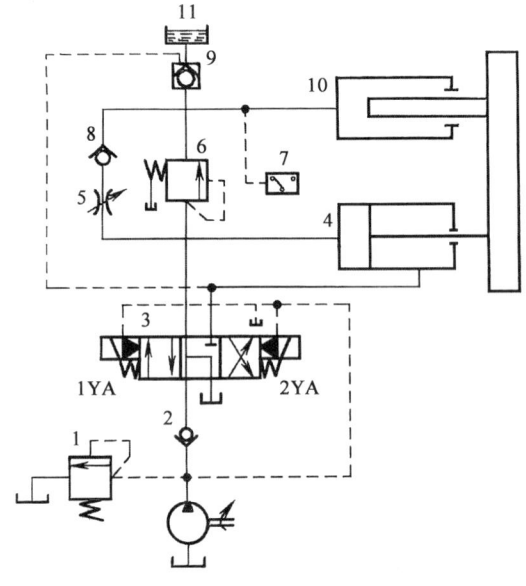

图 8-5 题 8-3 图

第九章 液压系统的设计与计算

第一节 液压系统的设计步骤和方法

一、液压系统设计要求

在设计液压系统前需明确以下几方面的内容：
1) 明确主机的哪些动作需要由液压系统来完成。
2) 确定对液压系统的动作和运动要求。根据主机的设计要求，确定液压执行元件的数量、运动形式、工作循环、行程范围及各执行元件动作的顺序、同步、联锁等要求。
3) 确定液压执行元件承受的负载和运动速度的大小及其变化范围。
4) 确定对液压系统的性能要求，如调速性能、运动平稳性、转换位置精度、效率、温升、自动化程度、可靠性程度、使用与维修的方便性。
5) 确定液压系统的工作条件，如温度、湿度、振动干扰、外形尺寸和经济性等要求。

二、工况分析和系统确定

对执行元件负载分析与运动分析称为液压系统的工况分析。工况分析就是分析每个液压执行元件在各自工作过程中负载与速度的变化规律，一般执行元件在一个工作循环内负载、速度随时间或位移的变化用负载循环图和速度循环图表示。

1. 负载分析

液压缸与液压马达运动方式不同，但它们的负载都是由工作负载、惯性负载、摩擦负载、背压负载等组成的。

工作负载 F_w 包括切削力、夹紧力、挤压力、重力等，其方向与液压缸运动方向相反时为正，相同时为负。

惯性负载 F_a 为运动部件在起动和制动时的惯性力，加速时为正，减速时为负。

摩擦负载包括导轨摩擦阻力 F_f 和密封装置处的摩擦力 F_s，前者在确定摩擦因数后即可计算，后者与密封装置类型、液压缸制造质量和液压油压力有关，一般通过取机械效率 $\eta_m = 0.90 \sim 0.97$ 来考虑。

背压负载 F_b 是液压缸回油路上背压 p_b 所产生的阻力，初算时可暂不考虑，需要估算时背压 p_b 可按表 9-1 选取。

液压缸在各工作阶段的负载按表 9-2 中的表达式来计算，再以液压缸所经历的时间 t 或

表 9-1 压系统背压

系统结构情况	背压 p_b/MPa	
采用节流阀的回路节流调速系统	0.3~0.5	对中高压液压系统背压数值应放大 50%~100%
采用调速阀的回路节流调速系统	0.5~0.8	
回油路上有背压阀的系统	0.5~1.5	
采用辅助泵补油的闭式回路	0.8~1.5	

表 9-2 压缸各工作阶段的负载计算

工 作 阶 段	负 载 F	
起动加速阶段	$F = (F_f + F_a \pm F_G)/\eta_m$	F_G 为运动部件自重在液压缸运动方向的分量,液压缸上行时取正,下行时取负
快进、快退阶段	$F = (F_f \pm F_G)/\eta_m$	
工进阶段	$F = (F_f \pm F_w \pm F_G)/\eta_m$	
减速制动阶段	$F = (F_f - F_a \pm F_G)/\eta_m$	

行程 s 为横坐标做出 F-t 或 F-s 负载循环图。对于简单液压系统,可只计算快速运动阶段和工作阶段的情况。在负载难以计算时可通过实验来确定,也可以根据配套主机的规格确定液压系统的承载能力。

2. 运动分析

按各执行元件在工作中的速度 v、位移 s 或经历的时间 t 绘制 v-s 或 v-t 速度循环图。图 9-1 所示为某一组合机床液压滑台的负载和速度循环图。

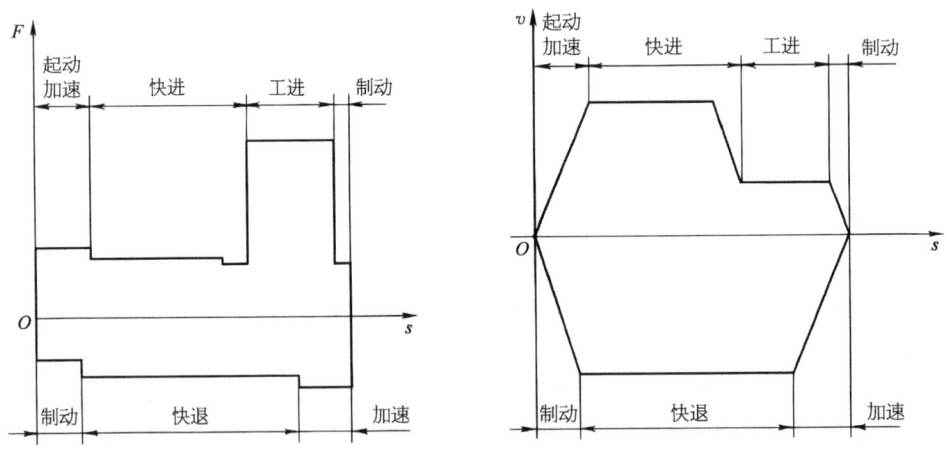

图 9-1 组合机床液压滑台的负载和速度循环图

三、确定主要参数

液压系统的主要参数为工作压力和流量,它们是选择液压元件的主要依据。而系统的工作压力和流量分别取决于液压执行元件的工作压力、回路上的压力损失和液压执行元件所需的流量、回路泄漏。所以,确定液压系统的主要参数实质上是确定液压执行元件的主要参数。

1. 初选液压系统的主要参数

执行元件工作压力是确定其结构参数的重要依据。工作压力选得低一些,有利于提高液压系统的工作平稳性、可靠性和降低噪声,但液压系统和元件的体积、质量就相应增大;工作压力选得过高,虽然液压元件结构紧凑,但对液压元件材质、制造精度和密封要求都相应提高,制造成本也相应提高。执行元件的工作压力一般可根据负载进行选择,其值见表9-3,有时也可参照或类比相同的主机选定执行元件的压力,详见表4-7。

表9-3 按负载选择执行元件的工作压力

负载 F/kN	<5	5~10	10~20	20~30	30~50	>50
工作压力 p/MPa	<0.8~1	1.5~2	2.5~3	3~4	4~5	>5

2. 确定执行元件的主要结构参数

(1) 确定液压缸主要结构参数　根据负载分析得到的最大负载 F_{max} 和初选的液压缸工作压力 p,再设定液压缸回油腔背压 p_b 以及杆径比 d/D,即可由第四章中液压缸的力平衡公式求出液压缸的内径 D、活塞杆直径 d 和液压缸的有效工作面积 A,其中 D、d 值应圆整为标准值(参见表4-3、表4-5)。

对于工作速度较低的液压缸,要校验其有效面积 A,即要满足

$$A \geqslant \frac{q_{min}}{v_{min}} \tag{9-1}$$

式中,q_{min} 为回路中所用流量阀的最小稳定流量,或容积调速回路中变量泵的最小稳定流量;v_{min} 为液压缸应达到的最低运动速度。

若不满足式(9-1),则必须加大液压缸的有效工作面积 A,然后复算液压缸的 D、d 及工作压力 p。

(2) 确定液压马达的排量 V_m　由马达的最大负载转矩 T_{max}、初选的工作压力 p 和预估的机械效率 η_{mm},即可计算液压马达的排量 V_m,即

$$V_m = \frac{2\pi T_{max}}{p \eta_{mm}} \tag{9-2}$$

为使液压马达能达到稳定的最低转速 n_{min},其排量 V_m 应满足

$$V_m \geqslant \frac{q_{min}}{n_{min}} \tag{9-3}$$

式中,q_{min} 的意义与式(9-1)中的相同。按求得的排量 V_m、工作压力 p 及要求的最高转速 n_{max},从产品样本中选择合适的液压马达,然后由选择的液压排量 V_m、机械效率 η_{mm} 和回路中的背压 p_b 复算液压马达的工作压力。

3. 画执行元件的工况图

在执行元件主要结构参数确定之后,就可由负载循环图和速度循环图画出执行元件的工况

图,即执行元件在一个工作循环中的工作压力 p、输入流量 q、输入功率 P 对时间的变化曲线图。当系统中有多个执行元件时,把各个执行元件的 $q-t$ 图、$P-t$ 图按系统总的工作循环综合,可得到流量图和总功率图。执行元件的工况图显示系统在整个循环回路中压力、流量、功率的分布情况及最大值所在的位置,是选择液压元件、液压基本回路及为均衡功率分布而调整设计参数的依据。

四、液压系统图的拟定

拟定液压系统图是整个液压系统设计中最重要的一步,它是从油路原理上来具体体现设计任务中提出的各项性能要求的。拟定液压系统图包括两项内容:分析、对比,选出合适的液压回路;把选出的回路组成液压系统,常采用经验法,也可用逻辑法。

1. 液压回路的选择

选择液压回路的依据是设计要求和工况图,这一步往往会出现多种方案,因为满足同一种设计要求的液压回路往往不止一种,为此选择必须与分析、对比紧密结合起来。在这里,收集、整理和参考同种类型液压系统先进回路的成熟经验是十分必要的。

在机床液压系统中,调速回路是核心,它一旦确定,其他回路也就相应确定下来。因为液压回路的选择工作必须从调速回路开始。选择各种回路一般要考虑如下事项:

(1) 调速回路　根据工况图上压力、流量和功率的大小以及系统对温升、工作平稳性等方面的要求选择调速回路。

例如,在压力较小、功率较小(≤2~3 kW)、工作稳定性要求不高的场合,宜采用节流阀式调速回路;在负载变化较大、速度稳定性要求较高的场合,宜采用调速阀式调速回路;在功率中等(3~5 kW)的场合,可采用节流阀式调速回路或容积式调速回路,也可采用容积节流调速回路;在功率较大(>5 kW)、要求温升小而稳定性要求不太高的场合,宜采用容积调速回路。

调速方式确定后,油路循环形式基本上也就确定了。例如节流调速、容积节流调速回路,选用开式回路;容积调速回路选用闭式回路。

当工作循环中需要多个执行元件且其总工况图上流量变化较大时,可用蓄能器,或选用小规格的液压泵。

(2) 快速运动回路和速度换接回路　快速运动回路与调速回路密切相关,它在调速回路考虑油源形式和系统效率、温升等因素时已考虑进去了,调速回路一经确定,快速运动回路就基本确定了。

速度换接回路的结构形式基本上由系统中调速回路和快速运动回路的形式所确定,选择时考虑得较多的是应采用机械控制式换接还是电气控制式换接。前者换接精度高、换接平稳、工作可靠,后者结构简单、调整方便、控制灵活。

采用电气控制式换接时,系统中有时要安装压力继电器(或电接点压力表),压力继电器(或电接点压力表)应放在动作变化时压力变化显著的位置。

(3) 压力控制回路　压力控制回路的种类很多,有的已包含在调速回路中,有的则需根据系统要求专门进行选择(如卸压、保压回路)。

选择压力控制回路时,应仔细推敲这种回路在选用时所应考虑的问题以及各种方案的特点和适用场合。以卸荷回路为例,选择时应考虑卸荷所造成的功率损失、温升、流量和压力的瞬间变化等,如在系统压力不高、流量不大,或油箱容量较大、系统间隙工作(因而有可能使液压缸停止运转)的场合只设置溢流回路即可,在其他场合则应采用二位二通换向阀式卸荷回路或先导型溢流阀式卸荷回路等。

(4) 多缸回路 多缸回路与单缸回路相比,应多考虑多缸之间的相互关系问题,这项关系可能是同时动作时的同步问题、互不干扰问题,或是先后动作时的顺序问题和不动作时的卸荷问题。

2. 液压系统的合成

液压系统要求的各个液压回路选好之后,再配上一些测压、润滑之类的辅助油路,即可进行液压系统的合成。进行此项工作时应注意以下几点:

1) 尽可能多地归并掉作用相同或相近的元件,力求系统结构简单。
2) 归并出来的系统应保证其循环中的每一个动作都安全可靠,相互之间没有干扰。
3) 尽可能使归并出来的系统保持效率高,发热少。
4) 系统中各种元件的安放位置应正确,以便充分发挥其工作性能。
5) 归并出来的系统应经济合理,不可盲目地追求先进性,脱离实际。

第二节　液压系统设计计算实例

设计一台卧式单面钻镗两用组合机床,其工作循环是"快进→工进→快退→原位停止";工作时最大轴向力为 30 kN,运动部件的自重为 19.6 kN;快进、快退速度为 6 m/min,工进速度为 0.02～0.12 m/min;最大行程为 400 mm,其中工进行程为 200 mm;起动换向时间 $\Delta t = 0.2$ s;采用平导轨,其摩擦因数 $f = 0.1$。

一、负载分析与速度分析

1. 负载分析

已知工作负载 $F_w = 30$ kN,重力负载 $F_g = 0$。按起动换向时间和运动部件自重计算得到惯性负载 $F_a = 1\,000$ N,摩擦阻力 $F_f = 1\,960$ N。

取液压缸机械效率 $\eta_m = 0.9$,则液压缸在各工作阶段的负载值见表 9-4。

表 9-4　缸在各工作阶段的负载值

工 作 循 环	计 算 公 式	负载/N
起动加速	$F = (F_f + F_a)/\eta_m$	3 289
快进	$F = F_f/\eta_m$	2 178
工进	$F = (F_f + F_w)/\eta_m$	35 511
快退	$F = F_f/\eta_m$	2 178

2. 速度分析

已知快进、快退速度为 6 m/min，工进速度范围为 20～120 mm/min，按上述分析可绘制出负载循环图和速度循环图。

二、确定液压缸的主要参数

1. 初选液压缸的工作压力

由最大负载值查表 9-3，取液压缸工作压力为 4 MPa。

2. 计算液压缸的结构参数

为使液压缸快进与快退速度相等，选用单出杆活塞缸差动连接的方式实现快进。设液压缸两有效面积为 A_1 和 A_2，且 $A_1=2A_2$，即 $d=0.707D$。为防止钻通时发生前冲现象，液压缸回油腔背压 p_2 取 0.6 MPa，而液压缸快退时背压取 0.5 MPa。

由工进工况下液压缸的力平衡方程 $p_1A_1=p_2A_2+F$，可得

$$A_1=\frac{F}{p_1-0.5p_2}=\frac{35\,511}{4\times10^6-0.5\times0.6\times10^6}\text{ m}^2=9\,598\times10^{-6}\text{ m}^2\approx96\text{ cm}^2$$

液压缸内径 D 为

$$D=\sqrt{\frac{4A_1}{\pi}}=\sqrt{\frac{4\times96}{\pi}}\text{ cm}=11.06\text{ cm}$$

对 D 圆整，取 $D=110$ mm。由 $d=0.707D$，经圆整得 $d=80$ mm。液压缸的有效工作面积 $A_1=95\text{ cm}^2$，$A_2=44.77\text{ cm}^2$。

工进时采用调速阀调速，其最小稳定流量 $q_{\min}=0.05$ L/min，设计要求最低工进速度 $v_{\min}=20$ mm/min，经验算可知满足式(9-1)的要求。

3. 计算液压缸在工作循环各阶段的压力、流量和功率

差动时液压缸有杆腔压力大于无杆腔压力，取两腔间回路及阀上的压力损失为 0.5 MPa，则 $p_2=p_1+0.5$ MPa，计算结果见表 9-5。由表 9-5 即可画出液压缸的工况图。

表 9-5　液压缸工作循环各阶段压力、流量和功率

工作循环		计算公式	负载 F/kN	回油背压 p_2/MPa	进油压力 p_1/MPa	输入流量 q_1/ (10^{-3} m³·s⁻¹)	输入功率 P/kW
快进	起动加速	$p_1=\dfrac{F+A_2(p_2-p_1)}{A_1-A_2}$	3 289	$p_2=$ $p_1+0.5$	1.10	—	
	恒速	$q_1=(A_1-A_2)v_1$ $P=p_1q_1$	2 178		0.88	0.50	0.44
工进		$p_1=\dfrac{F+A_2p_2}{A_1}$ $q_1=A_1v_1,\ P=p_1q_1$	3 551	0.6	4.02	0.003 1～0.019	0.012～0.076

续　表

工作循环		计算公式	负载 F/kN	回油背压 p_2/MPa	进油压力 p_1/MPa	输入流量 q_1/ (10^{-3} m$^3 \cdot$ s^{-1})	输入功率 P/kW
快退	起动加速	$p_1 = \dfrac{F + A_1 p_2}{A_2}$	3 289	0.5	1.79	—	—
	恒速	$q_1 = A_2 v_1, P = p_1 q_1$	2 178	0.5	1.55	0.448	0.69

三、拟定液压系统图

1. 选择基本回路

（1）调速回路　因为液压系统功率较小，且只有正值负载，所以选用进油节流调速回路。为有较好的低速平稳性和速度负载特性，可选用调速阀调速，并在液压缸回路上设置背压。

（2）泵供油回路　由于系统最大流量与最小流量比为161，且在整个工作循环过程中的绝大部分时间里，泵在高压、小流量状态下工作，为此应采用双联泵（或限压式变量泵），以节省能源，提高效率。

（3）速度换接回路和快速回路　由于快进速度与工进速度相差很大，为了换接平稳，选用行程阀控制的换接回路。快速运动通过差动回路来实现。

（4）换向回路　为了换向平稳，选用电液换向阀。为便于实现液压缸中位停止和差动连接，采用三位五通阀。

（5）压力控制回路　系统在工作状态时，高压小流量泵的工作压力由溢流阀调整，同时用外控顺序阀实现低压、大流量泵卸荷。

2. 回路合成

对选定的基本回路在合成时，有必要进行整理、修改和归并。其具体方法为：

（1）防止工作进给时液压缸进油路、回油路相通，需接入单向阀7。

（2）要实现差动快进，必须在回油路上设置液控顺序阀9，以阻止油液流回油箱。此阀通过位置调整后与低压、大流量泵的卸荷阀合二为一。

（3）为防止机床停止工作时系统中的油液流回油箱，应增设单向阀。

（4）设置压力表开关及压力表。

合并后完整的液压系统如图9-2所示。

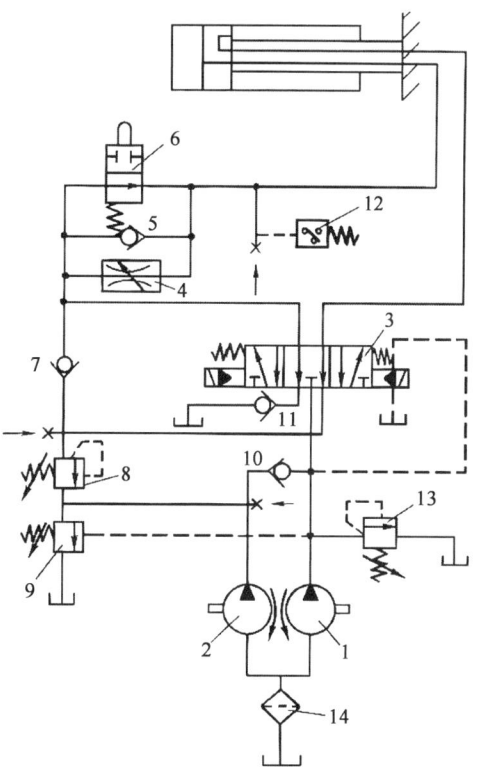

1、2—液压泵；3—电液换向阀；4—调速阀；5、7、10、11—单向阀；6—换向阀；8、13—溢流阀；9—液控顺序阀；12—压力继电器；14—过滤器。

图9-2　液压系统原理图

四、液压元件的选择

1. 液压泵及驱动电动机功率的确定

(1) 液压泵的工作压力

已知液压缸最大工作压力为 4.02 MPa,取进油路上压力损失为 1 MPa,则小流量泵最高工作压力为 5.02 MPa,选择泵的额定压力应为 $p_n=(5.02+5.02\times25\%)\text{MPa}=6.27$ MPa。大流量泵在液压缸快退时工作压力较高,取液压缸快退时进油路上的压力损失为 0.4 MPa,则大流量泵的最高工作压力为 $(1.79+0.4)\text{MPa}=2.19$ MPa。卸荷阀的调整压力应高于此值。

(2) 液压泵流量计算

取系统的泄漏系数 $K=1.2$,则泵的最小供油量 q_p 为

$$q_p = Kq_{1\max} = 1.2\times 0.5\times 10^{-3}\ \text{m}^3/\text{s} = 0.6\times 10^{-3}\ \text{m}^3/\text{s} = 36\ \text{L/min}$$

由于工进时所需要的最大流量为 $1.9\times 10^{-5}\ \text{m}^3/\text{s}$,溢流阀最小稳定流量为 $0.05\times 10^{-3}\ \text{m}^3/\text{s}$,小流量泵最小流量为

$$q_{p1} = Kq_1 + 0.05\times 10^{-3} = 7.28\times 10^{-5}\ \text{m}^3/\text{s} = 4.4\ \text{L/min}$$

大流量泵最小流量为

$$q_{p2} = q_p - q_{p1} = (36-4.4)\ \text{L/min} = 31.6\ \text{L/min}$$

(3) 确定液压泵规格

对照产品样本可选用 YB1—40/6.3 型双联叶片泵,额定转速为 960 r/min,容积效率 η_V 为 0.9,大、小泵的额定流量分别为 34.56 L/min 和 5.44 L/min,满足以上要求。

(4) 确定液压泵驱动功率

液压泵在快退阶段功率最大,取液压缸进油路上的压力损失为 0.5 MPa,则液压泵输出压力为 2.05 MPa。液压泵的总效率 $\eta_p=0.8$,液压泵流量为 40 L/min[(34.56+5.44)L/min],则液压泵驱动快退所需的功率 P 为

$$P = p_p q_p/\eta_p = 2.05\times 10^6\times 40\times 10^{-3}/(60\times 0.8)\text{W} = 1\,708\ \text{W}$$

据此选用 Y112M-6-B5 型立式电动机,其额定功率为 2.2 kW,转速为 940 r/min,液压泵输出流量为 33.84 L/min、5.33 L/min,仍能满足系统要求。

2. 元件、辅件的选择

根据实际工作压力及流量大小即可选择液压元件和辅件。油箱容积取液压泵流量的 6 倍,管道由元件连接尺寸确定。在系统管路布置确定以前,回路上压力损失无法计算,以下仅对系统油液温升进行验算。

五、系统油液温升验算

系统在工作中绝大部分时间是处在工作阶段的,所以可按工作状态来计算温升。

设小流量泵工作状态压力为 5.02 MPa,流量为 5.33 L/min,经计算,其输入功率为 557 W。大流量泵经外控顺序阀卸荷,其工作压力等于阀上的局部压力损失数值 Δp_v。阀额定流量为 63 L/min,额定压力损失为 0.3 MPa,大流量泵流量为 33.84 L/min,则 Δp_v 为

$$\Delta p_v = 0.3 \times 10^6 \times \left(\frac{33.84 + 44.77 \times 5.33/95}{63}\right)^2 \text{Pa} = 0.1 \times 10^6 \text{ Pa}$$

大流量泵的输入功率经计算为 70.5 W。

液压缸的最小有效功率为

$$P_o = Fv = (30\,000 + 1\,960) \times 0.02/60 \text{ W} = 10.7 \text{ W}$$

系统单位时间内的发热量为

$$H_i = P_i - P_o = (557 + 70.5 - 10.7) \text{W} = 616.8 \text{ W}$$

当油箱的高、宽、长比例在 1∶1∶1～1∶2∶3 范围内,且油面高度为油箱高度的 80% 时,油箱散热面积近似为

$$A = 6.66\sqrt[3]{V^2}$$

式中,V 为油箱有效容积(m^3);A 为散热面积(m^2)。

取油箱有效容积 $V = 0.25 \text{ m}^3$,表面传热系数 $K = 15 \text{ W}/(m^2 \cdot ℃)$,由式(9-11)得

$$\Delta t = \frac{H_i}{KA} = \frac{616.8}{15 \times 6.66\sqrt[3]{0.25^2}} ℃ = 15.6 ℃$$

即在温升许可范围内。

习　题

9-1　设计一卧式单面多轴钻孔组合机床动力滑台的液压系统,动力滑台的工作循环是:快进→工进→快退→停止。液压系统的主要参数与性能要求如下:轴向切削力为 21 000 N,移动部件总重力为 10 000 N,快进行程为 100 mm,快进与快退速度均为 4.2 m/min,工进行程为 20 mm,工进速度为 0.05 m/min,加速、减速时间为 0.2 s,利用平导轨,静摩擦因数为 0.2,动摩擦因数为 0.1,动力滑台可以随时在中途停止运动。

第十章 气压传动基础知识及元件

第一节 气压传动基础知识

一、空气的物理性质

要了解和正确设计气压传动(气动)系统,首先必须了解空气的性质,掌握气动的基本概念及计算。

(一) 空气的性质

1. 空气的组成

自然界的空气是由若干气体混合而成的,其主要成分是氮气(N_2)和氧气(O_2),其他气体占的比例极小。此外,空气中常含有一定量的水蒸气,对于含有水蒸气的空气称之为湿空气,不含有水蒸气的空气称之为干空气。标准状态下(即温度 $t=0℃$、压力 $p_{at}=0.1013$ MPa、重力加速度 $g=9.8066$ m/s²、相对分子质量 $M=28.962$)干空气的组成见表10-1。

表10-1 标准状态下干空气的组成

成　分	氮气(N_2)	氧气(O_2)	氩气(Ar)	二氧化碳(CO_2)	其他气体
体积分数/%	78.03	20.93	0.932	0.03	0.078
质量分数/%	75.50	23.10	1.28	0.045	0.075

2. 空气的密度和黏度

(1) 密度　空气的密度是表示单位体积 V 内的空气的质量 m,用 ρ 表示,即

$$\rho = \frac{m}{V} \tag{10-1}$$

(2) 黏度　空气的黏度是空气质点相对运动时产生阻力的性质。空气黏度的变化只受温度变化的影响,且随温度的升高而增大,主要是由于温度升高后,空气内分子运动加剧,使原本间距较大的分子之间碰撞增多的缘故。而压力的变化对黏度的影响很小,且可忽略不计。空气的运动黏度与温度的关系见表10-2。

表10-2 空气的运动黏度与温度的关系(压力为0.1 MPa)

$t/℃$	0	5	10	20	30	40	60	80	100
$\nu/(10^{-4}\ \text{m}^2 \cdot \text{s}^{-1})$	0.133	0.142	0.147	0.157	0.166	0.176	0.196	0.21	0.238

(二) 湿空气

空气中含有水分的多少对系统的稳定性有直接影响,因此各种气动元器件不仅对含水量有明确的规定,还常采取一些措施防止水分带入。

含有水蒸气的空气称为湿空气,其所含水分的程度用湿度和含湿量来表示,湿度的表示方法有绝对湿度和相对湿度之分。

(1) 绝对湿度　绝对湿度指每立方米湿空气中所含水蒸气的质量,即

$$x = \frac{m_s}{V} \tag{10-2}$$

式中,m_s 指湿空气中水蒸气的质量;V 为湿空气的体积。

(2) 饱和绝对湿度　饱和绝对湿度是指湿空气中水蒸气的分压力达到该湿度下水蒸气的饱和压力时的绝对湿度,即

$$x_b = \frac{p_b}{R_s T} \tag{10-3}$$

式中,p_b 为饱和空气中水蒸气的分压力(N/m^2);R_s 为水蒸气的气体常数[$N·m/(kg·K)$];T 为热力学温度(K)。

(3) 相对湿度　相对湿度指在某温度和总压力下,其绝对湿度与饱和绝对湿度之比,即

$$\phi = \frac{x}{x_b} \times 100\% \approx \frac{p_s}{p_b} \times 100\% \tag{10-4}$$

式中,x、x_b 分别为绝对湿度与饱和绝对湿度;p_s、p_b 分别为水蒸气的分压力和饱和水蒸气的分压力。

当空气绝对干燥时,$p_s=0$,$\phi=0$;当空气达到饱和时 $p_s=p_b$,$\phi=100\%$;一般湿空气的 ϕ 值在 0～100% 之间变化,通常情况下,空气的相对湿度在 60%～70% 范围内人体感觉舒适,气动技术中规定各种阀的相对湿度应小于 95%。

(4) 空气的含湿量　空气的含湿量指单位质量的干空气中所混合的水蒸气的质量,即

$$d = \frac{m_s}{m_g} = \frac{\rho_s}{\rho_g} \tag{10-5}$$

式中,m_s、m_g 分别为水蒸气的质量和干空气的质量;ρ_s、ρ_g 分别为水蒸气的密度和干空气的密度。

(三) 气体体积的易变特性

气体与固体和液体相比最大的特点是分子间的距离相当长,分子运动起来较自由,在空气中分子间的距离是分子直径的 9 倍左右,其距离约为 3.35×10^{-9} m,运动着的分子由其运动起点到碰撞其他分子的移动距离叫该分子的自由通路,该长度对每个分子是不同的,但对于任意气体,当压力和温度决定之后,其分子自由通路的平均值就决定了,把该值称为平均自由通路。空气在标准状态下,其长度是 6.4×10^{-8} m,约等于空气分子直径的 170 倍。由于气体分

子间的距离大,分子间的内聚力小,体积也容易变化,体积随压力和温度的变化而变化,因此气体与液体相比有明显的可压缩性,但当其平均速度 $v \leqslant 50 \text{ m/s}$ 时,其可压缩性并不明显,然而当 $v > 50 \text{ m/s}$ 时,气体的可压缩性将逐渐明显。

二、气动系统组成及特点

(一) 气动系统的组成

类似于液压系统,气动系统由以下五部分组成:

(1) 能源装置 它是指将原动机提供的机械能转变为气体压力能,为系统提供压缩空气的装置,作为气动系统的动力源。

(2) 执行元件 它是指将压缩空气的压力能转变为机械能的能量转换元件,并对外做功。根据做功的方式不同,主要有直线运动和回转运动两种执行元件,如做直线运动的气缸、做回转运动的摆动气马达等。

(3) 气动控制元件 它是指在气动系统中用以调节和控制压缩空气的压力、流量、方向的阀类,如各种气动压力阀、流量阀、方向阀、逻辑元件等。

(4) 辅助元件 它是指对压缩空气进行净化、润滑、消声以及用于元件之间连接等所需的辅件,如各种过滤器、油雾器、消声器、管件等。

(5) 工作介质 它是指经除水、除油、过滤后的洁净压缩空气。

(二) 气动系统的分类

按选用的控制元件类型,气动系统可分为气阀控制系统、逻辑元件控制系统、射流元件控制系统或混合控制系统。本书重点介绍气阀控制系统。

(三) 气动的优缺点

气动之所以能够得到迅速发展并被广泛应用,是因为它具有如下优点:

1) 工作介质是空气,它来源方便,取之不尽,用之不竭,使用后直接排入大气而无污染,不需要设置专门的回收装置。

2) 空气的黏度很小,所以流动时压力损失较小,节能高效,适用于集中供气和远距离输送。

3) 动作迅速,反应快,调节方便,维护简单,系统有故障时容易排除,无神秘感。

4) 工作环境适应性好。特别适合在易燃、易爆、潮湿、多尘、强磁、振动、辐射等恶劣条件下工作,排气不污染环境,在食品、轻工、纺织、印刷、精密检测等场合中应用更具优势。

5) 成本低,具有过载保护功能。

气动与其他传动相比,具有以下缺点:

1) 空气具有可压缩性,不易实现准确的速度控制和很高的定位精度,负载变化时对系统的稳定性影响较大。

2) 压缩空气的压力较低,因此一般用于输出力较小的场合。当负载小于 10 000 N 时,采用气动较为适宜。

3) 排气噪声较大,高速排气时应加消声器,以降低排气噪声。

第二节　气源装置及辅助元件

一、压缩空气站

压缩空气站是气动系统的动力源装置，一般规定：排气量大于或等于 $6 \sim 12 \text{ m}^3/\text{min}$ 时，就应独立设置压缩空气站；若排气量低于 $6 \text{ m}^3/\text{min}$ 时，可将压缩机或气泵直接安装在主机旁。

气动系统所使用的压缩空气必须经过干燥和净化处理后才能使用，因为压缩空气中的水分、油污和灰尘等杂质会混合而成胶体杂质，若不经处理而直接进入管路系统时，可能会造成以下的不良后果：

1) 油液挥发的油蒸气聚集在储气罐中形成易燃易爆物质，可能会造成事故。
2) 油液被高温汽化后形成有机酸，对金属器件起腐蚀作用。
3) 油、水和灰尘的混合物沉积在管道内将减小管道内径，使气阻增大或管路堵塞。
4) 在气温比较低时，水汽凝结后会使管道及附件因冻结而损坏，或造成气流不畅通以及产生误动作。
5) 较大的杂质颗粒与气缸、气马达、气控阀等元件的运动件之间形成相对运动而造成表面磨损，从而降低设备的使用寿命；或者堵塞控制元件的通道，直接影响元件的性能，甚至使控制失灵。

因此，必须对压缩空气进行干燥和净化处理。对于一般的压缩空气站，除空气压缩机外，还必须设置过滤器、后冷却器、油水分离器和储气罐等净化装置，一般压缩空气站的净化流程装置如图 10-1 所示，空气首先经过过滤器过滤去部分灰尘、杂质后进入压缩机 1，压缩机输出的空气先进入后冷却器 2 进行冷却，当温度下降到 $40 \sim 50$℃ 时使油气与水气凝结成油滴和水滴，然后进入油水分离器 3，使大部分油、水和杂质从气体中分离出来；将得到的初步净化的压缩空气送入储气罐中（一般称为一次净化系统）。对于要求不高的气动系统即可从储气罐 4 直接供气。但对仪表用气和质量要求高的工业用气，则必须进行二次和多次净化处理。即将经过一次净化处理的压缩空气再送进干燥器 5 进一步除去气体中的残留水分和油。在净化系统中干燥器 Ⅰ 和 Ⅱ 交替使用，其中闲置的一个利用加热器 8 吹入的热空气进行再生，以备接替

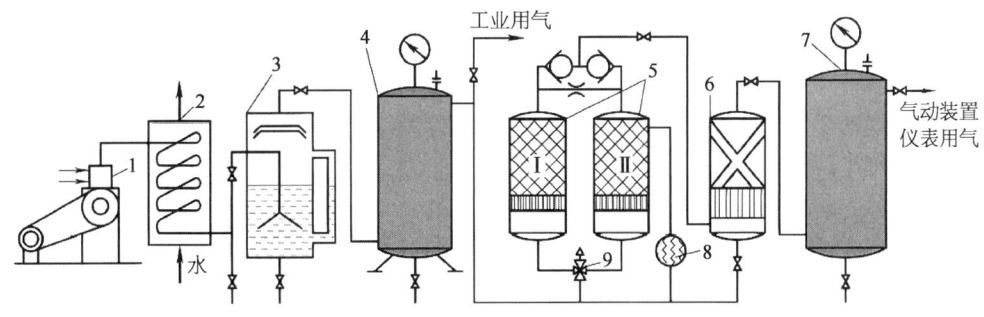

1—压缩机；2—后冷却器；3—油水分离器；4、7—储气罐；5—干燥器；6—过滤器；8—加热器；9—四通阀。

图 10-1　一般压缩空气站的净化流程装置

使用。四通阀 9 用于转换两个干燥器的工作状态,过滤器 6 的作用是进一步清除压缩空气中的杂质颗粒和油气。经过处理的气体进入储气罐 7,可供给气动设备和仪表使用。

二、空气压缩机

向气动系统提供压缩空气的装置称为气源装置。其主体是空气压缩机,由空气压缩机产生的压缩空气,因含有过量的杂质、水分及油分,不能直接使用,必须经过降温、除尘、除油、除水、过滤等一系列处理后才能用于气动系统。

1. 空气压缩机的分类

空气压缩机是将机械能转换成空气压力能的装置,是产生压缩空气的设备。

空气压缩机的种类很多,按工作原理可分为容积式和速度式两大类。在气压传动中,一般采用容积式空气压缩机。

按输出压力分为低压压缩机($0.2\ \text{MPa}<p\leqslant 1\ \text{MPa}$)、中压压缩机($1\ \text{MPa}<p\leqslant 10\ \text{MPa}$)、高压压缩机($10\ \text{MPa}<p\leqslant 100\ \text{MPa}$)、超高压压缩机($p>100\ \text{MPa}$)。

按输出流量分为微型压缩机($q<1\ \text{m}^3/\text{min}$)、小型压缩机($1\ \text{m}^3/\text{min}\leqslant q<10\ \text{m}^3/\text{min}$)、中型压缩机($10\ \text{m}^3/\text{min}\leqslant q<100\ \text{m}^3/\text{min}$)和大型压缩机($q\geqslant 100\ \text{m}^3/\text{min}$)。

按润滑方式分为有油润滑空气压缩机(采用润滑油润滑,结构中有专门的供油系统)和无油润滑空气压缩机(不专门采用润滑油润滑,某些零件采用自润滑材料制成)。

2. 空气压缩机的工作原理

在容积式空气压缩机中,最常用的是活塞式空气压缩机,其工作原理如图 10-2 所示。曲柄 6 做回转运动,带动气缸活塞 2 做直线往复运动。当活塞 2 向右运动时,气缸 1 内因容积增大形成局部真空,在大气压的作用下,吸气阀 7 打开,大气进入气缸 1,此过程为吸气过程;当活塞向左运动时,气缸 1 内因容积缩小而气体被压缩,压力升高,吸气阀 7 关闭,排气阀 8 打开,压缩空气排出,此过程为排气过程。其余类推,单级单缸的空气压缩机就这样循环往复地运动,即不断地产生压缩空气。在实际应用中,大多数空气压缩机是由多缸多活塞组合而成的。

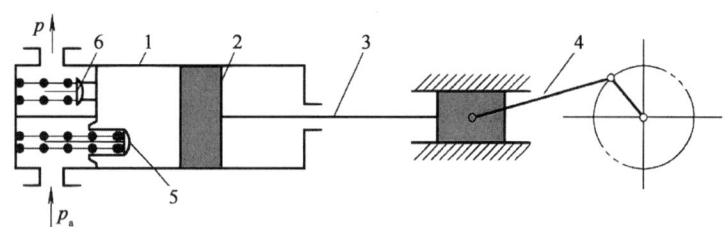

1—气缸;2—活塞;3—活塞杆;4—十字头与滑道;5—连杆;6—曲柄;7—吸气阀;8—排气阀;9—弹簧。

图 10-2 单缸活塞式空气压缩机工作原理

3. 空气压缩机的选用

选用空气压缩机的依据是气动系统所需的工作压力和流量。目前,气动系统常用的工作压力为 $0.1\sim 0.8\ \text{MPa}$,可直接选用额定压力为 $1\ \text{MPa}$ 的低压空气压缩机,特殊需要也可选用中高压或超高压的空气压缩机。

在确定空气压缩机的排气量时,应该满足各气动设备所需的最大耗气量之和,并有一定的裕量。

三、气源净化装置

一般选用的空压机都为有油润滑式,当使用这种空压机压缩空气时,温度可升高到140～170℃,这时部分润滑油变成气态,加上吸入空气中的水分和灰尘,形成了水汽、油汽、灰尘等混合杂质。如含有这些杂质的压缩空气供气动设备使用,将会产生如下不良后果:

1) 混在压缩空气中的油汽聚集在气罐中形成易燃物,甚至有爆炸的危险;同时,油分在高温气化后形成有机酸,使金属设备腐蚀,影响元件的使用寿命。

2) 混合杂质沉积在管道和气动元件中,使通流面积减小,流动阻力增大,致使整个系统工作不稳定。

3) 压缩空气中的水汽在一定压力和温度下会析出水滴,在寒冷季节沉积在管道和附件中会因冻结而使其破裂或使气路不畅通。

4) 压缩空气中的灰尘对气动元件的运动部件产生研磨作用,会加速气动元件相对运动零件的磨损,影响它们的使用寿命。

由此可见,在气动系统中设置除水、除油、除尘和干燥等气源净化装置是十分必要的。下面具体介绍几种常用的气源净化装置。

1. 后冷却器

后冷却器一般安装在空气压缩机(简称空压机)的出口管路上,其作用是把空压机排出的压缩空气的温度由140～170℃降至40～50℃或更低,使得其中大部分的水汽、油汽转化成液态,以便于排出。后冷却器一般采用水冷却法,其结构形式有蛇管式、列管式、散热片式、套管式等。图10-3所示为蛇管式后冷却器的结构示意图。热的压缩空气由管内流过,冷却水从管外水套中流动以进行冷却。安装时应注意压缩空气和水的流动方向。

2. 油水分离器

油水分离器的作用是将经后冷却器降温析出的水滴、油滴等杂质从压缩空气中分离出来。其结构形式有环形回转式、撞击挡板式、离心旋转式、水浴式等。图10-4所示为撞击挡板式油水分离器示意图及符号,压缩空气自入口进入分离器壳体,气流受隔板的阻挡撞击折向下方,然后产生环形回转而上升,油滴、水滴等杂质由于惯性力和离心力的作用析出并将沉于壳体的底部,由放油水阀定期排出。为达到较好的效果,气流回转后上升速度应缓慢。

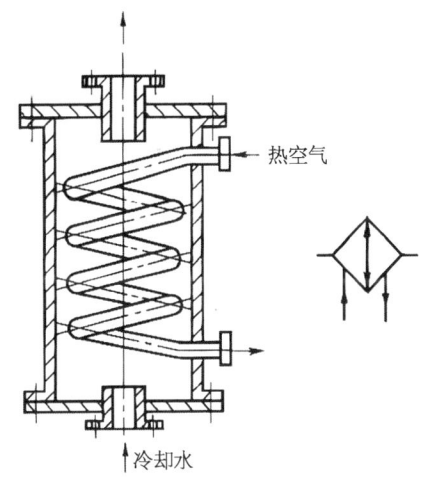

图10-3 蛇管式后冷却器结构图及图形符号

3. 气罐

气罐的作用是消除压力波动,保证供气的连续性、稳定性;储存一定数量的压缩空气以备应急时使用;进一步分离压缩空气中的油分、水分等。

图10-5所示为立式气罐示意图及符号。

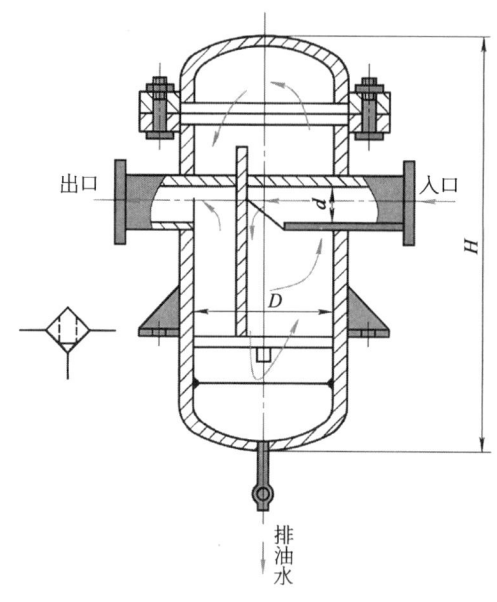

图 10-4 撞击挡板式油水分离器及图形符号

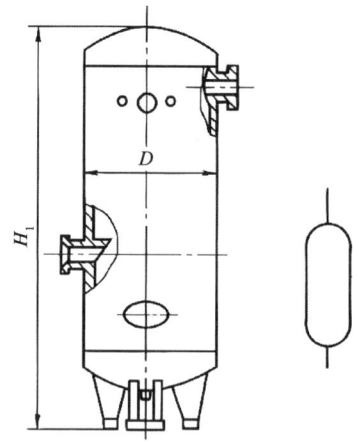

图 10-5 立式气罐结构图及图形符号

4. 干燥器

经过以上净化处理的压缩空气已基本能满足一般气动系统的要求，但对于精密的气动装置和气动仪表用气，还需经过进一步的净化处理后才能使用。干燥器的作用是进一步除去压缩空气中的水、油和灰尘，其方法主要有吸附法和冷冻法。吸附法是利用具有吸附性能的吸附剂（如硅胶、铝胶或分子筛等）吸附压缩空气中的水分而使其达到干燥的目的。冷冻法是将多余水分降至露点以下，并把它分离出来，从而达到所需要的干燥度。

图 10-6 所示为吸附式干燥器示意图及符号。它的外壳为一金属圆筒，里面设有栅板、吸附剂、滤网等。其工作原理为：压缩空气由管道 18 进入干燥器内，通过上吸附层、铜丝过滤网 16、上栅板 15、下吸附层 14 之后，湿空气中的水分被吸附剂吸收，再经过铜丝过滤网 12、下栅板 11、毛毡层 10、铜丝过滤网 9 过滤气流中的灰尘和其他固体杂质，最后干燥、洁净的压缩空气从干燥空气输出管 6 输出。

当吸附剂在使用一定时间之后，吸附剂中的水分达到饱和状态时，吸附剂失去继续吸湿

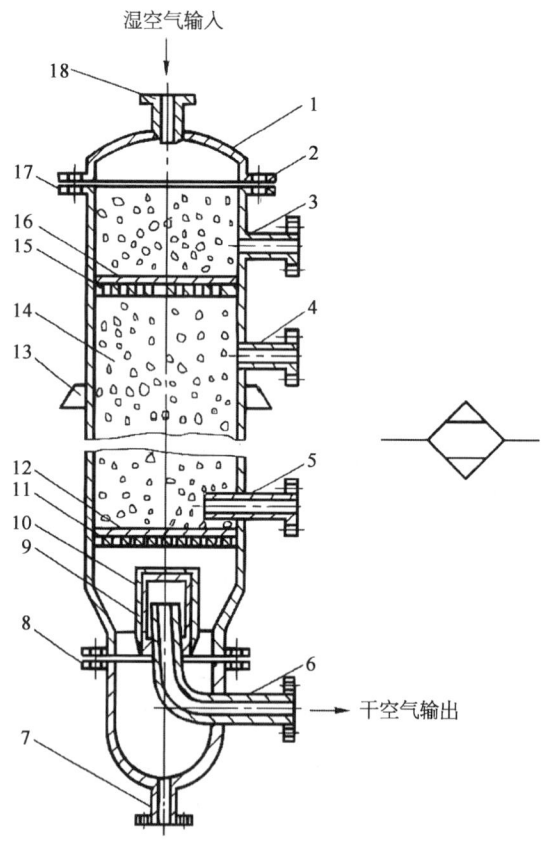

1—顶盖；2—法兰；3、4—再生空气排气管；5—再生空气进气管；6—干燥空气输出管；7—排水管；8、17—密封垫；9、12、16—铜丝过滤网；10—毛毡层；11—下栅板；13—支撑板；14—下吸附层；15—上栅板；18—湿空气进气管。

图 10-6 吸附式干燥器及其图形符号

的能力,因此需要设法将吸附剂中的水分排除,使吸附剂恢复到干燥状态,即重新恢复吸附剂吸附水分的能力,这就是吸附剂的再生。图 11-5 中的管 3、4、5 即供吸附剂再生时使用。工作时,先将压缩空气的进气管 18 和出气管 6 关闭,然后从再生空气进气管 5 向干燥器内输入干燥热空气(温度一般高于 180℃),热空气通过吸附层,使吸附剂中的水分蒸发成水蒸气,随热空气一起经再生空气排气管 3、4 排入大气中。经过一段时间的再生之后,吸附剂即可恢复吸湿的性能。在气压系统中,为保证供气的连续性,一般设置两套干燥器,一套使用,另一套进行吸附剂再生,交替工作。

5. 过滤器

其主要作用是分离水分,过滤杂质。滤灰效率可达 70%～99%。QSL 型过滤器在气动系统中应用很广,其滤灰效率大于 95%,分水效率大于 75%。在气动系统中,一般把过滤器、减压阀、油雾器称为气源处理装置,是气动系统中必不可少的气动元件。

图 10-7 所示为过滤器的结构简图。从输入口进入的压缩空气被旋风叶子 1 导向,沿储水杯 3 的四周产生强烈的旋转,空气中夹杂的较大的水滴、油滴等在离心力的作用下从空气中分离出来,沉降到杯底;当气流通过滤芯 2 时,气流中的灰尘及部分雾状水分被滤芯滤去,较为洁净干燥的气体从出口输出。为防止气流的漩涡卷起储水杯中的积水,在滤芯的下方设置了挡水板 4。为保证过滤器的正常工作,应及时打开手动放水阀 5,放掉储水杯中的积水。

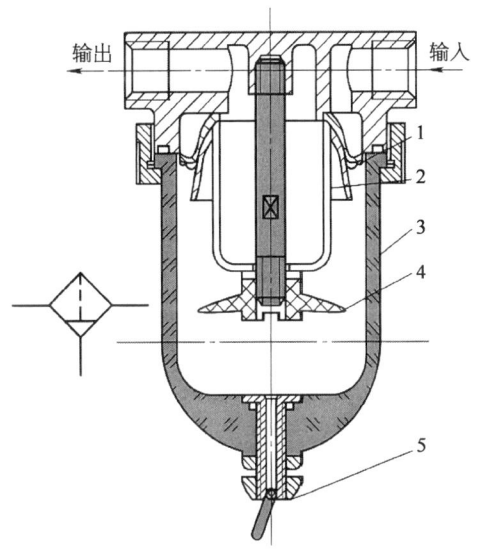

1—旋风叶子;2—滤芯;3—储水杯;4—挡水板;5—手动放水阀。

图 10-7 QSL 型过滤器结构及其图形符号

四、辅助元件

1. 油雾器

气动系统中的各种气阀、气缸、气动马达等,其可动部分均需要润滑,但以压缩空气为动力的气动元件都是密封气室,不能采用注油的方法,只能以某种方法将油混入气流中,随气流带到需要润滑的地方。油雾器就是这样一种特殊的注油装置。它使润滑油雾化后随气流进入需要润滑的运动部件。采用这种方法加油,具有润滑均匀、稳定和耗油量少等特点。

图 10-8 所示为油雾器的结构原理图。压缩空气从气流入口进入,大部分气体从主气道流出,一小部分气体由小孔 A 通过特殊单向阀进入注油杯的上腔 C,使杯中油面受压,迫使储油杯中的油液经吸油管 6、单向阀 7 和可调节流阀 8 滴入透明的视油器 9 内,然后再滴入喷嘴小孔,从气源通道内立杆 1 背向气流流动方向的通道口 B 被主气流引射出来,雾化后随气流由出口输出,送入气动系统。透明的视油器可供观察油滴情况,上部的节流阀可用来调节滴油量,滴油量在 0～200 滴/min 范围内。

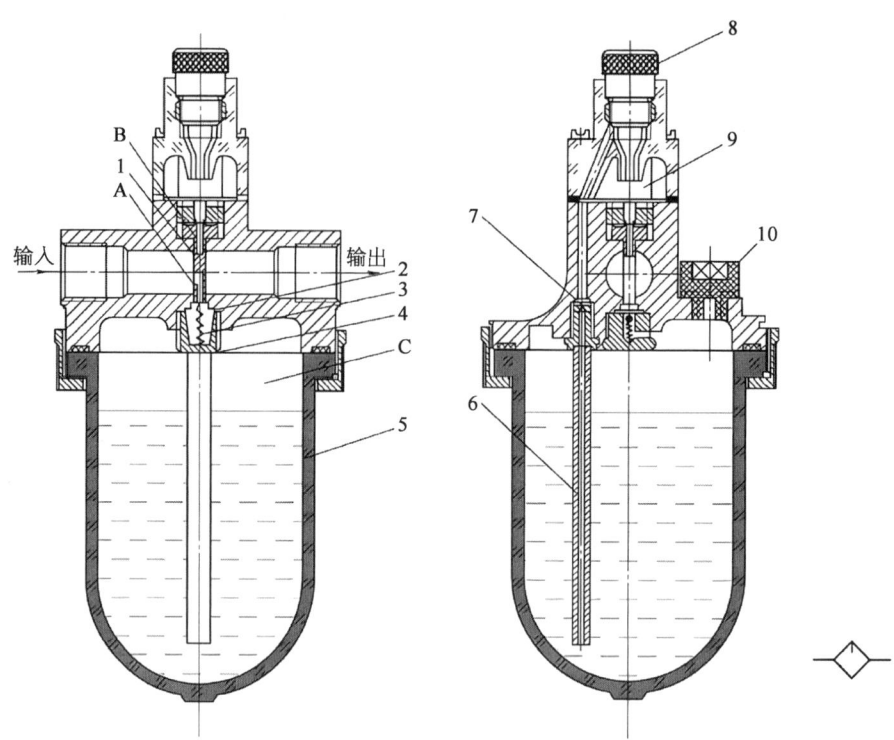

1—立杆;2—阀芯;3—弹簧;4—阀座;5—储油杯;6—吸油管;7—单向阀;8—可调节流阀;9—视油器;10—垫圈;11—油塞。

图 10-8 QIU 型油雾器的结构及其图形符号

这种油雾器可以在停气或不停气的情况下加油,但不停气加油压力不得低于 0.1 MPa。

油雾器一般应安装在过滤器、减压阀之后,尽量靠近换向阀;应避免把油雾器安装在换向阀与气缸之间,以避免遗漏对换向阀的润滑。

2. 消声器

气动回路与液压回路不同,它没有回收气体的必要,压缩空气使用后直接排入大气,因排气速度较高,会产生尖锐的排气噪声。为降低噪声,一般在换向阀的排气口上安装消声器。常用的消声器有以下几种:

(1) 吸收型消声器 吸收型消声器主要依靠吸声材料消声。QXS 型消声器即为吸收型消声器,如图 10-9 所示。消声套是多孔的吸声材料,用聚苯乙烯颗粒或铜粒烧结而成。当有压气体通过消声套排出时,气体受到阻力流速降低,从而降低了噪声。

吸收型消声器结构简单,吸声材料的孔眼不易堵塞,可以较好地消除中高频噪声,消声效果可降低噪声达 20 dB 左右。气动系统的排气噪声主要是中高噪声,尤其以高频噪声居多,所以这种消声器适合于一般气动系统使用。

(2) 膨胀干涉型消声器 膨胀干涉型消声器的直径比排气孔直径大得多,气流在里面扩散、碰壁反射,互相干涉,降低了噪声的强度。膨胀干涉型消声器的特点是排气阻力小,可消除中低频噪声,但结构不够

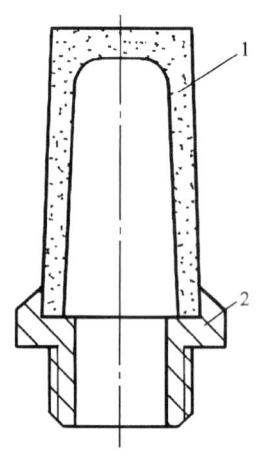

1—消声套;2—连杆螺栓。

图 10-9 QXS 型消声器

紧凑。

(3) 膨胀干涉吸收型消声器　这是上述两种消声器的结合,即在膨胀干涉型消声器的壳体内表面敷设吸声材料而制成的。图 10-10 所示为膨胀干涉吸收型消声器的结构图。这种消声器的入口开设了许多中心对称的斜孔,它使得高速进入消声器的气流被分成许多小的流束,在进入无障碍的扩张室后,气流被迅速减速,碰壁后反射到腔室中,气流束的相互撞击、干涉而使噪声减弱,然后气流经过吸声材料的多孔侧壁排入大气,噪声又一次被降低。这种消声器的效果比前两种更好,低频噪声可降低 20 dB 左右,高频噪声可降低 40 dB 左右。

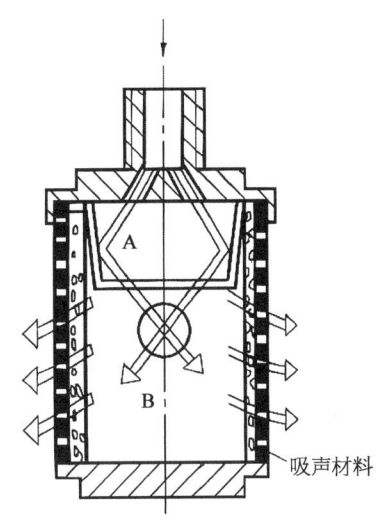

图 10-10　膨胀干涉吸收型消声器

选择消声器时,在一般使用场合,可根据换向阀的通径,选用吸收型消声器;对消声效果要求高的场合,可选用后两种消声器。

第三节　气压传动执行元件

一、气缸

(一) 气缸的分类
按活塞两侧端面受压状态,气缸可分为单作用气缸和双作用气缸。

按结构特征,气缸可分为活塞式气缸、柱塞式气缸、薄膜式气缸、叶片式摆动气缸、齿轮齿条式摆动气缸等。按功能,气缸可分为普通气缸和特殊气缸。普通气缸是指一般活塞式气缸,用于无特殊要求的场合。特殊气缸用于有特殊要求的场合,如气液阻尼缸、薄膜式气缸、冲击气缸、回转气缸等。

(二) 常见气缸的工作原理及用途
普通气缸的工作原理及用途类似于液压缸,此处不再赘述,下面仅介绍几种特殊气缸。

1. 气液阻尼缸

因空气具有可压缩性,一般气缸在工作载荷变化较大时,有时会出现"爬行"或"自走"现象,运动平稳性较差。如果对运动平稳性要求较高,可采用气液阻尼缸。气液阻尼缸由气缸和液压缸组合而成,以压缩空气为动力,以液压油为阻力,用于控制调节气缸的运动速度,即利用液体不可压缩的特性来获得运动速度。

图 10-11 所示为串联式气液阻尼缸的工作原理图,气缸活塞的左行速度可由节流阀来调节,油杯起补油作用。一般将双活塞杆腔作为液压缸,这样可使液压缸两腔的排油量相等,以减小补油杯的容积。

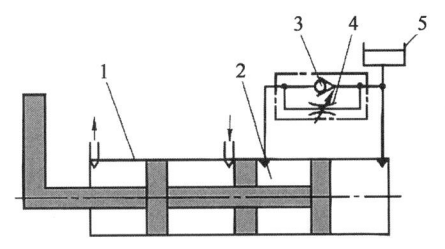

1—气缸;2—油阻尼缸;3—单向阀;4—节流阀。

图 10-11　串联式气液阻尼缸

2. 薄膜式气缸

薄膜式气缸是指以薄膜取代活塞带动活塞杆运动的气缸。图 10-12 所示为单作用薄膜式气缸,此气缸只有一个气口。当气口输入压缩空气时,推动膜片、膜盘、活塞杆向右运动,而活塞杆的左行需依靠弹簧力的作用。

薄膜式气缸结构简单、紧凑,制造容易,维修方便,寿命长;但因膜片的变形量有限,气缸的行程较小,且输出的推力随行程的增大而减小。薄膜式气缸的膜片一般由夹织物橡胶等制成,可分为平膜片、蝶形膜片和滚动膜片。根据活塞杆的行程可选择不同的膜片结构,平膜片气缸的行程仅为膜片直径的 0.1 倍,蝶形膜片行程可达 0.25 倍,而滚动膜片气缸的行程可以很长。

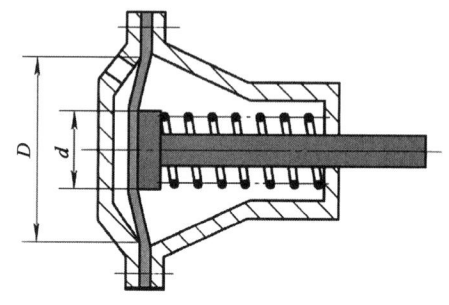

图 10-12 单作用薄膜式气缸

3. 冲击气缸

图 10-13 所示为普通型冲击气缸的结构。它与普通气缸相比增加了储能腔以及带有喷嘴和具有排气小孔的中盖。它的工作原理及工作过程可简述为三个阶段。第一阶段如图 10-14(a)所示,气缸控制阀处于原始位置,压缩空气由 A 孔进入冲击气孔头腔,储能腔与尾腔通大气,活塞上移,处于上限位置,封住中盖上的喷嘴口,中盖与活塞间的环形空间(即尾腔)经小孔口与大气相通。第二阶段如图 10-14(b)所示,控制阀切换,储能腔进气,压力 p_1 逐渐上升,作用在与中盖喷嘴口相密封接触的活塞侧一小部分面积(通常设计为活塞面积的 1/9)上的力也逐渐增大。与此同时,头腔排气,压力 p_2 逐渐降低,使作用在头腔侧活塞面上的力逐渐减小。

第三阶段如图 10-14(c)所示,当活塞上下两边的力不能保持平衡时,活塞即离开喷嘴口向下运动,在喷嘴打开的瞬间,储能腔的气压突然加到尾腔的整个活塞面上,于是活塞在很大的压差作用下加速向下运动,使活塞、活塞杆等运动部件在瞬间达到很高的速度

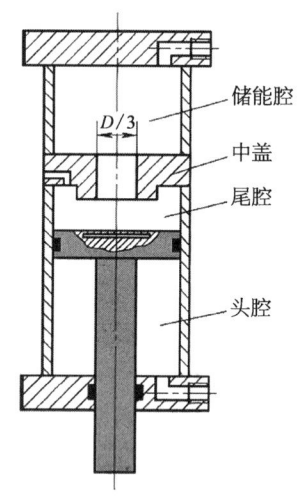

图 10-13 普通型冲击气缸的结构

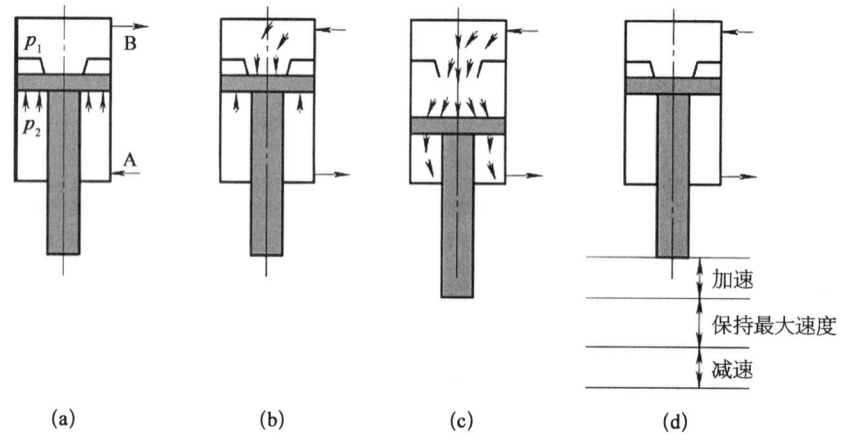

图 10-14 普通型冲击气缸的工作原理及工作过程

(为同样条件下普通气缸速度的10～15倍)，以很高的动能冲击工件。图10-17(d)所示为冲击气缸活塞向下自由冲击运动的三个阶段。经过上述三个阶段后，控制阀复位，冲击气缸开始另一个循环。

4. 回转气缸

图10-15所示为回转气缸的工作原理图。它由导气头、缸体、活塞杆和活塞等组成。这种气缸的缸体连同缸盖及导气头阀芯可被携带回转，活塞及活塞杆只能做往复直线运动，导气头外接管路而固定不动。

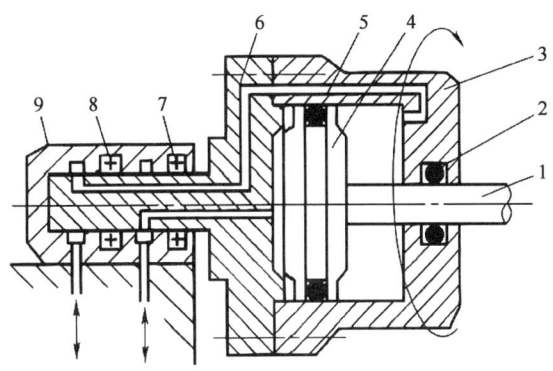

1—活塞杆；2、5—密封装置；3—缸体；4—活塞；6—缸盖及导气头阀芯；7、8—轴承；9—导气头。

图10-15 回转气缸

二、气动马达

气动马达是将压缩空气的压力能转换成回转机械能的能量转换装置，其作用相当于电动机或液压马达。它输出转矩，驱动执行机构做旋转运动。在气压传动中使用最广泛的是叶片式和活塞式气动马达。其工作原理与叶片式液压泵类似。

(一) 叶片式气动马达的工作原理

图10-16所示是叶片式气动马达的工作原理图。压缩空气由孔A输入后分为两部分，小部分压缩空气经定子两端密封盖的槽进入叶片底部，将叶片推出，使叶片贴紧在定子内壁上；大部分压缩空气进入相应的密封空间而作用在两个叶片上，由于两叶片伸出长度不等，即产生了转矩差。使叶片带动转子沿逆时针方向旋转；做功后的气体由定子上的孔C和孔B排出。若改变压缩空气的输入方向(即压缩空气由孔B进入，由孔A和孔C排出)，则可改变转子的转向。

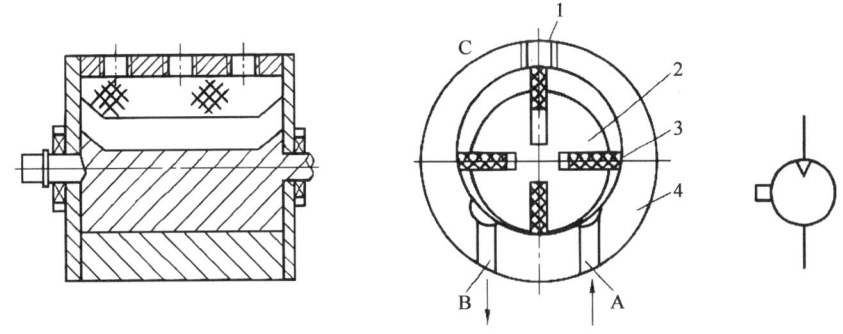

1—定子排气孔；2—转子；3—叶片；4—定子。

图10-16 叶片式气动马达及其图形符号

(二) 径向活塞式气动马达的工作原理

图10-17所示是径向活塞式气动马达的工作原理图。压缩空气经进气孔进入分配阀(又称配气阀)后进入气缸缸体3，推动活塞4及连杆5组成的组件运动，再使曲轴6旋转。在曲轴旋转的同时，带动固定在曲轴上的分配阀同步运动，使压缩空气随着分配阀角度位置的改变而进入不

同的缸内,依次推动各个活塞运动,并由各活塞及连杆带动曲轴连续运转,与此同时,与进气缸相对应的气缸则处于排气状态。

(三)气动马达的特点及应用

1. 气动马达的特点

1) 工作安全,具有防爆性能,多用于恶劣的环境,在易燃、易爆、高温、振动、潮湿、粉尘等条件下均能正常工作。

2) 有过载保护作用。过载时气动马达降低转速或停止,当过载解除后,可立即重新正常运转,并不产生故障。

3) 可以无级调速。只要控制进气压力和流量,就能调节气动马达的输出功率和转速。

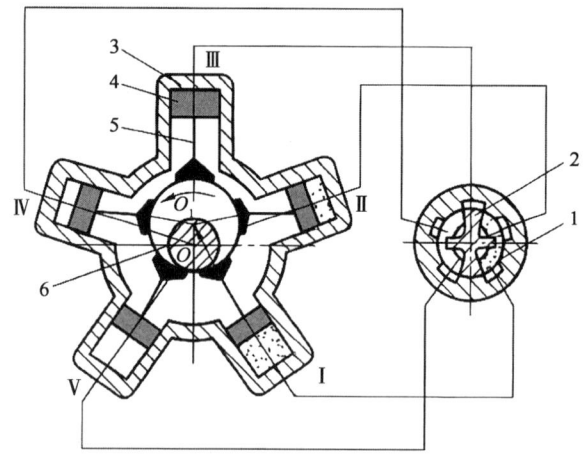

1—分配阀套;2—分配阀阀芯;3—气缸缸体;4—活塞;5—连杆;6—曲轴

图 10-17 径向活塞式气动马达

4) 比同功率的电动机轻 1/10~1/3 倍,输出同功率时的惯性比较小。

5) 可长期满载工作,而温升较小。

6) 功率范围及转速范围均较宽,输出功率小至几百瓦,大至几万瓦;转速可从每分钟几转到几万转。

7) 具有较高的起动转矩,可以直接带负载起动,起动、停止迅速。

8) 结构简单,操纵方便,可正反转,维修容易,成本低。

9) 速度稳定性差。输出功率小,效率低,耗气量大,噪声大,容易产生振动。

2. 气动马达的应用

气动马达的工作适应性较强,可用于无级调速、起动频繁、经常换向、高温潮湿、易燃易爆、负载起动、不便人工操纵及有过载保护的场合。目前,气动马达主要应用于矿山机械、专业性的机械制造、油田、化工、造纸、炼钢、船舶、航空、工程机械等行业,许多气动工具如风钻、风扳手、风砂轮、风动铲刮机一般均装有气动马达。随着气压技术的发展,气动马达的应用将日趋广泛。

第四节 气动控制元件

一、方向控制阀

方向控制阀是指控制压缩空气的流动方向和气路通断的阀类,它是气动系统中应用最多的一种控制元件。

按气流在阀内的流动方向,方向阀可分为单向型控制阀和换向型控制阀;按控制方式,换向型控制阀可分为手动控制、气动控制、电动控制、机动控制、电气动控制等;按切换的通路数目,换向阀可分为二通阀、三通阀、四通阀和五通阀等;按阀芯工作位置的数目,方向阀可分为二位阀和三位阀等。

(一) 单向型控制阀

1. 单向阀

单向阀是指气体只能沿一个方向流动,反方向不能流动的阀。其结构原理与液压阀中的单向阀相似,其结构如图 10-18 所示。

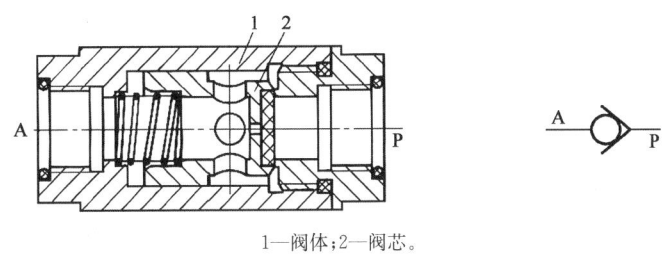

1—阀体;2—阀芯。

图 10-18 单向阀及其图形符号

2. 梭阀

梭阀相当于两个单向阀的组合,其作用相当于逻辑元件中的"或门",即 A 或 B 有压缩空气输入时,C 口就有压缩空气输出,但 A 口与 B 口不相通。其结构如图 10-19 所示。当 A 口进气时,推动阀芯右移,使 B 口堵死,压缩空气从 C 口输出;当 B 口进气时,推动阀芯左移,使 A 口堵死,C 口仍有压缩空气输出;当 A、B 口都有压缩空气输入时,按压力加入的先后顺序和压力的大小而定,若压力不同,则高压口的通路打开,低压口的通路关闭,C 口输出高压。

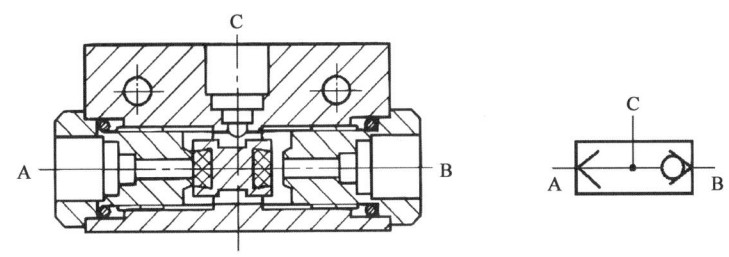

图 10-19 梭阀及其图形符号

3. 快速排气阀

快速排气阀简称快排阀,是为使气缸快速排气,加快气缸运动速度而设置的,一般安装在换向阀和气缸之间。图 10-20 所示为膜片式快速排气阀,当 P 口进气时,推动膜片向下变形,打开 P 与 A 的通路,关闭 O 口;当 P 口无进气时,A 口的气体推动膜片复位,关闭 P 口,A 口

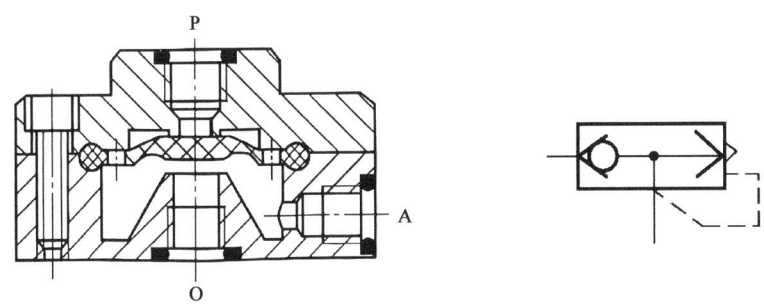

图 10-20 膜片式快速排气阀及其图形符号

气体经 O 口快速排出。

(二) 换向型控制阀

1. 气压控制换向阀

气压控制换向阀是指利用压缩空气的压力推动阀芯运动,使得换向阀换向,从而改变气体流动的换向阀。在易燃、易爆、潮湿、粉尘大的工作条件下,使用气压控制换向阀安全可靠。

气压控制换向阀分为加压控制、泄压控制、差压控制和延时控制。常用的是加压控制和差压控制。加压控制是指加在阀芯上的控制信号的压力值是渐升的,当控制信号的气压增加到阀的切换压力时,阀便换向,这类阀有单气控和双气控之分。差压控制是利用控制气压在阀芯两端面积不等的控制活塞上产生推力差,从而使阀换向的一种控制方式。

(1) 单气控换向阀　图 10 - 21 所示为二位三通单气控加压式换向阀的工作原理图。当 K 口无压缩空气时,阀芯在弹簧力和 P 腔气体压力的作用下,阀芯位于上端,A 口与 O 口通,P 口不通[图 10 - 21(a)]。当 K 口有压缩空气输入时,阀芯下移,P 口与 A 口通 O 口不通[图 10 - 21(b)]。

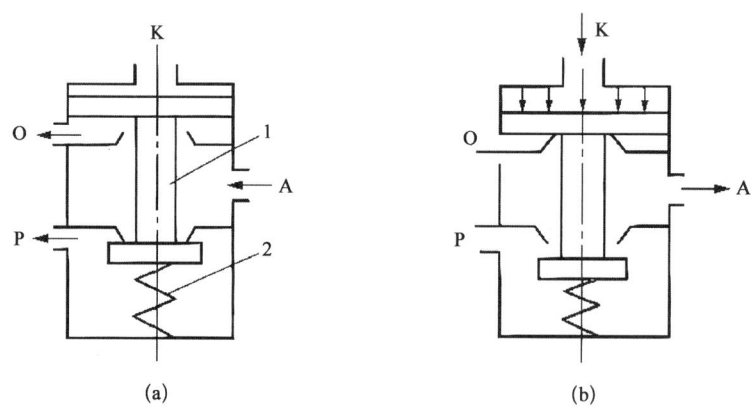

1—阀芯;2—弹簧。

图 10 - 21　二位三通单气控加压式换向阀的工作原理

(2) 双气控换向阀　双气控换向阀的两侧有两个控制口,但每次只能输入一个信号。双气控换向阀具有记忆功能,即控制信号消失后,阀仍能保持在信号消失前的工作状态,如图 10 - 22 所示。当阀芯左端输入压缩空气时,阀处于右位,这时 P→B 接通,A→O_1 排气[图 10 - 22(b)];信号消失后,因阀的记忆功能,阀芯仍处于右位,阀的输出状态不变。直到右端有压缩空气输入时,阀才改变其输出状态,即 P→A 接通,B→O_2 排气[图 10 - 22(a)]。

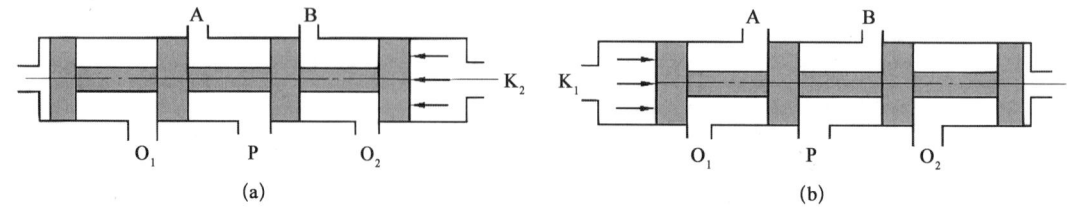

图 10 - 22　双气控换向阀的工作原理

(3) 气压延时式换向阀　图 10-23 所示为气压延时式换向阀。它是一种带有时间控制信号功能的换向阀,由气容和一个单向节流阀组成的时间控制信号元件,它可用来控制主阀换向。当 K 口通入气压信号时,此信号通过节流阀 1 的节流口进入气容,经过一定时间压力达到一定值后,使主阀阀芯向右移动而换向。调节节流口的大小可控制主阀延时换向的时间,一般延时时间为几分之一秒至几分钟。当去掉气压信号时,气容内的压缩空气经单向阀快速排放,主阀阀芯在右端弹簧作用下返回左端。

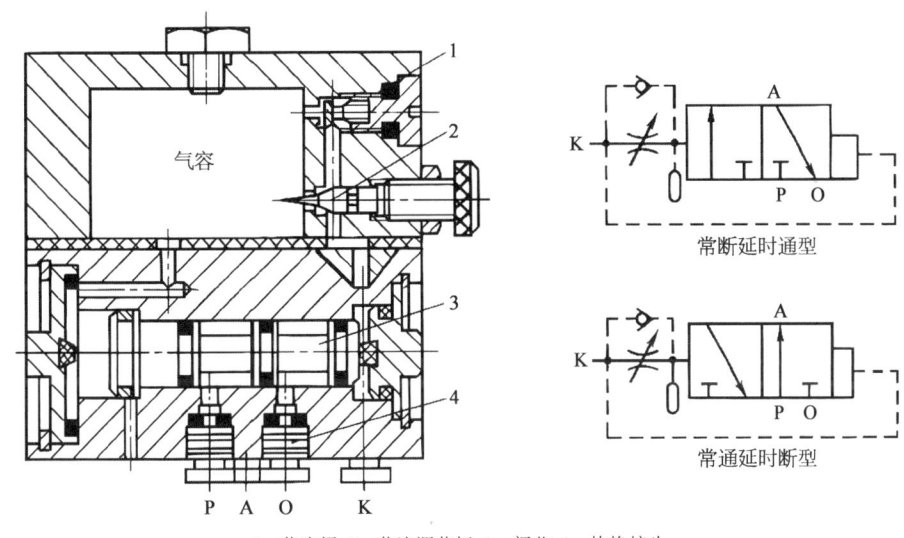

1—节流阀;2—节流调节杆;3—阀芯;4—快换接头。
图 10-23　气压延时式换向阀及其图形符号

2. 电磁控制换向阀

电磁控制换向阀是指利用电磁力的作用推动阀芯换向,从而改变气流方向的换向阀。按照电磁控制部分对换向阀的推动方式,可分为直动式和先导式两大类。

(1) 直动式电磁换向阀　电磁铁的动铁芯在电磁力的作用下,直接推动阀芯换向的气阀,称为直动式电磁换向阀。这种换向阀又分为单电控和双电控两种,工作原理与液压传动中的电磁换向阀相似。

(2) 先导式电磁换向阀　先导式电磁换向阀由电磁先导阀和主阀组成,它利用先导阀输出的先导气信号去控制主阀阀芯换向。按其控制方式可分为外控式和内控式两种。

图 10-24(a)所示为二位三通先导式电磁阀(内控式),图示位置 P 截止,A→O 排气。当通电时衔铁被吸合,先导压力 P_1 作用在主阀芯 A_1 的右端面上,推动阀芯左移,使主阀换向;此时,P→A 接通,O 截止[图 10-24(b)]。图 10-24(c)所示为二位三通先导式电磁阀的图形符号。

图 10-25 所示为二位五通先导式双电控电磁阀的工作原理图和图形符号。图 10-25(a)所示为左电磁先导阀的线圈通电时(先导阀 2 断电)的状态,此时主阀 3 的 K_1 腔进气,K_2 腔排气,使主阀阀芯向右移动,P 与 A 接通,同时 B 与 O_2 接通。图 11-25(b)所示为右电磁先导阀的线圈通电时(先导阀 1 断电)的状态,K_2 腔进气,K_1 腔排气,主阀阀芯向左移动,P 与 B 接通,A 与 O_1 接通。先导式双电控阀具有记忆功能,即通电时换向,断电时并不返回原位。应

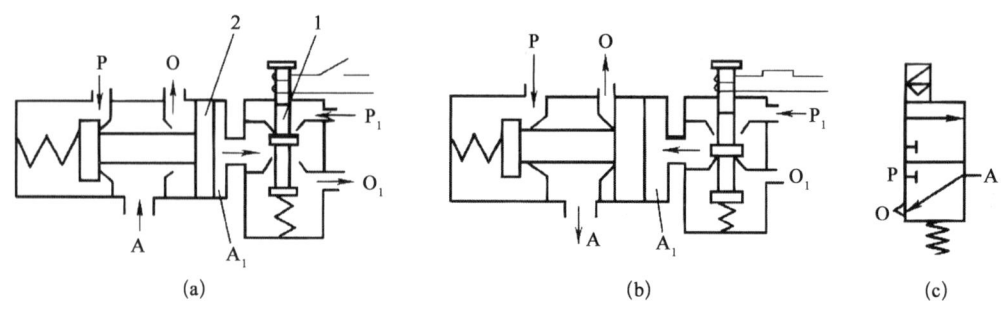

1—电磁先导阀；2—主阀。

图 10-24　单电控先导式电磁阀工作原理

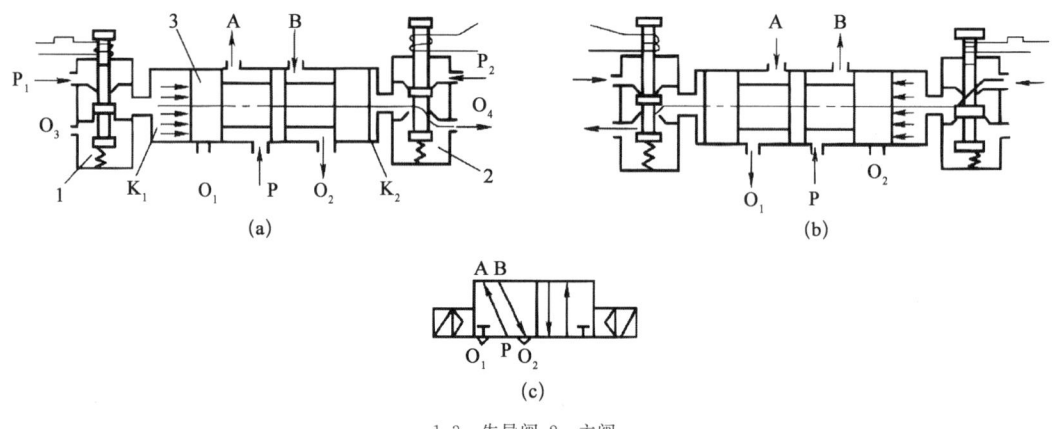

1、3—先导阀；2—主阀。

图 10-25　二位五通先导式双电控电磁阀的工作原理

注意：两电磁铁不能同时通电。

手控换向阀和机控换向阀是利用人力（手动或脚踏）和机动通过凸轮、滚轮、挡块等来控制换向阀换向的。其工作原理与液压阀相类似，在此不再重复。

（三）双压阀

双压阀只有两个输入口 P_1、P_2 同时进气时，A 口才有输出，这种阀也是相当于两个单向阀的组合。图 10-26 所示为双压阀的工作原理及其图形符号。当 P_1 或 P_2 单独有输入时，阀芯被推向右端或左端[图 10-26(a)(b)]，此时 A 口无输出；只有当 P_1 和 P_2 同时有输入时，A 口才有输出[图 10-26(c)]。当 P_1 和 P_2 气体压力不等时，则气压低的通过 A 口输出。图 10-26(d)所示为双压阀的图形符号。

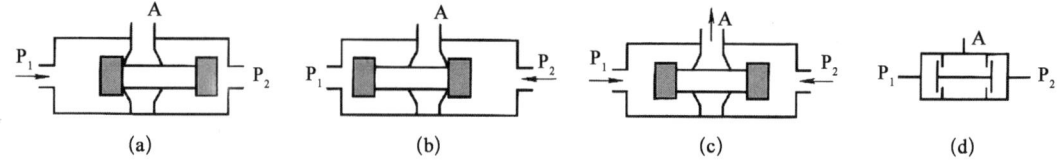

图 10-26　双压阀的工作原理及其图形符号

双压阀的应用很广泛。图 10-27 所示为双压阀在钻床控制回路中的应用。行程阀 1 为工件定位信号，行程阀 2 是夹紧工件信号。当两个信号同时存在时，双压阀 3 才有输出，使换向阀 4 切换,钻孔缸 5 进给,钻孔开始。

二、压力控制阀

在气压传动系统中,控制压缩空气的压力以控制执行元件的输出力或控制执行元件实现顺序动作的阀统称为压力控制阀,它包括减压阀、顺序阀和安全阀。压力控制阀是利用压缩空气作用在阀芯上的力和弹簧力相平衡的原理来进行工作的。

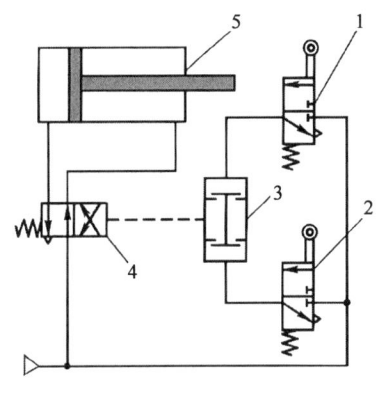

图 10-27 所示为双压阀在钻床控制回路中的应用

1. 减压阀

气动系统的气源一般来自压缩空气站。压缩空气站的压力通常都高于每台装置所需的工作压力,且压力波动较大。因此,在系统入口处需要安装一个具有减压、稳压作用的元件,即减压阀。减压阀可将入口处空气压力调节到每台气动装置实际需要的工作压力,并保证该压力值的稳定。

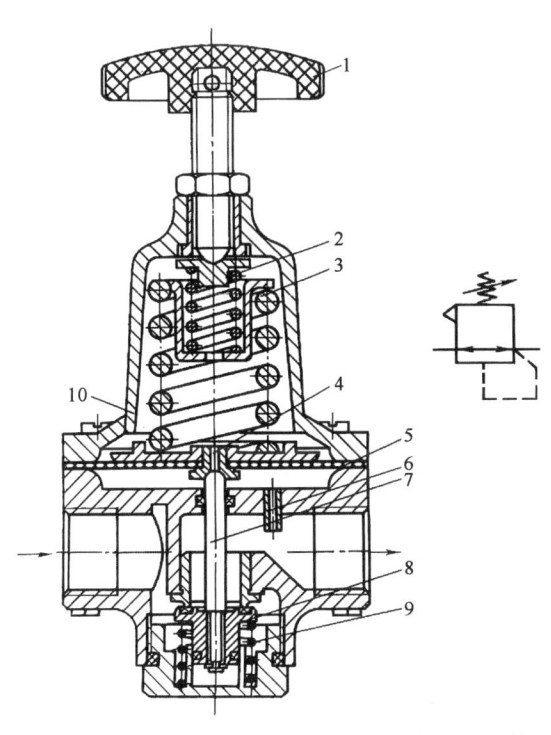

1—手柄;2、3—调压弹簧;4—溢流阀座;5—膜片;6—反馈导管;7—阀杆;8—进气阀芯;9—复位弹簧;10—排气孔
图 10-28 QTY 型直动式减压阀(溢流式)及图形符号

减压阀按照压力调节的方式可分为直动式和先导式。图 10-28 所示为 QTY 型直动式减压阀的结构图。其工作原理是:当阀处于工作状态时,将手柄沿顺时针方向旋转,由压缩弹簧推动膜片和阀芯下移,进气阀口被打开,压缩空气从左端输入。压缩空气经阀口节流减压后从右端输出,一部分气流经阻尼管进入膜片气室,在膜片的下面产生一个向上的推力,这个推力总是企图把阀口开度关小,使其输出压力下降。当作用在膜片上的推力与弹簧力互相平衡时,减压阀的输出压力便保持稳定。

减压阀可自动调整阀口的开度以保证输出压力的稳定。当输入压力发生波动,如输入压力瞬时升高时,此时输出压力也随之升高,作用在膜片上的气体推力也相应增大,破坏了原来的力平衡,使膜片向上移动,有少量气体经溢流孔、排气孔排出。在膜片上移的同时,因复位弹簧的作用,使阀芯也向上移动,进气阀口开度减小,节流作用增大,使输出压力下降,直到新的平衡为止。重新平衡后的输出压力又基本上恢复至原值。输入压力瞬时降低时的情况相似。这种减压阀在使用过程中,常常从溢流孔排出少量气体,因此称为溢流式减压阀。

在使用时,手柄的方位可自由选择,以便于操作为准。接管时要使气流的方向和阀体上的箭头方向一致,按照过滤器→减压阀→油雾器的次序进行安装,注意不要装反。调压时应由低向高调,直至得到需要的调压值为止。不使用时应把手柄放松,以免膜片经常受压变形。

2. 顺序阀

顺序阀是指依靠气路中压力的大小来控制气动回路中各执行元件动作的先后顺序的压力控制阀,其作用和工作原理与液压顺序阀基本相同,顺序阀常与单向阀组合成单向顺序阀。图10-29 所示为单向顺序阀的工作原理图。当压缩空气由 P 口输入时,单向阀在压力及弹簧力的作用下处于关闭状态,当作用在活塞上输入侧的空气压力超过弹簧的预紧力时,活塞被顶起,顺序阀打开,压缩空气由 A 口输出[图 10-29(a)];当压缩空气反向流动时,输入侧变成排气口输出侧变成进气口,其进气压力将顶开单向阀,由 P 口排气[图 10-29(b)]。调节手柄即可改变单向顺序阀的开启压力。图 10-29(c)所示为单向顺序阀的图形符号。

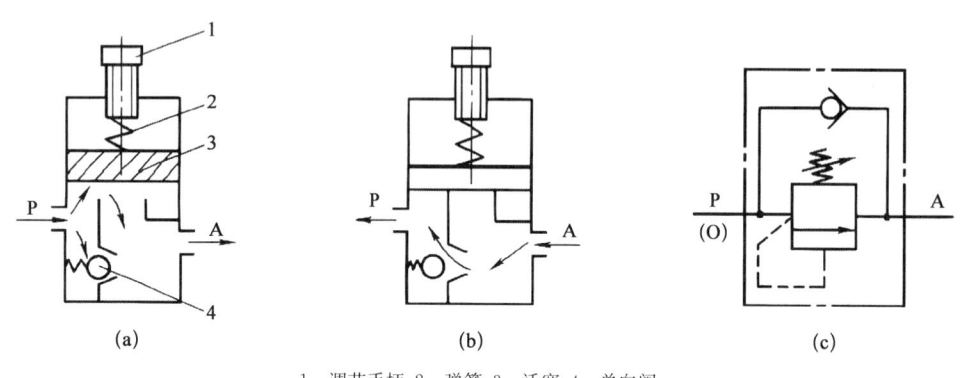

1—调节手柄;2—弹簧;3—活塞;4—单向阀。

图 10-29 单向顺序阀的工作原理

3. 安全阀

在气压系统中,为防止管路、气罐等被破坏,应限制回路中的最高压力,此时应采用安全阀。安全阀的工作原理是:当回路中的压力达到某调定值时,使部分压缩气体从排气口溢出,以保证回路压力的稳定。

图 10-30 所示为安全阀的工作原理图。当系统中的压力低于调定值时,阀处于关闭状态[图 10-30(a)]。当系统压力升高到安全阀的开启压力时,压缩空气推动活塞上移,阀门开启

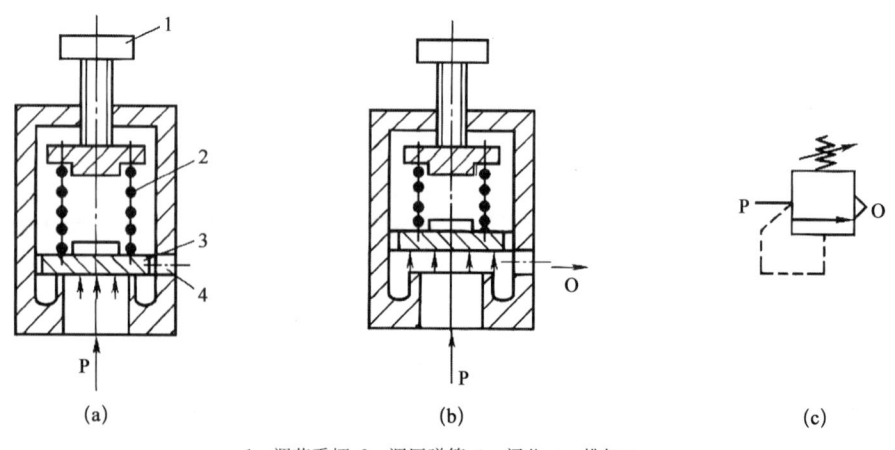

1—调节手柄;2—调压弹簧;3—阀芯;4—排气口。

图 10-30 安全阀的工作原理

进行排气,直到系统压力降至低于调定值时,阀口又重新关闭[图 10-30(b)]。安全阀的开启压力可通过调整弹簧的预压缩量来进行调节。图 10-30(c)所示为安全阀的图形符号。

三、流量控制阀

流量控制阀是指通过改变阀的通流面积来调节压缩空气的流量,从而控制气缸运动速度等的气动控制元件。流量控制阀包括节流阀、单向节流阀、排气节流阀等。

1. 节流阀

图 10-31 所示为圆柱斜切型节流阀的结构图。压缩空气由 P 口进入,经过节流后,由 A 口流出,旋转阀芯螺杆可改变节流口的开度。由于这种节流阀的结构简单、体积小,故应用范围较广。

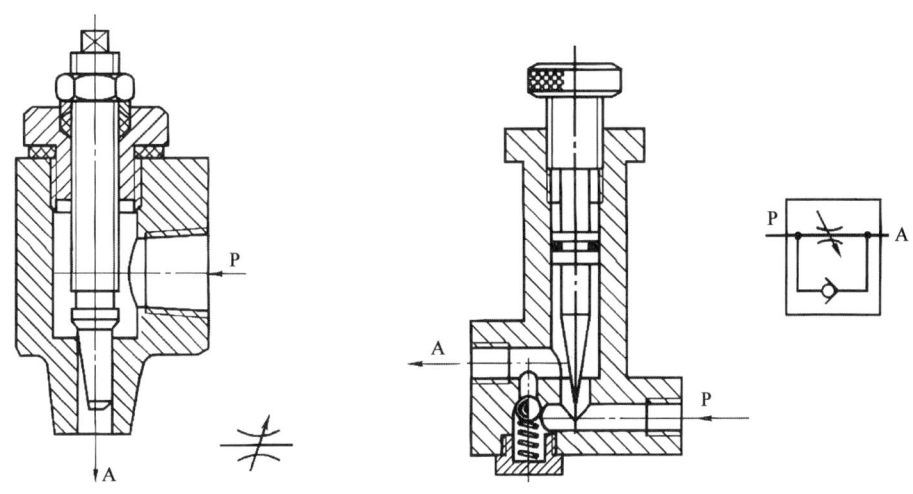

图 10-31 节流阀及其图形符号　　　　图 10-32 单向节流阀及其图形符号

2. 单向节流阀

单向节流阀是指由单向阀和节流阀并联而成的组合式流量控制阀,常用来控制气缸的运动速度,又称为速度控制阀。图 10-32 所示为单向节流阀工作原理图,当气流由 P 向 A 流动时,单向阀关闭,节流阀节流;反向流动时,单向阀打开,节流阀不节流。

3. 排气节流阀

排气节流阀是指安装在控制执行元件的换向阀的排气口上,用于调节排入大气的流量以改变执行元件的运动速度的一种控制阀。它常带有消声器件以降低排气噪声。图 10-33 所示是排气节流阀的工作原理图。

在气压传动中,用控制流量的方式来调节气缸从而得到稳定的运动速度是比较困难的,特别是在超低速控制中要按照预定行程进行速度控制,仅用气动很难实现,尤其在外部负载变化很大时,仅用气动流量阀来控制也不会得到满意的效果。但若注意以下几点,仍可使气动控制速度达到比较满意的效果:彻底防止管道中的泄漏;特别注意气缸内表面加工精度和表面粗糙度;保持气缸内的正常润滑状态;加在气缸活塞杆上的载荷必须稳定且避免受偏载荷作用;流量控制阀尽量安装在气缸附近。

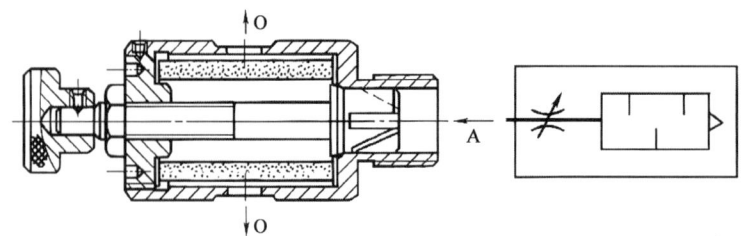

图 10-33 排气节流阀及其图形符号

四、气动逻辑元件

气动逻辑元件是用压缩空气为介质,通过元件的可动部件在气控信号作用下动作,改变气流方向以实现一定逻辑功能的气体控制元件。实际上气动方向控制阀也具有逻辑元件的各种功能,所不同的是它的输出功率较大,尺寸大,而气动逻辑元件的尺寸较小,因此在气动控制系统中广泛采用各种形式的气动逻辑元件(逻辑阀)。

(一) 气动逻辑元件的分类

气动逻辑元件的种类很多,一般可按下列方式来分类:

(1) 按工作压力来分可分为高压元件(工作压力为 0.2~0.8 MPa)、低压元件(工作压力为 0.02~0.2 MPa)及微压元件(工作压力在 0.02 MPa 以下)三种。

(2) 按逻辑功能分可分为"是门"(S=A)元件、"或门"(S=A+B)元件、"与门"(S=AB)元件、"非门"(S=Ā)元件和双稳元件等。

(3) 按结构形式分可分为截止式逻辑元件、膜片式逻辑元件和滑阀式逻辑元件等。

(二) 高压截止式逻辑元件

高压截止式逻辑元件是依靠控制气压信号推动阀芯或通过膜片的变形推动阀芯动作,改变气流的流动方向以实现一定逻辑功能的逻辑元件。这类元件的特点是行程小,流量大,工作压力高,对气源净化要求低,便于实现集成安装和实现集中控制,其拆卸也很方便。

1. 或门

截止式逻辑元件中的或门,大多由硬芯膜片及阀体所构成,膜片可水平安装,也可垂直安装。图 10-34 所示为或门元件的工作原理及其图形符号,图中 A、B 为信号输入孔,S 为输出孔。当只有 A 有信号输入时,阀芯 a 在信号气压作用下向下移动,封住信号孔 B,气流经 S 输出;当只有 B 有输入信号时,阀芯口在此信号作用下上移,封住 A 信号孔通道,S 也有输出;当 A、B 均有输入信号时,阀芯口在两个信号作用下或上移,或下移,或保持在中位,S 均会有输出。也就是说,或有 A,或有 B,或者 A、B 二者都有,均有输出 S,亦即 S=A+B。

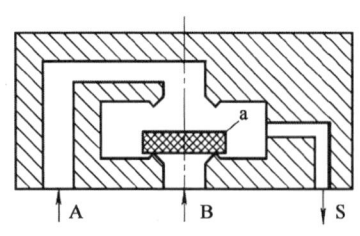 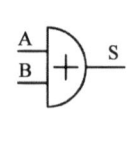

图 10-34 或门元件的工作原理及其图形符号

2. 是门和与门元件

图 10-35 所示为是门和与门元件的工作原理及其图形符号,图中 A 为信号输入孔,S 为

信号输出孔,中间孔接气源 P 时为是门元件。也就是说,在 A 输入孔无信号时,阀芯 2 在弹簧及气源压力 p 作用下处于图示位置,封住 P、S 间的通道,使输出孔 S 与排气孔相通,S 无输出;反之,当 A 有输入信号时,膜片 1 在输入信号作用下将阀芯 2 推动下移,封住输出口与排气孔间通道,P 与 S 相通,S 有输出。也就是说,无输入信号时无输出,有输入信号时就有输出。元件的输入和输出信号之间始终保持相同的状态,即 S=A。

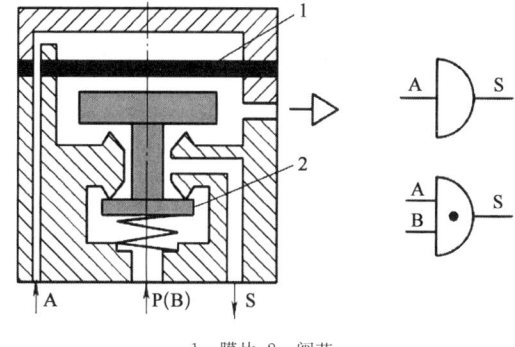

1—膜片;2—阀芯。

图 10-35 是门和与门元件的工作原理及其图形符号

若将中间孔不接气源而换接另一输入信号 B,则成与门元件,也就是只有当 A、B 同时有输入信号时,S 才有输出,即 S=A·B。

3. 非门和禁门元件

图 10-36 所示为非门和禁门元件的工作原理及其图形符号。当元件的输入端 A 没有信号输入时,阀芯 3 在气源压力作用下紧压在上阀座上,输出端 S 有输出信号;反之,当元件的输入端 A 有输入信号时,作用在膜片 2 上的气压力经阀杆使阀芯 3 向下移动,关断气源通路,没有输出。也就是说,当有信号 A 输入时,就没有输出 S;当没有信号 A 输入时,就有输出 S,即 S=Ā。显示活塞 1 用以显示有无输出。

若把中间孔不作气源孔 P,而改作另一输入信号孔 B,该元件即为"禁门"元件。也就是说,当 A、B 均有输入信号时,阀杆及阀芯 3 在 A 输入信号作用下封住 B 孔,S 无输出;在 A 无输入信号而 B 有输入信号时,S 就有输出。A 的输入信号对 B 的输入信号起"禁止"作用,即 S=ĀB。

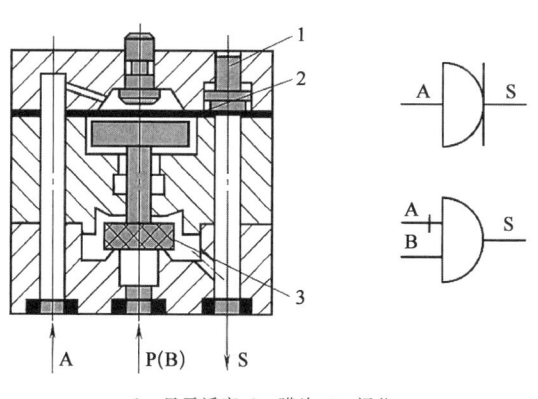

1—显示活塞;2—膜片;3—阀芯。

图 10-36 非门和禁门元件的工作原理及其图形符号

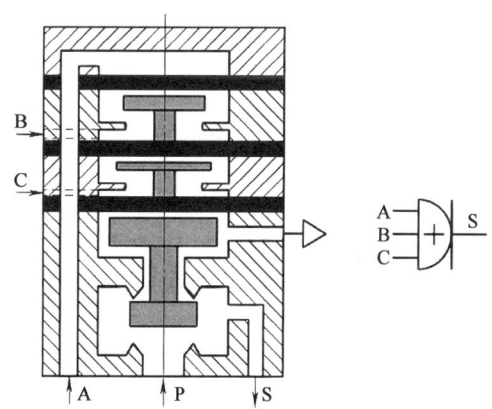

图 10-37 或非元件的工作原理及其图形符号

4. 或非元件

图 10-37 所示为或非元件的工作原理及其图形符号,它是在非门元件的基础上增加两个信号输入端,即具有 A、B、C 三个输入信号。很明显,当所有的输入端都没有输入信号时,元件有输出 S,只要三个输入端中有一个有输入信号,元件就没有输出 S,即 S=$\overline{A+B+C}$。

或非元件是一种多功能逻辑元件，用这种元件可以实现是门、或门、与门、非门及记忆等各种逻辑功能，见表10-3。

表10-3 或非元件的逻辑功能

是门	A ─▷ S	A ─⊕─⊕─ S=A
或门	A/B ─⊕─ S	A/B ─⊕─⊕─ S=A+B
与门	A/B ─·─ S	A/B ─⊕─⊕─ S=A·B
非门	A ─▷ S	A ─⊕─ S=$\bar{A}$
双稳	A/B [1/0] S_1/S_2	A ─⊕─── S_1 ／ B ─⊕─── S_2

5. 双稳元件

双稳元件属记忆元件，在逻辑回路中起着重要的作用。图10-38所示为双稳元件的工作原理及其图形符号。当A有输入信号时，阀芯 a 被推向图中所示的右端位置，气源的压缩空气便由 P 通至 S_1 输出，而 S_2 与排气口相通，此时"双稳"处于"1"状态；在控制端 B 的输入信号到来之前，A 的信号虽然消失，但阀芯 a 仍保持在右端位置，S_1 总是有输出；当 B 有输入信号

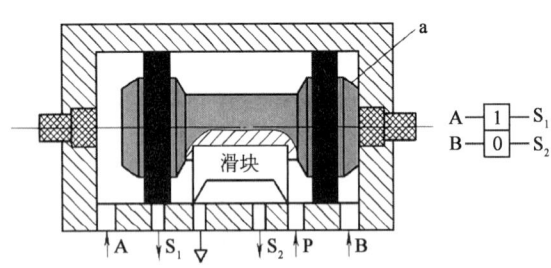

图10-38 双稳元件的工作原理及其图形符号

时，阀芯 a 被推向左端，此时压缩空气由 P 至 S_2 输出，而 S_1 与排气孔相通，于是"双稳"处于"0"状态，在 B 信号消失后，a 信号输入之前，阀芯 a 仍处于左端位置，S_2 总有输出。所以该元件具有记忆功能，即 $S_1 = K_B^A$，$S_2 = K_A^B$。但是，在使用中不能在双稳元件的两个输入端同时加输入信号，那样元件将处于不定工作状态。

(三) 高压膜片式逻辑元件

高压膜片元件是利用膜片式阀芯的变形来实现各种逻辑功能的。它的最基本的单元是三门元件和四门元件。

1. 三门元件

三门元件的工作原理及其图形符号如图10-39所示，它是由左、右气室及膜片组成的，左

气室有输入口 A 和输出口 B,右气室有一个输入口 C,一膜片将左、右两个气室隔开。因为元件共有三个口,所以称为三门元件。在图 10-39 中,A 口接气源(输入),B 口为输出口,C 口接控制信号,若 A 口和 C 口输入相等的压力,因 B 口通大气,由于膜片两边作用面积不同,受力不等,A 口通道被封闭,所以从 A 到 B 的气路不通。当 C 口的信号消失后,膜片在 A 口气源压力作用下变形,使 A 到 B 的气路接通;但在 B 口接负载时,三门的关断是有条件的,即 B 口降压或 C 口升压才能保证可靠地关断。利用这个压力差作用的原理,关闭或开启元件的通道,可组成各种逻辑元件。

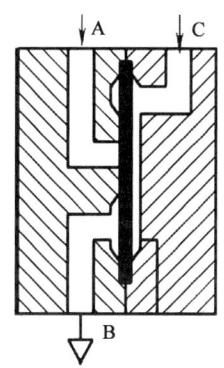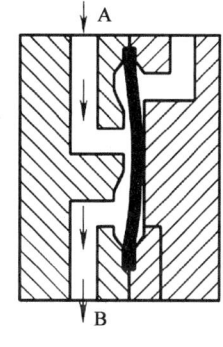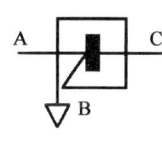

图 10-39 三门元件的工作原理及其图形符号

2. 四门元件

四门元件的工作原理及其图形符号如图 10-40 所示,膜片将元件分成左、右两个对称的气室,左气室有输入口 A 和输出口 B,右气室有输入口 C 和输出口 D,因为共有四个口,所以称之为四门元件。四门元件是一个压力比较元件。若输入口 A 的气压比输入口 C 的气压低,则膜片封闭 B 的通道,使 A 和 B 气路断开,C 和 D 气路接通;反之,C 到 D 通路断开,A 到 B 气路接通。也就是说膜片两侧都有压力且压力不相等时,压力小的一

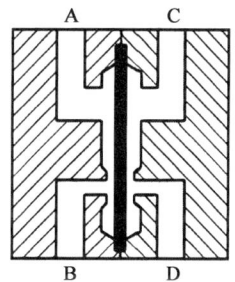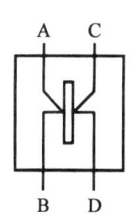

图 10-40 四门元件的工作原理及其图形符号

侧通道被断开,压力高的一侧通道被导通;若膜片两侧气压相等,则要看哪一通道的气流先到达气室,先到者通过,迟到者不能通过。

根据上述三门和四门这两个基本元件,就可构成逻辑回路中常用的或门、与门、非门、记忆元件等。

(四)逻辑元件的选用

气动逻辑控制系统所用气源的压力变化必须保障逻辑元件正常工作需要的气压范围和输出端切换时所需的切换压力,逻辑元件的输出流量和响应时间等在设计系统时可根据系统要求参照有关资料选取。

无论采用截止式或膜片式高压逻辑元件,都要尽量将元件集中布置,以便于集中管理。

由于信号的传输有一定的延时,信号的发出点(例如行程开关)与接收点(例如元件)之间,不能相距太远,一般说来,最好不要超过几十米。

当逻辑元件要相互串联时,一定要有足够的流量,否则可能无力推动下一级元件。

另外,尽管高压逻辑元件对气源过滤要求不高,但最好使用过滤后的气源,一定不要使加入油雾的气源进入逻辑元件。

习　题

10-1　简述活塞式空气压缩机的工作原理。

10-2　简述油雾器的工作原理及分类。

10-3　气电转换器和电气转换器在气动系统中各有何作用?

10-4　气源装置中为什么要设置储气罐,其容积和尺寸应如何确定?

第十一章 气压传动基本回路

第一节 方向控制回路

方向控制回路又称换向回路,它通过换向阀的换向来实现改变执行元件的运动方向。因为控制换向阀的方式较多,所以方向控制回路的方式也较多,下面介绍几种较为典型的方向控制回路。

(一) 单作用气缸的换向回路

单作用气缸的换向回路如图 11-1 所示。当电磁换向阀通电时,该阀换向,处于右位。此时,压缩空气进入气缸的无杆腔,推动活塞并压缩弹簧使活塞杆伸出。当电磁换向阀断电时,该阀复位至图示位置。活塞杆在弹簧力的作用下回缩,气缸无杆腔的余气经换向阀排气口排入大气。这种回路具有简单、耗气量少等特点。但气缸有效行程减少,承载能力随弹簧的压缩量而变化。在应用中气缸的有杆腔要设呼吸孔,否则不能保证回路正常工作。

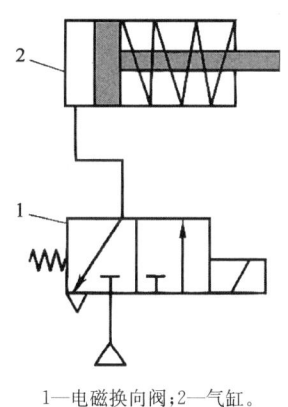
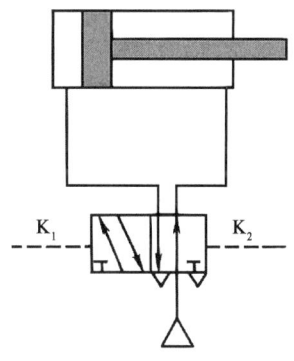

1—电磁换向阀;2—气缸。

图 11-1 单作用气缸的换向回路　　图 11-2 双作用气缸的换向回路

(二) 双作用气缸的换向回路

图 11-2 所示是一种采用二位五通双气控换向阀的换向回路。当有 K_1 信号时,换向阀换向处于左位,气缸无杆腔进气,有杆腔排气,活塞杆伸出;当 K_1 信号撤除,加入 K_2 信号时,换向阀处于右位,气缸进气、排气方向互换,活塞杆回缩。由于双气控换向阀具有记忆功能,故气控信号 K_1、K_2 使用长、短信号均可,但不允许 K_1、K_2 两个信号同时存在。

(三) 差动控制回路

差动控制是指气缸的无杆腔进气、活塞杆伸出时,有杆腔的排气又回到进气端的无杆腔。如图 11-3 所示,该回路采用一只二位三通手拉阀控制差动缸。当操作手拉阀使该阀处于右位时,气缸的无杆腔进气,有杆腔的排气经手拉阀也回到无杆腔成差动控制回路。该回路与非差动连接回路相比较,在输入同等流量的条件下,其活塞的运动速度可提高,但活塞杆上的输出力要减小。当操作手拉阀处于左位时,气缸有杆腔进气,无杆腔余气经手拉阀排气口排空,活塞杆缩回。

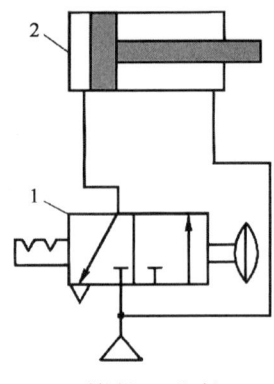

1—手拉阀;2—差动缸。

图 11-3　差动控制回路

(四) 多位运动控制回路

采用一只二位换向阀的换向回路,一般只能在气缸的两个终端位置才能停止。如果要使气缸有多个停止位置,就必须要增加其他元件。若采用三位换向阀则实现多位控制就比较方便了。其组成回路如图11-4所示。该回路利用三位换向阀的不同中位机能得到不同的控制方案。其中图11-4(a)所示是中封式控制回路,当三位换向阀两侧均无控制信号时,阀处于中位,此时气缸停留在某一位置上。当阀的左端加入控制信号时,使阀处于左位,气缸右端进气、左端排气,活塞向左运动。在活塞运动过程中若撤去控制信号,则阀在对中弹簧的作用下又回到中位,此时气缸两腔里的压缩空气均被封住,活塞停止在某一位置上。要使活塞继续向左运动,必须在换向阀左侧再加入控制信号。另外,如果阀处于中位上,要使活塞向右运动,只要在换向阀右侧加入控制信号使阀处于右位即可。

图11-4(b)和图11-4(c)所示控制回路的工作原理与图11-4(a)的回路基本相同,所不同的是三位阀的中位机能不一样。当阀处于中位时,图11-4(b)的气缸两端均与气源相通,即气缸两腔均保持气源的压力,由于气缸两腔的气源压力和有效作用面积都相等,所以活塞处于平衡状态而停留在某一位置上;图11-4(c)所示回路的气缸两腔均与排气口相通,即两腔均无压力作用,活塞处于浮动状态。

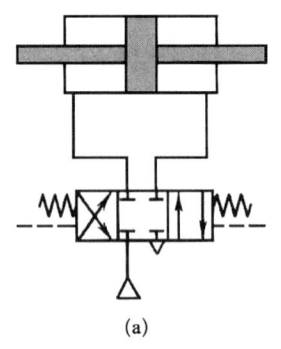
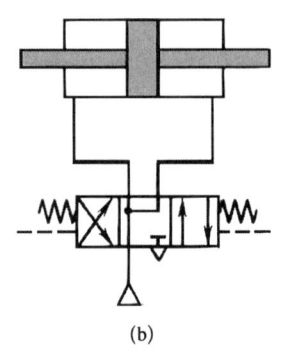
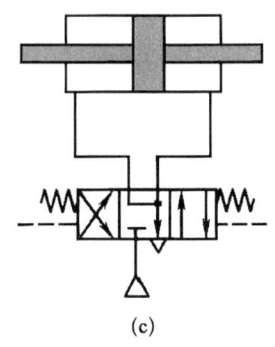

(a)　　　　　　　　　　(b)　　　　　　　　　　(c)

图 11-4　多位运动控制回路

第二节　速度控制回路

(一) 单作用气缸速度控制回路

图11-5所示为单作用气缸的速度控制回路。在图11-5(a)所示的回路中,升、降均通过

节流阀调速,两个相反安装的单向节流阀可分别控制活塞杆的伸出及缩回速度。在图 11-5(b)所示的回路中,气缸上升时可调速,下降时则通过快速排气阀排气,使气缸快速返回。

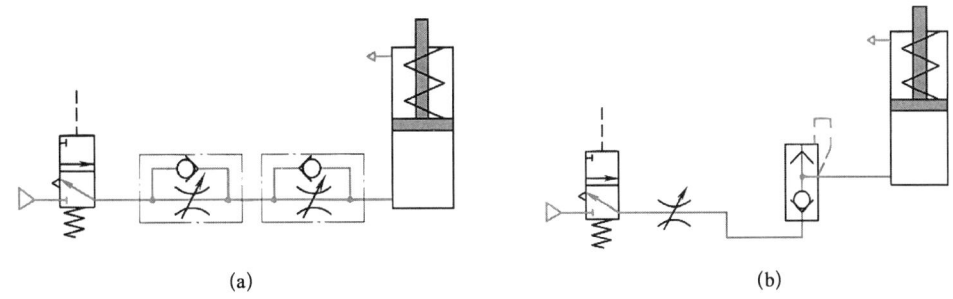

图 11-5 单作用气缸的速度控制回路

(二) 双作用气缸速度控制回路

1. 单向调速回路

双作用气缸有节流供气和节流排气两种调速方式。

图 11-6(a)所示为节流供气调速回路,在图示位置,当气控换向阀不换向时,进入气缸 A 腔的气流流经节流阀,B 腔排出的气体直接经换向阀快排。当节流阀开度较小时,由于进入 A 腔的流量较小,压力上升缓慢,当气压达到能克服负载时,活塞前进,此时 A 腔容积增大,结果使压缩空气膨胀,压力下降,使作用在活塞上的力小于负载,因而活塞就停止前进。待压力再次上升时,活塞才再次前进。这种由于负载及供气的原因使活塞忽走忽停的现象,称为气缸的"爬行"。节流供气的不足之处主要表现为:

1) 当负载方向与活塞运动方向相反时,活塞运动易出现不平稳现象,即"爬行"现象。

2) 当负载方向与活塞运动方向一致时,由于排气经换向阀快排,几乎没有阻尼,负载易产生"跑空"现象,使气缸失去控制。

所以节流供气多用于垂直安装的气缸的供气回路中,在水平安装的气缸的供气回路中一般采用图 11-6(b)所示的节流排气的回路,由图示位置可知,当气控换向阀不换向时,从气源来的压缩空气,经气控换向阀直接进入气缸的 A 腔,而 B 腔排出的气体必须经节流阀到气控换向阀而排入大气,因而 B 腔中的气体就具有一定的压力。此时活塞在 A 腔与 B 腔的压力差作用下前进,而减少了"爬行"发生的可能性,调节节流阀的开度,就可控制不同的排气速度,从而也就控制了活塞的运动速度。排气节流调速回路具有下述特点:

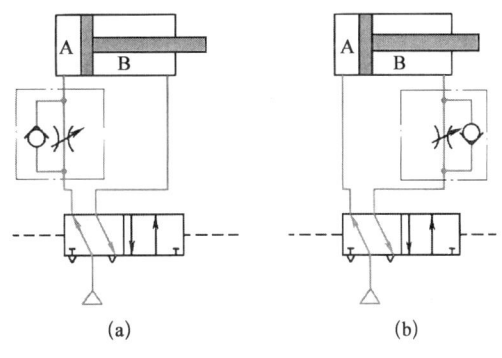

图 11-6 双作用气缸单向调速回路

1) 气缸速度随负载变化较小,运动较平稳。

2) 能承受与活塞运动方向相同的负载(反向负载)。

以上的讨论,适用于负载变化不大的情况。当负载突然增大时,由于气体的可压缩性,就将迫使气缸内的气体压缩,使活塞运动速度减慢;反之,当负载突然减小时,气缸内被压缩的空气,必然膨胀,使活塞运动加快,这称为气缸的"自走"现象。因此在要求气缸具有准确而平稳的速度时(尤其在负载变化较大的场合),就要采用气液相结合的调速方式了。

2. 双向调速回路

在气缸的进、排气口装设节流阀,就组成了双向调速回路。在图 11-7 所示的双向节流调速回路中,图 14-7(a)所示为采用单向节流阀式的双向节流调速回路,图 11-7(b)所示为采用排气节流阀的双向节流调速回路。

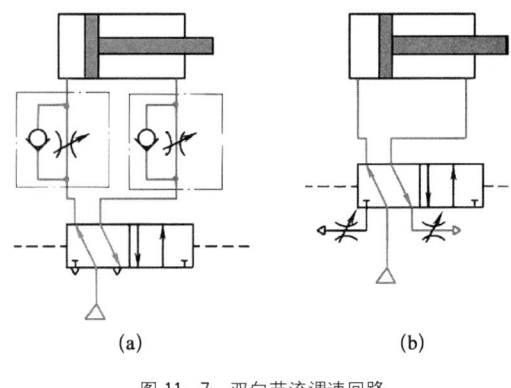

图 11-7 双向节流调速回路

(三) 快速往复运动回路

若将图 11-7(a)中两只单向节流阀换成快速排气阀就构成了快速往复回路,若欲实现气缸单向快速运动,可只采用一只快速排气阀。

第三节 压力控制回路

压力控制回路的功用是使系统保持在某一规定的压力范围内。常用的有一次压力控制回路、二次压力控制回路和高低压转换回路。

(一) 一次压力控制回路

这种回路用于使储气罐送出的气体压力不超过规定压力。为此,通常在储气罐上安装一只安全阀,用来实现一旦罐内超过规定压力就向大气放气的目的。也常在储气罐上装一电接点压力表,一旦罐内超过规定压力时,即控制空气压缩机断电,不再供气。

(二) 二次压力控制回路

为保证气动系统使用的气体压力为一稳定值,多用图 11-8 所示的由空气过滤器-减压器-油雾器(气源处理装置)组成的二次压力控制回路。但要注意,供给逻辑元件的压缩空气不要加入润滑油。

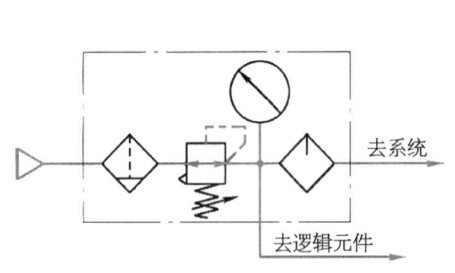

图 11-8 二次压力控制回路

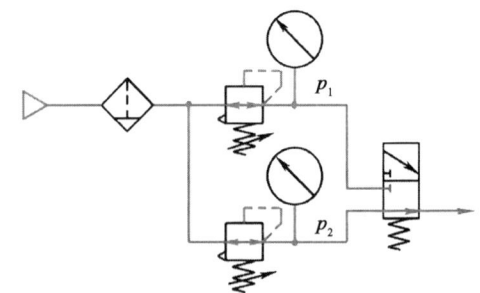

图 11-9 高低压转换回路

(三) 高低压转换回路

该回路利用两只减压阀和一只换向阀间或输出低压或高压气源,如图 11-9 所示,若去掉换向阀,就可同时输出高、低压两种压缩空气。

第四节　安全保护回路

(一) 互锁回路

1. 单缸互锁回路

这种回路应用极为广泛,例如,送料、夹紧与进给之间的互锁,即只有送料到位后才能夹紧,夹紧工件后才能进行切削加工(进给)等。图 11-10 所示是 a 和 b 两个信号之间的互锁回路。也就是说只有当 a 和 b 两个信号同时存在时,才能得到 a、b 的与信号 a·b,使二位四通换向阀换向至右位,其输出使气缸活塞杆伸出;否则,换向阀不换向,气缸活塞杆处于缩回状态。

2. 多缸互锁回路

图 11-11 所示是 A、B 和 C 三缸互锁回路。在操作二位三通气控换向阀 1、5 和 9 时,只允许与所操作的二位三通气

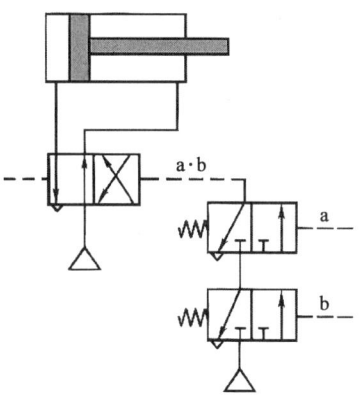

图 11-10　单缸互锁回路

控换向阀相应的气缸动作,其余两个气缸都被锁于原来位置。例如,操作二位三通 1,使它换向处于左位,其输出使二位五通双气控换向阀 2 也处于左位,该阀的输出进入 A 缸的无杆腔,使 A 缸的活塞杆伸出。此时,A 缸的进气管路与梭阀 4 和 12 的输出端相连,梭阀 4、12 有输出信号。由图可知梭阀 4 的输出与二位五通双气控换向阀 10 的右侧相连,即梭阀的输出使该阀处于右位,双气控换向阀 10 的输出把 C 缸锁于退回状态;而梭阀 12 的输出与二位五通双气控换向阀 6 的右侧相连,同样把 B 缸锁于退回状态。

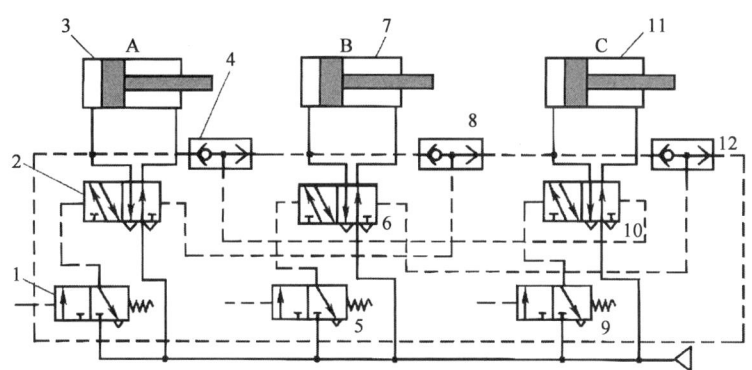

1、5、9—单气控换向阀;2、6、10—双气控换向阀;3、7、11—气缸;4、8、12—梭阀。

图 11-11　多缸互锁回路

同理,操作二位三通气控换向阀 5,B 缸活塞杆伸出,A 缸和 C 缸被锁于退回状态;操作二位三通单气控换向阀 9,C 缸活塞杆伸出,A 缸和 B 缸被锁于退回状态。

(二) 过载保护回路

图 11-12 所示为一种过载保护回路。操作手动按钮阀 2 发出手动信号,使换向阀 3 换向处于左位,通过该阀向气缸 4 的无杆腔供气,有杆腔余气经换向阀排气口排空。当气缸

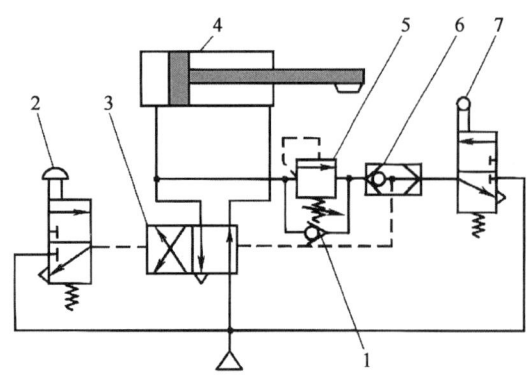

1—单向阀；2—手动按钮阀；3—换向阀；4—气缸；5—顺序阀；6—梭阀；7—行程阀。

图 11-12 过载保护回路

的推力克服正常负载时，活塞杆伸出，直至杆上挡块压下机控行程阀 7 时，行程阀发出行程信号，此信号经梭阀 6 使换向阀 3 换向处于右位，换向阀 3 的输出使活塞杆缩回。再次操作手动按钮阀，即重复上述动作。当气缸活塞杆伸出过程中需克服超常负载时，气缸左腔压力随负载的增加而升高，当压力升高到顺序阀 5 的调定值时，该阀被打开，其输出经梭阀 6，使换向阀 3 换向并处于右位，其输出使活塞杆立刻缩回，防止了系统因过载而可能造成的事故。

习 题

11-1 分析图 11-13 所示回路的工作过程，并指出元件的名称。

11-2 利用两个双作用气缸、一只顺序阀和一个二位四通单电控换向阀设计顺序动作回路。

11-3 试设计一双作用缸动作之后单作用缸才能动作的联锁回路。

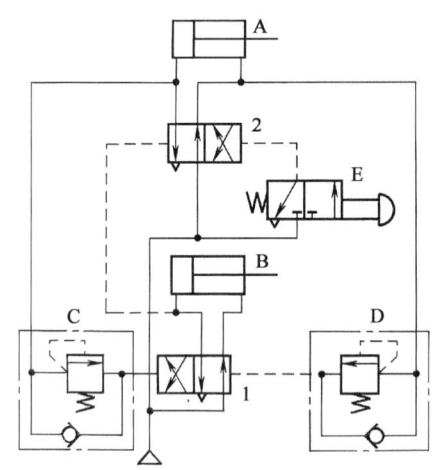

图 11-13 题 11-1 图

第十二章　气压传动系统的设计

第一节　气压传动系统概述

(一) 程序控制的分类

程序控制是自动化领域中被广泛采用的控制方式之一。随着程序动作的增加,回路的复杂程度也相应增加。因此,单凭经验已不能满足回路设计的需要。程序设计的内容极为丰富,方法也很多。在此,本章仅介绍一种普遍采用的图解法,即信号-动作状态图法,也称 X-D 线法。

程序控制一般可分为行程程序控制、时间程序控制和行程、时间混合控制三种。

(1) 行程程序控制　行程程序控制框图如图 12-1 所示。

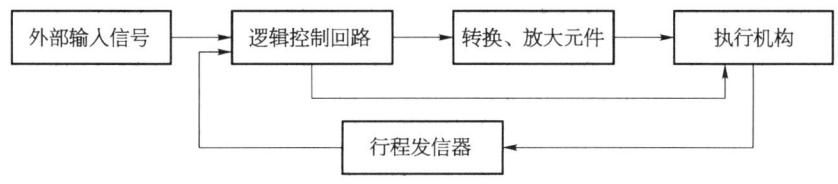

图 12-1　行程程序控制框图

由图 12-1 可知,当执行机构的某一步动作完成以后,由行程发信器发出一个信号,此信号输入逻辑控制回路,经逻辑运算后,发出控制信号(有些场合需经转换或放大),指挥执行元件动作。执行元件的动作完成以后,又发出一个信号给逻辑控制回路,使整个程序循环地进行下去,实现程序所规定的一系列动作。这种程序控制的特点是下一动作的开始是在上一动作完成之后进行的,因此它属于闭环控制系统。

(2) 时间程序控制　时间程序控制框图如图 12-2 所示,由图可知,时间发信装置发出时间信号,通过脉冲分配回路,按一定的时间间隔,把回路输出的脉冲信号分配给相应的执行机构。其动作与前后的动作完成与否无关,因此时间程序控制属于开环控制系统。

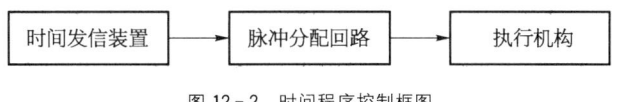

图 12-2　时间程序控制框图

(3) 行程、时间混合控制　行程、时间混合控制方式是上述两种程序控制的组合,由具体生产工艺要求确定,一般规律是在工作可靠性要求高的场合选用行程程序控制,一般要求的场合选用时间程序控制。

(二) 行程程序的符号规定及表示方法

(1) 符号规定(图 12-3)

1) 用大写字母 A、B、C 等表示气缸。用下角标 1 表示气缸活塞杆处于伸出状态，下角标 0 表示活塞杆处于缩回状态。例如 A_1 表示 A 气缸的活塞杆处于伸出状态，A_0 表示 A 气缸的活塞杆处于缩回状态。

2) 用带下角标的小写字母 a_1、a_0、b_1、b_0 等分别表示与动作 A_1、A_0、B_1、B_0 等相对应的行程阀及其输出信号。如 a_1 表示 A 缸活塞杆伸出压下行程阀 a_1 时发出的信号，a_0 表示 A 缸活塞杆缩回压下行程阀 a_0 时发出的信号。其余类推。

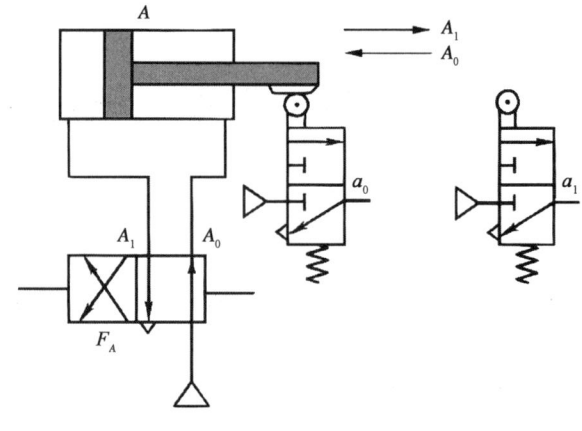

图 12-3 符号规定举例

3) 操作气缸的阀用大写字母 F 表示，并与所控制的气缸相对应。如控制 A 缸的阀用 F_A 表示，控制 B 缸的阀用 F_B 表示等。主控阀的输出与它所控阀的气缸动作相一致。例如，控制气缸 A 活塞杆伸出动作的主控阀输出端用符号 A_1 表示。

(2) 行程程序的表示方法　行程程序是根据控制对象的动作要求提出来的，因此可用执行元件及其所要完成的动作次序来表示，例如

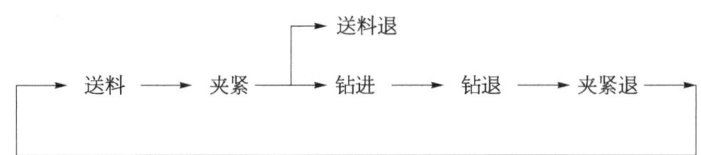

为了便于设计程序控制回路，把所有气缸及行程阀的文字符号标注在动作程序上。如用 A 表示送料缸，B 表示夹紧缸，C 表示钻削缸，根据动作程序，把气缸动作 A_1、A_0、B_1、B_0 等标注在相应动作名称的下方，各动作的先后次序用箭头代表，箭头上标注出上一动作结束时发出的行程信号，如动作 A_1 结束时发出的信号 a_1 等，即

$$\rightarrow 送料 \xrightarrow{a_1} 夹紧 \xrightarrow{b_1} \begin{array}{c} \rightarrow 送料退 \\ 钻进 \end{array} \xrightarrow{c_1} 钻退 \xrightarrow{c_0} 夹紧退 \xrightarrow{b_0}$$
$$\quad A_1 \qquad B_1 \qquad C_1 \qquad C_0 \qquad B_0$$

为设计和书写方便，常将文字省略，这样即可将程序简化为

$$\rightarrow A_1 \xrightarrow{a_1} B_1 \xrightarrow{b_1} \begin{array}{c} \rightarrow A_0 \\ C_1 \end{array} \xrightarrow{c_1} C_0 \xrightarrow{c_0} B_0 \xrightarrow{b_0}$$

如果对控制程序中每个动作的先后次序进行编号，还可以进一步把程序简化为

$$A_0$$
$$A_1 \quad B_1 \quad C_1 \quad C_0 \quad B_0$$
$$① \quad ② \quad ③ \quad ④ \quad ⑤$$

在控制程序中,每一个动作代表一个节拍。上述程序中共有 5 个节拍,其中 $\begin{pmatrix} A_0 \\ C_1 \end{pmatrix}$ 是同时进行的,故称为并列动作,一般把具有并列动作的程序称为并列程序。

(三) 干扰信号及其分类

由上述内容可知,所谓行程程序控制方法是指:启动外部信号后,第一个缸开始动作,当它行至终点时发出信号,指挥下一个缸动作,第二个缸行至终点时又发出信号,指挥下一个缸动作。这样,行程信号和气缸动作的交替变化,使程序按预定的步骤进行工作。

那么,是否给出工作程序后,按程序把各行程阀的输出信号直接连到其所控制的进行下一步动作的主控阀的控制端上就可组成控制线路了呢?下面通过两个实例进行说明。

例 12-1 某设备具有三个气缸:送料缸 A、夹紧缸 B 和钻削缸 C,其工作程序为 $\begin{matrix} A_0 \\ A_1 B_1 C_1 C_0 B_0 \end{matrix}$。

现根据上述动作程序直接把控制回路如图 12-4 连接起来进行分析:程序要求在接通气源后,A、B、C 三个气缸的活塞杆均处于缩回状态。由于行程阀 b_0 处于压阀状态,因此有 b_0 信号输出。在 b_0 信号的控制下,阀 F_A 换向处于左位,A 缸活塞杆伸出,当伸出过程中压下行程阀 a_1 时,发出 a_1 信号。此信号加在阀 F_B 左端,但此时因 C 缸活塞杆处于缩回状态,行程阀 c_0 处于压阀状态,即在换向阀 F_B 的右侧存在控制信号 c_0。因此,当输入 a_1 信号欲使阀 F_B 换向时,在换向阀 F_B 的两侧都存在控制信号,使该阀处于不稳定状态。其中 c_0 影响程序的正常运行,故属于干扰信号。为便于区别信号的真伪,可在干扰信号上加一三角形符号。现继续分析,假设 B 缸活塞杆能够伸出,当压下行程阀 b_1 时,发出 b_1 信号使阀 F_A 换向处于右位,F_C 处于左位,其输出使 C 缸的活塞伸出压下行程阀 c_1 时发出 c_1 信号。此信号加于阀 F_C 右端,但此时因 B 缸活塞杆仍处于伸出状态,故存在着 b_1 信号,该信号对 C 缸活塞杆的缩回产生干扰,因此 b_1 也是干扰信号。同样,在 b_1 信号上加一三角形符号。由此可见,按上述方法连接起来的控制系统是行不通的。这种由于主控阀在同一时间内存在着两个控制信号而使

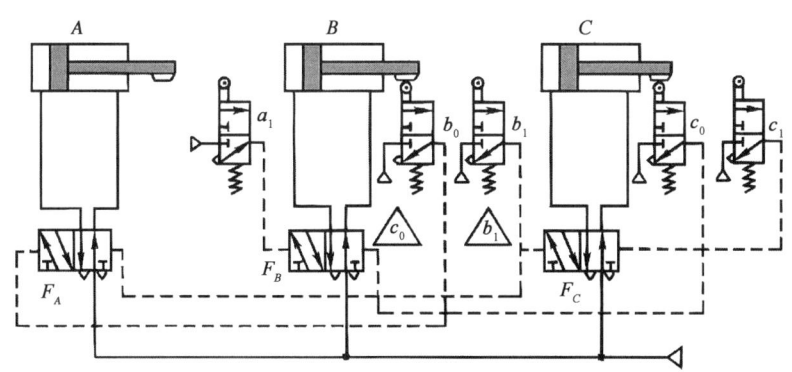

图 12-4 控制回路示例

主阀无法换向的现象称为干扰信号(或障碍信号)。在多缸单往复程序系统中,经常出现干扰信号。

例 12-2 某设备具有两个缸 A 和 B,其程序式为 $A_1B_1B_0B_1B_0A_0$。
首先画出其程序图为

$$\rightarrow A_1 \xrightarrow{a_1} B_1 \xrightarrow{b_1} B_0 \xrightarrow{b_0} B_1 \xrightarrow{b_1} B_0 \xrightarrow{b_0} A_0 \xrightarrow{a_0}$$

由程序图可见,在一个工作循环中,B 缸要往复动作两次。故此系统属于多缸多往复控制系统。这种系统与多缸单往复系统相比,具有如下两个特点:

1) 在多往复系统中,同一个缸的同一动作可能受不同信号的控制(如第 2 节拍 B_1 受 a_1 控制,而在第 4 节拍中 B_1 却受 b_0 控制)。

2) 在多往复系统中,同一行程信号在不同的行程里可能控制不同的动作(如 b_0 信号在第 4 和第 6 行程中,分别控制 B_1 和 A_0)。

上述两种情况也会导致主控阀的动作受干扰或产生误动作,使系统无法按预定程序进行工作。

可见,多缸多往复系统存在上述两种干扰。如本例中控制第 2 行程 B_1 的信号 a_1 是一个长信号,它存在于第 2、3、4、5 行程中,因而干扰了第 3 行程中 b_1 控制 B_0 的动作,B 无法换向。

凡是干扰信号,在程序设计时都必须加以排除,否则系统无法按预定程序正常工作。

由此可见,程序控制系统设计的任务就是要检查出系统的干扰信号并加以排除,最终设计出实现预定程序的最佳方案。

第二节　多缸单往复行程程序回路设计

多缸单往复行程程序控制回路是指在一个循环程序中,所有的气缸都只做一次往复运动的回路。常用的行程回路设计方法有信号-动作状态图法(X-D 线图法)和扩大卡诺图法,本章仅介绍 X-D 线图法。这种方法是根据已知的行程程序,把各个行程信号的状态和执行元件的动作状态,即全部主控阀的输出状态用图线表示出来;然后从图中判别出各种障碍信号,并予以消除,使程序能正常工作。现以本节例 12-1 的行程程序 $\dfrac{A_0}{A_1B_1C_1C_0B_0}$ 为例简要说明其设计的具体方法和步骤。

(一) 画方格图

如图 12-5 所示,根据已知程序,在方格图上方第一行从左至右填入程序的节拍数(有时也可省去);在节拍数的下一行中填入要进行设计的程序本身。最左边一列列出行程信号和由它所指挥的动作。例如 b_0 信号控制 A_1 动作,便写成 $b_0(A_1)$,并把该动作 A_1 写在下面。最右边的一列是执行信号表达式,或称消障栏。由于程序是首尾相接的,因此方格图也应是首尾相接的。也就是节拍1左侧的那条纵线与节拍5右侧的那条纵线应视为同一条线。

（二）画动作状态线

在已画好的方格图上，先画出各执行元件动作的状态线，并用粗实线表示。动作状态线以纵、横坐标大写字母相同，且字母下角标（指1或0）也相同的方格的左端为起点；以纵、横坐标大写字母相同，而下角标相异的方格的左端为终点画粗实线。如 A_1 的动作状态线从节拍1的左端开始到节拍3的左端终止；A_0 的动作状态线从节拍3的左端开始，到节拍1的左端前终止。对 A_1 而言，从节拍1开始动作，其运动过程至节拍1结束就终止了。但 A_1 动作停止后，仍保持其原有的 A_1 状态不变。一直保持到节拍2结束或节拍3开始时，才出现 A_0 动作。

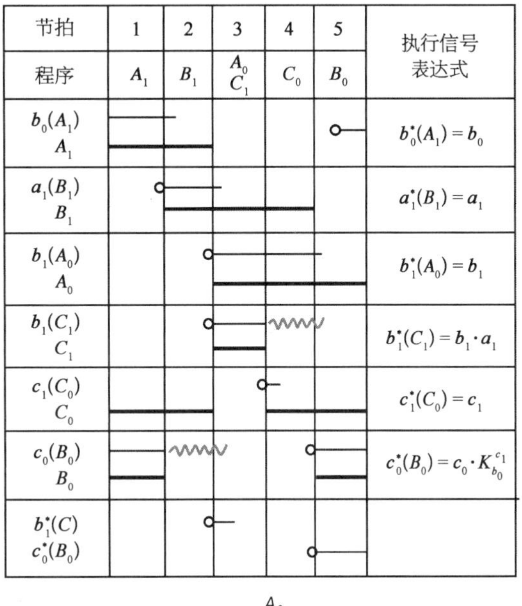

节拍	1	2	3	4	5	执行信号表达式
程序	A_1	B_1	$\begin{array}{c}A_0\\C_1\end{array}$	C_0	B_0	
$b_0(A_1)$ / A_1						$b_0^*(A_1)=b_0$
$a_1(B_1)$ / B_1						$a_1^*(B_1)=a_1$
$b_1(A_0)$ / A_0						$b_1^*(A_0)=b_1$
$b_1(C_1)$ / C_1						$b_1^*(C_1)=b_1 \cdot a_1$
$c_1(C_0)$ / C_0						$c_1^*(C_0)=c_1$
$c_0(B_0)$ / B_0						$c_0^*(B_0)=c_0 \cdot K_{b_0}^{c_1}$
$b_1^*(C)$ / $c_0^*(B_0)$						

图12-5 程序 $A_1B_1C_1^{A_0}C_0B_0$ 的 X-D 线图

（三）画信号状态线

信号线是指气缸运动到位后，发出的相应行程信号的持续时间，用细实线表示。如信号 a_1 是在A缸活塞杆伸出到终端，压下行程阀 a_1 发出的行程信号，此信号一直到A缸活塞杆开始缩回时才消失。因此，信号状态线的画法是：从纵、横坐标符号相同（此符号不论大小写）的方格末端开始，到纵、横坐标符号相异的方格前端终止。例如 $b_0(A_1)$ 的信号从纵坐标为 b_0、横坐标为 B_0 的方格的末端开始，到纵坐标为 b_0、横坐标为 B_1 的方格前端终止。其余依次类推。因为信号总是比所指挥的动作早一瞬时出现，所以信号线也比要指挥的动作线出一点头，在图中用小圆圈表示。此小圆圈部分也是切换主控阀的有效部分，一旦主控阀切换，由于主控阀的记忆作用（双气控换向阀），信号的延长部分就变成可有可无了。图中的信号线后部有一个"尾巴"，这是因为异号动作开始之后，信号才会消失。例如 b_0 信号只有在 B_1 动作产生以后才会消失。

（四）判断障碍

利用 X-D 图，可直接判别出存在的干扰信号。此干扰信号又称为障碍信号。其具体的方法是：

1) 信号线比动作线短，则由此信号控制的动作不存在障碍。也就是说，可以用它直接控制执行元件的动作。为便于区分，在执行信号的右上角加一"*"号，如本例中信号 b_0^*、a_1^*、b_1^*、c_1^*、c_0^* 都符合上述条件。

2) 信号线比动作线长，则此信号属于有障信号，与动作线等长的部分为信号执行段，长出的部分为信号障碍段。在图中信号障碍段用锯齿形线表示。图12-5中的 b_1、c_0 信号属于有障信号。对于有障信号，只有设法消除其障碍段以后，才能作为执行信号使用。

3) 若信号线与动作线基本等长，信号线仅比动作线长出一个"尾巴"。则这"尾巴"部分也是信号障碍段。由于这个信号障碍段在一般情况下仅存在短暂时间，随即自行消失，故称之为"滞消障碍"。根据回路的特点，滞消障碍有时要消去，有时可以不消去，但为了确保回路工作的可靠性,遇到滞消障碍时,可按一般消除障碍信号的方法把它消除掉。

(五) 信号障碍段的消除

最常用的消障方法是缩短障碍信号的延续时间,反映在状态图上就是缩短信号状态线的长度。在一般情况下,缩短信号延续时间的方法可通过逻辑与运算,或把长信号转化成脉冲信号等。

(1) 用逻辑与运算消除障碍　具体方法是:对于一个有障信号,设法找到一个制约条件(制约信号),然后两者进行逻辑与运算。经与运算后的信号缩短了延续时间,从而达到消除信号障碍的目的。

例如,任选一个有障信号 m,为了消除其信号障碍段,另外找一个制约条件 x,并对它们进行与运算,即

$$m^* = m \cdot x \tag{12-1}$$

由图 12-6 可见,有障信号 m 与制约条件 x 进行与运算以后,所得结果即执行信号 m^*,它缩短了原信号 m 延续的时间,故消除了信号障碍段,可以作为执行信号使用。

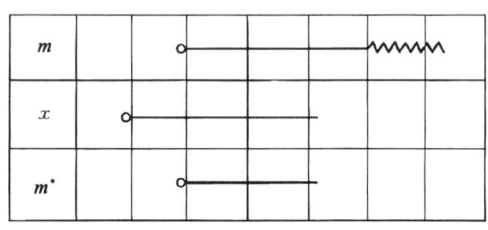

图 12-6　执行信号 m^* 的确定

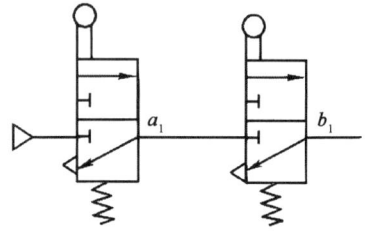

图 12-7　行程信号的串联

至此,问题又变为怎样寻找、选定制约条件。

在一般情况下,下列几种信号可以作为制约条件:

1) 原始信号。图 12-5 中的 b_0、a_1、b_1 等都是原始信号,只要符合制约条件,都可以作为制约信号。本例中的有障信号 b_1 与原始信号 a_1 进行与运算后所得的信号可作为执行信号。即 $b_1^*(C_1) = b_1 \cdot a_1$,式中 b_1^* 便是指挥 C_1 动作的执行信号。在气动回路中,有时逻辑与运算是把发出行程信号的行程阀和发出制约信号的行程阀串联来实现的(图 12-7)。此时,一般将有障信号作为无源元件,而把制约信号作为有源元件。因为制约信号在其他动作的控制中,还要作执行信号用。

2) 主控阀的输出信号。A_1、A_0、B_1 等采用主控阀输出信号作为制约条件消障与用原始信号消障相同。

3) 插入记忆元件。在某些情况下,如果原始信号、主控阀的输出信号都不能满足制约条件,此时可插入记忆元件,借助于记忆元件的输出来消除信号障碍段。本例中,有障信号 $C_0(B_0)$ 障碍段的消除就找不出原始信号作为制约条件,现插入记忆元件 K,利用记忆元件的输出信号 $K_{开}^{关}$ 作为制约条件。这里的"开"是指记忆元件的打开信号,"关"是指记忆元件的关断信号。由于记忆元件具有记忆功能,因此问题又转化为如何选择记忆元件 K 的开信号和关信号。在具体选择时有如下三条原则:开信号的起点应在有障信号的"非"区间选取。关信号的起点应在有障信号的执行段选取。开信号和关信号之间不允许重叠。

根据上述三条原则,对 $c_0(B_0)$ 这一有障信号进行消除,具体方法是记忆元件开信号的起点应在 c_0 区间(有障信号的非区间)选取。因此,在 c_0 区间选 c_1 作为开信号;而关信号的起点应在 c_0 信号的执行段选取,符合这一条件的有 b_0 和 a_1,现任选一个,用 b_0 作为关信号;然后检查开信号 c_1 和关信号 b_0 在信号延续的时间上不重叠。因此,作为制约条件的记忆元件的输出状态应是 $K_{b_0}^{c_1}$,执行信号表达式为

$$c_0^*(B_0) = c_0 \cdot K_{b_0}^{c_1}$$

上述三种信号是通过逻辑运算派生出来的信号,只要符合条件也可作为制约条件。

(2)把长信号变成脉冲信号 由于脉冲信号延续的时间很短暂,所以它不会产生障碍段。具体方法有两种:一种是采用活络挡块发出脉冲信号;另一种是采用可通过式行程阀发出脉冲信号。图 12-8 所示是采用活络挡块碰行程阀发出脉冲信号的装置。当活塞杆伸出时,活络挡块压下并通过行程阀发出一个脉冲信号;当活塞杆缩回时,活络挡块绕销轴沿逆时针方向转动,虽通过行程阀但不发出信号。图 12-9 所示是采用可通过式行程阀发出脉冲信号的装置。当活塞杆伸出时,挡块压下行程阀发出脉冲信号;当活塞杆缩回时,滚轮折回,挡块通过行程阀但不发出信号。

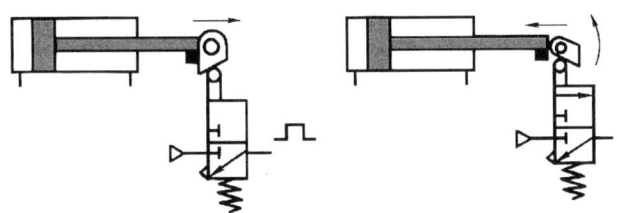

图 12-8 采用活络挡块发出脉冲信号

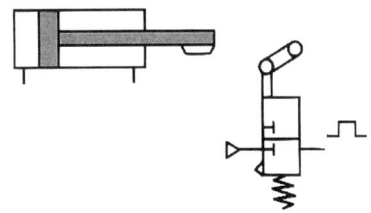

图 12-9 采用可通过式行程阀发出脉冲信号

(六)画逻辑原理图

用气动逻辑符号表示的逻辑原理图由以下几部分组成:

(1)行程发信器 主要是行程阀,也包括外部输入信号,如起动阀等。

(2)逻辑控制原理图 用与、或、非和记忆等逻辑元件符号表示。这些逻辑符号应理解为逻辑运算符号,它不一定总代表一个确定的元件,因为由逻辑原理图变成气动回路图时存在着多种不同的方案。

(3)执行机构的控制元件 因具有记忆能力,可以用逻辑记忆符号表示。

根据上述规定的符号和图 12-5 中的执行信号,可以画出逻辑原理图,如图 12-10 所示。逻辑原理图可作为从信号-动作状态图画出控制回路图的中间桥梁。由它可以绘出由气动逻辑元件、方向控制阀、执行元件等组成的气动控制回路。

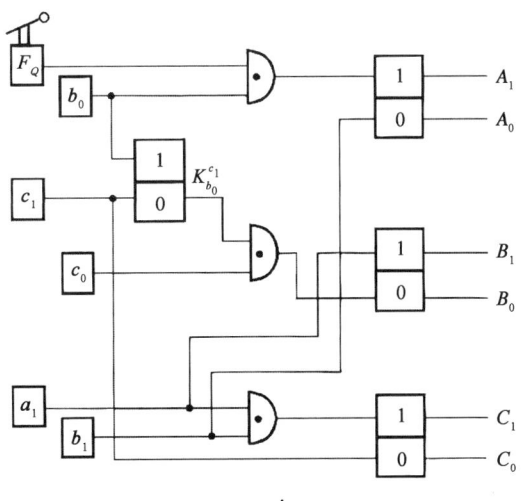

图 12-10 程序 $A_1B_1C_1C_0B_0^{A_0}$ 逻辑原理图

(七) 画气动控制原理图

气动控制逻辑原理图是整个气动控制回路的逻辑控制部分。它是控制回路的核心部分。根据逻辑原理图绘出的气动控制原理图如图 12-11 所示。它们在逻辑关系上与逻辑原理图是完全一致的。该图与图 12-5 比较后可以看出，在原来分析时找出的干扰信号通过设计后不但被全部找出来，而且已进行了消障，所得控制原理图已经能够按给定程序进行动作。

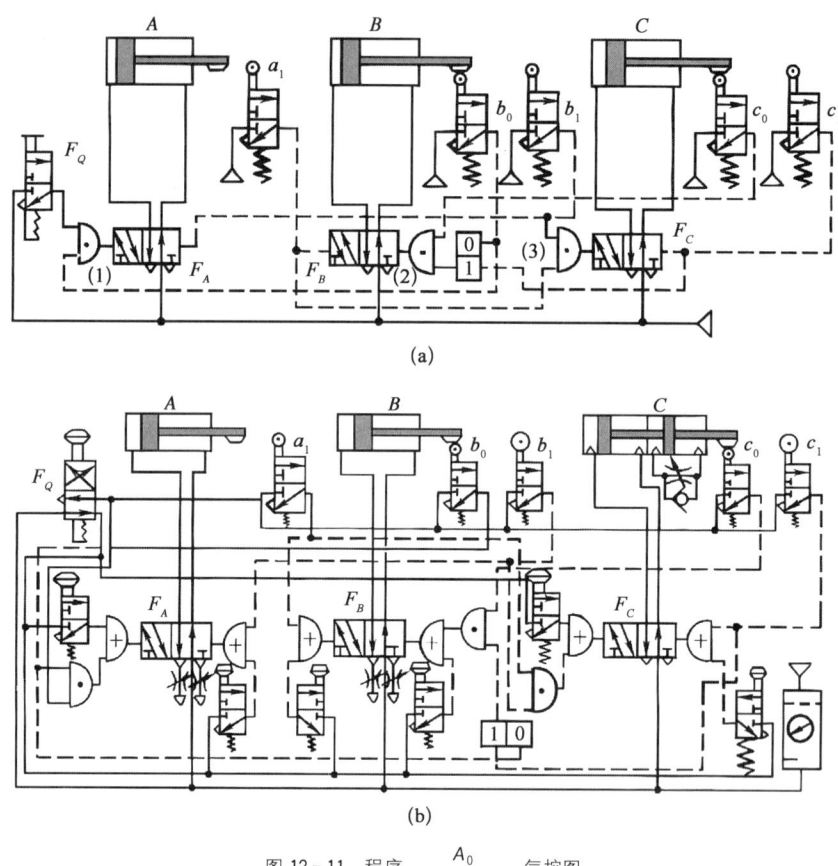

图 12-11 程序 $A_1B_1C_1C_0B_0^{A_0}$ 气控图

(八) 气动控制回路图

作为一个实际应用的控制回路，还需要在控制原理的基础上进行补充设计。如需要解决气源处理问题，手动与自动的转换以及调压、调速等一系列问题。如图 12-11(b)所示，此回路进一步解决了如下几个问题：

(1) 气源处理　气源处理采用常用气源处理装置，其主要作用是对气源进行进一步过滤处理(在此以前还应有一级过滤)、减压、稳压和加油雾，对气动元件如气缸、阀类进行油雾润滑。

(2) 手动与自动转换　手动与自动的转换采用一只二位四通带定位型的手拉阀 F_Q。当该阀处于图示位置时，所有自动信号都处于排空状态；而手控阀的气源口全部与总气源相通。也就是说，只要操作任一个手动阀，都能发出相应的手动信号实现手动操作。当操作 F_Q 使该阀处于上位时，所有手动信号都处于排空状态，而全部自动信号都与气源相通。此时，整个控制回路进入全自动工作循环状态。可见，手动与自动转换与控制具有互锁性。

(3) 调速 因送料缸 A 和夹紧缸 B 对调速阀要求不高,故采用排气节流阀分别对气缸进行调速,即可满足要求。钻削缸对运动速度的平稳性要求高,故采用气液阻尼缸进行调速,可实现平稳的慢速进给和快速退回运动。

例 12-3 设计热、压、锻造机械手气控回路。

机械手的结构示意图如图 12-12 所示。它由夹紧缸 A、伸缩缸 B、立柱升降缸 C 和立柱回转缸 D 等气缸组成。A 缸活塞杆缩回时夹紧工件,伸出时松开工件。D 缸有两个,分别装在带齿条的活塞杆两端,齿条往复运动时,带动立柱上的齿轮转动,从而实现立柱的回转运动。

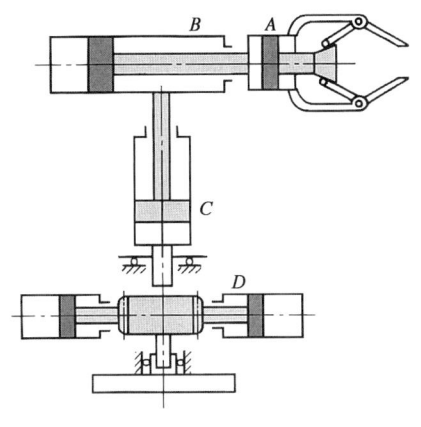

图 12-12 气动机械手示意图

机械手的动作程序为

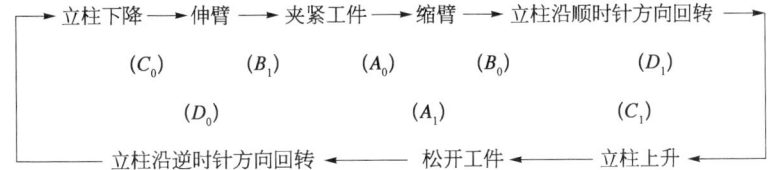

该动作程序的控制要求是:起动手动阀 m 后机械手的立柱下降,手臂伸出从感应加热炉中抓取工件。当抓取并夹紧工件后,长臂缩回,沿顺时针方向回转一个角度,立柱升起松开并放下工件,进行热锻加工。同时,立柱沿逆时针方向回转同一角度至原始位置,等待抓取下一个工件。

将机械手的动作程序写成简化形式为 $C_0 B A_0 B_0 D_1 C_1 A_1 D_0$

很显然,该气动系统属于多缸单往复系统。其设计步骤如下:

1. 画 X-D 线图

根据机械手的程序动作,画出信号-动作状态图,如图 12-13 所示。从图中可见原始信号

程序	C_0	B_1	A_0	B_0	D_1	C_1	A_1	D_0	执行信号表达式
$d_0(C_0)$ / C_0									$d_0^*(C_0) = d_0$
$c_0(B_1)$ / B_1									$c_0^*(B_1) = c_0 \cdot a_1$
$b_1(A_0)$ / A_0									$b_1^*(A_0) = b_1$
$a_0(B_0)$ / B_0									$a_0^*(B_0) = a_0$
$b_0(D_1)$ / D_1									$b_0^*(D_1) = b_0 \cdot a_0$
$d_1(C_1)$ / C_1									$d_1^*(C_1) = d_1$
$c_1(A_1)$ / A_1									$c_1^*(A_1) = c_1$
$a_1(D_0)$ / D_0									$a_1^*(D_0) = a_1$

图 12-13 程序 $C_0 B_1 A_0 B_0 D_1 C_1 A_1 D_0$ 的 X-D 线图

c_0 和 b_0 均为障碍信号,必须消除。为减少整个气动元件的数量,这两个障碍信号都采用逻辑与来排除,其消障后的执行信号分别为 $c_0^*(B_1)=c_0 \cdot a_1$ 和 $b_0^*(D_1)=b_0 \cdot a_0$。

2. 绘制逻辑原理图

图 12-14 所示为例 12-3 的逻辑原理图,图中列出了四个缸八个状态以及与它们相对应的主控阀,图中左侧列出的是由行程阀、起动阀等发出的原始信号。

3. 绘制气控原理图

按图 12-14 所示的气控逻辑原理图绘制该机械手的气控回路,如图 12-15 所示。

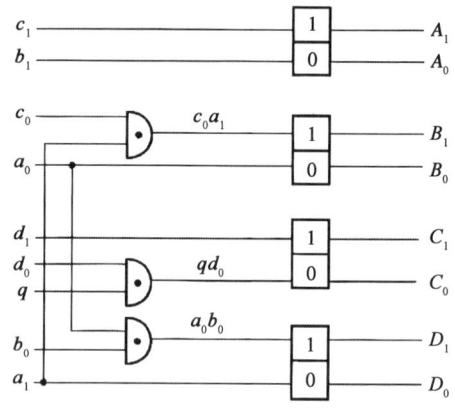

图 12-14 气控逻辑原理图

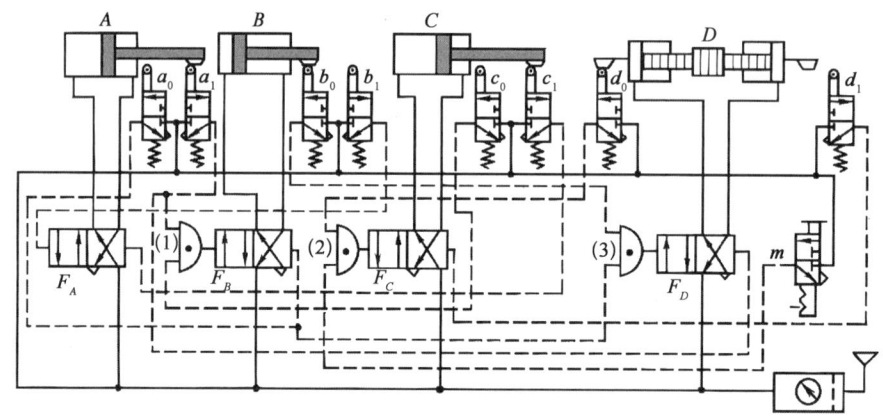

图 12-15 热、压、锻造机械手气控回路

该控制回路的动作原理说明如下:

当操作起动阀 m 时,发出起动信号作为与门元件(2)的一个输入信号,此信号与 d_0 信号相与后,其输出信号使阀 F_C 换向处于左位,该阀的输出进入 C 缸的有杆腔,C 缸无杆腔余气经阀 F_C 排气口排空,C 缸活塞杆缩回,此时机械手立柱下降。当压下行程阀 c_0 时,发出的 c_0 信号作为与门元件(1)的一个输入信号,此信号与 a_1 信号相与后使阀 F_B 换向处于左位,该阀的输出进入 B 缸的无杆腔,有杆腔余气经 F_B 排气口排空,B 缸活塞杆伸出,实现长臂伸出动作。当压下行程阀 b_1 时,发出 b_1 信号使阀 F_A 换向处于左位,该阀输出进入 A 缸的有杆腔,无杆腔余气经阀 F_A 排气口排空,A 缸活塞杆缩回,夹紧工件。当压下行程阀 a_0 时,发出的 a_0 信号分为两路:一路至与门元件(3)作为一个输入信号暂时储存;另一路使阀 F_B 换向处于右位,该阀的输出进入 B 缸的有杆腔,无杆腔余气经阀 F_B 排气口排空,B 缸活塞杆缩回,实现长臂缩回动作。当压下行程阀 b_0 时,发出的 b_0 信号作为与门元件(3)的另一个输入信号。b_0 信号与 a_0 信号相与后,其输出使阀 F_D 换向处于左位,该阀的输出进入 D 缸左腔,右腔余气经阀 F_D 排气口排空,D 缸活塞向右移动,实现立柱沿顺时针方向回转一定角度。当压下行程阀 d_1 时,发出 d_1 信号使阀 F_C 换向处于右位,该阀输出进入 C 缸的无杆腔,C 缸活塞杆伸出,立柱上升。当压下行程阀 c_1 时,发出的 c_1 信号使阀 F_A 换向处于右位,该阀的输出进入 A 缸的无

杆腔,有杆腔余气经 F_A 排气口排空,A 缸活塞杆伸出,松开工件。当压下行程阀 a_1 时,发出的 a_1 信号分为两路:一路作为与门元件(1)的一个输入信号暂时储存;另一路使阀 F_D 换向处于右位,该阀的输出进入 D 缸的右腔,左腔余气经阀 F_D 排气口排空,D 缸活塞向左移动,使立柱沿逆时针方向回转一定角度。当压下行程阀 d_0 时,发出的 d_0 信号作为与门元件(2)的一个输入信号,它与起动信号 m 相与时其输出使机械手的动作程序进入一个新的工作循环。

该控制回路若采用行程阀组合串联连接,则可省去三个与门元件。当省去与门元件(1)时,由行程阀 a_1 与 c_0 串联,其中信号 c_0 取无源,a_1 取有源;当省去与门元件(2)时,由行程阀 d_0 与起动信号 m 串联,d_0 取无源,m 取有源;当省去与门元件(3)时,由行程阀 b_0 与 a_0 串联,b_0 取无源,a_0 取有源。

另外,夹紧缸 C 和转位缸 D 在安装行程阀时,在空间位置上有一定困难。因此,也可采用非门元件发信来代替。

第三节　气压传动系统设计的内容和步骤

设计一个气动控制系统时,应首先弄清控制对象对系统的要求,如负载大小、调速要求、自动化程度和对环境的要求等;然后进一步考虑用什么控制方法来实现最为合理。此时,应与电动、液压为主的控制方式进行比较,择优选择后再进行具体设计。下面简要说明气动系统设计的主要内容及步骤。

1. 主机的工作要求

1) 了解主机的结构、传动方式,动作循环过程,执行元件的负载大小、运动速度和调速范围,定位精度,连锁要求和自动化程度等。

2) 了解设备的工作环境,如温度、灰尘、腐蚀、振动、防燃、防爆等要求。

3) 是否需要与电气、液压等控制方法相结合。

4) 其他方面,如外形、气控装置的安装位置、价格等。

2. 气动回路的设计

1) 根据执行元件的数目、动作要求画出框图或动作程序。根据工作速度要求确定每个气缸或其他执行元件在 1 min 内的动作次数。

2) 根据执行元件的动作程序,按本节气动程序控制回路设计方法设计出气动逻辑原理图,然后进行辅助设计,此时可参考各种基本回路设计气控回路。

为了得到较合理的气控回路,设计时还应对气阀控制、逻辑元件控制、电气控制等几种方案进行比较选择(表 12-1),然后设计控制回路图。使用电磁气阀时,还要绘制出电气控制图。

表 12-1　气动控制方案选择比较

参　　数	气　阀　控　制	逻辑元件控制	电　气　控　制
使用压力/MPa	0.2～0.8	0.01～0.8	直动式 0～0.8 先导式 0.2～0.8

续表

参　　数	气阀控制	逻辑元件控制	电气控制
元件响应时间	较慢	较快	较慢
管线中信号传递速度	较慢	较慢	最快
输出功率	大	较大	大
流体通道尺寸	大	较大	大
耐环境影响能力	防爆、较耐振、耐灰尘、较耐潮湿		易爆和漏电
耐外部干扰能力	不受辐射、磁力、电场干扰		受磁场、电场、辐射干扰
配管或配线	较麻烦		容易
寿命/次,评价	$10^6 \sim 10^8$,较好		$10^6 \sim 10^7$,电器触点易烧坏
对过滤要求	膜片,截止式要求一般,间隙密封对气源的过滤要求较高		要求一般(同气阀要求)
维修、调整	容易		需电气知识
价格	低		电磁阀价格较高,继电器行程开关价格低
适用场合	适用于动作简单及大流量的场合	适用于动作较复杂及小流量的场合,大流量场合要把流量放大	适用于电气控制有基础的场合或远距离控制场合,易与计算机连接
其他	停气事故后可动作一段时间,滑柱式有永久记忆能力		断电时气阀应返回原位,电气辅件易得到

3. 执行元件的选择

气动执行元件的类型及安装方式等应与主机协调。一般情况下,直线往复运动选用气缸,连续回转运动选用气动马达,往复摆动选用摆动气马达等。其安装方式可按实际需要选用固定式、轴销式和回转式等。

4. 控制元件的选择

根据控制回路或执行元件的工作压力和阀的额定流量,选用通用的阀类或设计专用的气动元件。选择各控制阀或逻辑元件时,应考虑的特性有:工作压力范围、额定流量、换向时间、使用温度范围、最低工作压力和最低控制压力、使用寿命、空气泄漏量、外形尺寸及连接形式、电气特性与要求(采用电磁阀时)等。

选择速度控制阀时,在考虑最大流量的同时,还应满足最小流量,以保证气缸稳定可靠地工作。

减压阀可根据压力调整范围和流量确定其型号。在稳定精度要求高的使用场合,应选用精密减压阀或气动定值器。

5. 气动辅件的选择

(1) 过滤器　过滤器的通径按额定流量大小选取。各执行元件和控制元件对过滤器的一般要求如下:气缸、截止阀、逻辑元件等要求过滤精度为 $60~\mu m$,气控硬配滑阀、量仪、气动轴承等要求过滤精度为 5~15 μm 或更高。

(2) 油雾器 根据流量和油雾器颗粒大小要求,选择油雾器通径和类型。一般 10 m³ 空气中应加润滑油油量为 1 mL 左右。

(3) 消声器 可根据环保要求和气动元件管件选取,使用消声器后,可降低噪声 10~15 dB。

6. 空压机的选择

由于使用压缩空气单位的负荷波动情况不同,故空压机容量的确定要充分了解不同用户的用气规律性。参考同类型工厂已有数据,必要时可进行估算,根据实际情况确定。

在连续耗气的情况下,压缩空气的供气量 q 的计算公式为

$$q = \psi K_1 K_2 \sum_{i=1}^{n} q_{i\max} \tag{12-2}$$

式中,$q_{i\max}$ 为系统内第 i 台设备的最大自由空气消耗量(m^3/s);n 为系统内的气动设备数目;ψ 为利用系数;K_1 为漏损系数,$K_1 = 1.15 \sim 1.5$;K_2 为备用系数,$K_2 = 1.3 \sim 1.6$。

利用系数 ψ 表示气动系统的气动设备同时使用的程度。其数值与系统中的气动设备的多少有关,可利用图 12-16 查得。由图可见,气动设备越多,设备同时使用的机会就越少,利用系数 ψ 值越小;反之,ψ 值越大。如果仅有一台设备,则 $\psi = 1$。

空压机的供气压力 p 为

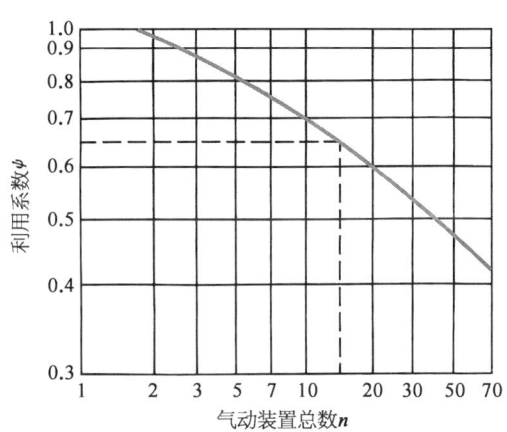

图 12-16 气动设备利用系数

$$p = p_n + \sum \Delta p$$

式中,p_n 为用气设备使用的额定压力(MPa);$\sum \Delta p$ 为气动系统的总压力损失(MPa)。

根据估算数据所得到的供气量 q 和压力 p,可从产品样本中选择空压机。一般情况下,气动系统的工作压力较低,常在 0.4~0.8 MPa 范围内,故一般选用低压空压机;当空压机供气量与估算结果不一致时,应选择供气量偏大的空压机。

7. 管道直径的确定

在管道设计估算中,首先根据执行元件的耗气量计算各段管道的压缩空气量,并按此流量及经验流速计算各段管径;必要时在计算出管径后,校核各区段的压降。允许压降可根据不同供气量情况在 0.01~0.08 MPa 范围内选取。

8. 绘制图样

设计图样应包括气动控制回路、管道安装施工图、元件布置图等。

习 题

12-1 程序控制分为哪几类?一般用于哪些场合?

12-2 如何利用 X-D 图判断是否存在干扰信号并消除？

12-3 简要说明气压传动系统设计的主要内容和步骤。

12-4 试用 X-D 线图法设计程序式为 $A_1C_0B_1B_0A_0C_1$ 的逻辑原理图和气动控制回路图。

参考文献

[1] 左健民. 液压与气压传动[M]. 第5版. 北京：机械工业出版社，2016.
[2] 刘延俊. 液压与气压传动[M]. 第4版. 北京：机械工业出版社，2019.
[3] 王积伟. 液压与气压传动[M]. 第2版. 北京：机械工业出版社，2018.
[4] 陈启松. 液压传动与控制手册[M]. 上海：上海科学技术出版社，2006.
[5] 陈尧明，许福玲. 液压与气压传动学习指导与习题集[M]. 北京：机械工业出版社，2005.
[6] 周士昌. 液压系统设计图集[M]. 北京：机械工业出版社，2003.
[7] 李壮云. 液压元件与系统[M]. 第3版. 北京：机械工业出版社，2011.
[8] 张海平. 液压速度控制技术[M]. 北京：机械工业出版社，2014.
[9] 宋锦春，陈建文. 液压伺服与比例控制[M]. 北京：高等教育出版社，2013.
[10] 路甬祥，胡大纮. 电液比例控制技术[M]. 北京：机械工业出版社，1988.
[11] 吴根茂，邱敏秀，王庆丰，等. 实用电液比例技术[M]. 杭州：浙江大学出版社，1993.

附录 常用液压与气压传动元件图形符号
(摘自 GB/T 786.1—2021)

名称	符号	名称	符号
单向定量液压泵		双向缓冲缸	
空气压缩机		直动式溢流阀	
双向定量液压泵		先导式溢流阀	
单向变量液压泵		先导式比例电磁溢流阀	
双向变量液压泵		定量液压泵-马达	
单向定量马达		变量液压泵-马达	
双向定量马达		液压整体式传动装置	
单向变量马达		摆动马达	
双向变量马达		真空泵	
单向缓冲缸		单作用弹簧复位缸	

续表

名　　称	符　　号	名　　称	符　　号
单作用伸缩缸		制动阀	
双作用伸缩缸		不可调节流阀	
双作用单杆缸		可调节流阀	
双作用双杆缸		可调单向节流阀	
单作用增压器		减速阀	
溢流减压阀		带消声器的节流阀	
先导式比例电磁减压阀		调速阀	
定比减压阀		定差减压阀	
卸荷溢流阀		直动式顺序阀	
双向溢流阀		先导式顺序阀	
直动式减压阀		单向顺序阀(平衡阀)	
先导式减压阀		集流阀	

续 表

名 称	符 号	名 称	符 号
直动式卸荷阀		分流器	
单向阀		磁芯过滤器	
液控单向阀		污染指示过滤器	
双液控单向阀（液压锁）		分水排水器	
梭阀		空气过滤器	
双压阀		除油器	
快速排气阀		二位二通换向阀	
温度补偿调速阀		二位三通换向阀	
旁通型调速阀		二位四通换向阀	
单向调速阀		二位五通换向阀	
分流集流阀		四通电液伺服阀	
三位四通换向阀		管口在液面以下油箱	

续表

名 称	符 号	名 称	符 号
三位五通换向阀		管端连接油箱底部	
过滤器		压力计	
液面计		工作管路	
温度计		控制管路	
流量计		消声器	
压力继电器		液压源	
空气干燥器		气压源	
油雾器		电动机	
气源处理装置		原动机	
冷却器		气-液转换器	
加热器		气罐	
蓄能器		软管总成	
带单向阀的快换接头（断开状态）		交叉管路	
不带单向阀的快换接头（连接状态）		连接管路	